信息技术基础

主　编　余　会　郑付联
副主编　徐珊珊　黄祥书
　　　　王　伟　万冬娥

U0312328

山东人民出版社·济南
国家一级出版社　全国百佳图书出版单位

图书在版编目（CIP）数据

信息技术基础 / 余会，郑付联主编 . -- 济南 ：山东人民出版社，2024.5
ISBN 978-7-209-15065-1

Ⅰ . ①信⋯ Ⅱ . ①余⋯ ②郑⋯ Ⅲ . ①电子计算机 Ⅳ . ①TP3

中国国家版本馆CIP数据核字（2024）第089922号

信息技术基础
XINXI JISHU JICHU

余　会　郑付联　主编

主管单位　山东出版传媒股份有限公司
出版发行　山东人民出版社
出 版 人　胡长青
社　　址　济南市市中区舜耕路517号
邮　　编　250003
电　　话　总编室（0531）82098914
　　　　　市场部（0531）82098027
网　　址　http：//www.sd-book.com.cn
印　　装　日照报业印刷有限公司
经　　销　新华书店

规　　格　16开（184mm×260mm）
印　　张　22.5
字　　数　390千字
版　　次　2024年5月第1版
印　　次　2024年5月第1次
ISBN 978-7-209-15065-1
定　　价　52.80元
　　　　　如有印装质量问题，请与出版社总编室联系调换。

前　言

　　近年来，大数据、人工智能、物联网、云计算、区块链、元宇宙等构成的新一代信息技术体系，以及其所形成的迥异于传统的新质生产力，正成为当今世界发展的最大变量，成为推动新一轮产业变革、促进全球经济增长的核心动力引擎。加快形成新质生产力，需要依托并充分运用好这些技术。在现代社会，了解和掌握信息技术已经成为从事各项工作的基础。为使学生更好地掌握信息技术，我们组织长期从事信息技术基础教学的教师和企业兼职教师，针对技师学院学生的特点和实际，编写了本书。

　　本书结合企业应用实际，总结教学改革成功经验，以项目任务为引领，精简理论，突出操作技能，使理论与实践融为一体，充分体现"教、学、做、赛"四位一体的教学理念。本书在内容上按照"由浅入深、循序渐进"的原则，注重任务实施环节，明确任务的具体实施方法和步骤，对提高学生的操作能力有很大的帮助。

　　本书主要体现了以下特点：

　　1. 以技能为主，采用项目化形式编写。以项目带动知识模块，以任务完成项目实践。在项目的选择上，注重模拟学生将来真实的工作环境，让学生学以致用。

　　2. 内容新颖，紧跟时代。本书注重反映计算机技术发展的新理论、新方法，贯彻高职教育教学改革的新思想。

　　3. 以学生为主，注重素质培养。本书以培养学生分析问题、解决问题和自主创新能力为主，以高职高专学生的知识水平为起点，引导学生自主学习，从而实现对知识的全面掌握和熟练应用。

　　本书由余会、郑付联任主编，徐珊珊、黄祥书、王伟、万冬娥任副主编，参加编写的还有山东亿维数字科技有限公司的王亮等。

　　本书可以作为高职高专信息技术课程的教材，也可以作为计算机操作的培训教材。由于编者水平有限，不足之处在所难免，敬请广大读者批评指正。

目　录

信息技术与计算机

项目概述

　　信息技术的发展，已经深刻地影响了工作、生活的各个方面，"互联网＋"更是促进经济增长的巨大动力。信息技术已经成为当今人们必须掌握的一项基本技能。同学们应该把握机遇，面向未来，刻苦学习，强化技能，提升信息素养与社会责任，做好迎接"互联网＋"时代的准备。

学习目标

● 能力目标：

能够搜集资料，扩展计算机领域的知识。

具有配置计算机的能力。

具备组装计算机硬件的能力。

● 知识目标：

了解信息与数据的有关概念。

熟悉计算机的发展、特点、分类及应用领域。

理解数制的概念，掌握数制的分类和转换方法。

了解计算机硬件和软件的相关知识。

熟悉微型计算机的一般配置和功能用途。

了解信息素养、信息社会行为规范。

● 素质目标：

培养自主学习、终身学习的能力及语言表达能力。

培养敬业奉献、自我控制、团队协作的精神。

培养细心踏实、思维敏捷、勇于创新的精神。

提升信息素养，培养社会责任感。

任务一　初识计算机

任务情境

从重达 30 余吨的庞然大物（世界上第一台电子计算机）到可随身携带的掌上电脑，计算机的发展究竟经历了怎样的历程？从最初的数值计算到可以利用计算机进行日常娱乐、学习、办公，计算机究竟给我们的生活带来了怎样的变化？下面将带你进入一个精彩的计算机世界。

任务分析

同学们边查阅资料边做记录，熟悉计算机的起源与发展历程，了解计算机都应用到哪些领域中，给我们的生活带来了哪些变化。

相关知识

计算机（computer），俗称"电脑"，是一种能按照人的意志，快速、高效、自动处理各种信息的电子设备。它按照预先编制好的程序自动执行各种操作，完成信息的输入、存取、加工处理及输出。

一、计算机的起源

早在 17 世纪，一批欧洲数学家就已经开始研制计算机。1642 年，年仅 19 岁的法国数学家帕斯卡成功制造了第一台钟表齿轮机械计算机，它仅能做加减法运算。1678 年，德国数学家莱布尼兹发明了可做乘除运算的计算机。但是这些机械计算机的功能过于简单，远远满足不了人们的需要。1847 年，英国数学家布尔（George Boole）创立了布尔代数，奠定了运用计算机进行逻辑运算的理论基础。19 世纪中叶，英国数学家巴贝奇（Charles Babbage）最先提出了通用数字计算机的基本设计思想，在 1832 年开始设计一种基于计算自动化的程序控制的分析机时，他提出了几乎完整的计算机设计方案，因此他被称为"计算机之父"。但限于当时的技术条件和经费，以及设计需要不断修改，真正的计算机未能在他有生之年问世。1936 年，英国科学家图灵（Alan Mathison Turing）首次提出逻辑机的通用模型，即"图灵机"，并建立了算法理论，这为计算机的出现提供了重要的理论依据。为表彰他的贡献，美国计算机协会设立了"图灵奖"。现在该奖项已经成为计算机界

小组讨论
结合现实生活讨论一下我们可以使用计算机做些什么？计算机怎样影响我们的生活？

最负盛名的荣誉，有"计算机界诺贝尔奖"之称。

要解决炮弹弹道轨迹的计算问题，急需高速准确的计算工具。在美国陆军部的主持下，1946 年 2 月，宾夕法尼亚大学电工系的约翰·普雷斯珀·埃克特（J. P. Eckert）和物理学家约翰·莫奇利（J. W. Mauchly）等人制造了一台电子数字积分的计算机，被称为 ENIAC（Electronic Numerical Integrator And Computer）。这是世界上第一台电子计算机。ENIAC 重约 30 吨，占地约 140 平方米，共使用了约 17000 个真空电子管，功率 174 千瓦，每秒可执行 5000 次加法或减法运算。它没有今天电脑配套的键盘、鼠标等设备，人们只能通过扳动庞大面板上的无数开关向计算机输入信息。ENIAC 虽然庞大笨重，但它的诞生奠定了电子计算机的发展基础，标志着计算机时代的到来。

二、计算机的发展

从 ENIAC 诞生到今天，计算机发生了翻天覆地的变化。人们根据计算机采用主要元器件的不同，将电子计算机的发展分为四个阶段：

第一代（1946 ~ 1957 年）：电子管计算机，也叫真空管计算机，其主要逻辑元件是电子管，运算速度为每秒几千次至几万次，内存容量几千字节，程序设计语言采用机器语言。这个时候的计算机主要用于科学计算。

第二代（1957 ~ 1964 年）：晶体管计算机，其主要逻辑元件是晶体管，运算速度可达每秒几十万次，内存容量增至几十万字节。开始使用汇编语言，极大地简化了编程工作，应用领域也增至数据处理；出现了程序员、分析员和计算机系统专家等新型职业，软件产业由此诞生。

第三代（1964 ~ 1971 年）：集成电路计算机，其主要逻辑元件是中小规模集成电路，运算速度为每秒几十万次到几百万次。操作系统、高级程序设计语言、编译系统等基本软件在这一时期初步成型。计算机开始应用到各个领域。

第四代（1972 年至今）：超大规模集成电路计算机，其主要逻辑元件是大规模和超大规模集成电路，运算速度达到了每秒可达 1000 万次至 1 亿次以上，操作系统不断完善；微型机在家庭得到了普及，并开启了计算机网络时代。

三、计算机的特点

计算机是一种信息处理的电子设备，具有以下几个特点：

探究与实践

查一查

请同学们查阅资料研究一下人们如何操作如此巨大的 ENIAC ？

查一查

中国第一台计算机的诞生及发展过程？

（1）处理速度快、精度高。

（2）自动化程度高。

（3）存储容量大，存储时间长。

（4）逻辑判断能力强。

（5）应用领域广泛。

四、计算机的分类

从 1946 年计算机诞生到今天，已经发展出各种各样外形、功能和性能各异的计算机，这些计算机在社会的不同行业得到了广泛的应用。根据处理数据的类型、用途和性能规模等的不同，计算机有不同的分类。

（一）根据处理数据的类型划分

根据处理数据的类型划分，计算机可以分为模拟计算机、数字计算机和数字模拟混合计算机。

1. 模拟计算机

模拟计算机指用于处理连续模拟数据的计算机。电压、温度、速度等都属于连续数据。其特点是参与运算的数值用不间断的连续量表示，运算过程是连续的。一般来说，模拟计算机计算速度快，但不如数字计算机精确，且通用性差。

2. 数字计算机

数字计算机指用于处理数字数据的计算机。其特点是参与运算的数值是用非连续的数字量表示的，处理结果以数字形式输出，最基本的运算部件是数字逻辑电路。数字计算机的优点是精度高、存储容量达、通用性强。

3. 数字模拟混合计算机

数字模拟混合计算机指模拟计算机与数字计算机结合在一起的电子计算机。它既可以处理数字数据，也可以处理模拟数据。

（二）根据计算机的用途划分

根据用途的不同，计算机可分为专用计算机和通用计算机。

1. 通用计算机

通用计算机指适用于解决一般问题的计算机。其适应性强、应用面广，如用于科学计算、数据处理和过程控制等。日常所说的计算机就是通用计算机。

2. 专用计算机

专用计算机是指用于解决某一特定问题的计算机，可靠性高、速度快、精度高，但通用性差。由通用计算机配有为解决某一特定问题而专门开发的软件和硬件，应用于自动化控制、军事等领域。

飞机上的自动驾驶仪和坦克上火控系统中用的计算机均属于专用计算机。

（三）根据计算机的性能规模划分

计算机性能规模的一般衡量标准包括计算机的字长、运算速度、存储容量、输入和输出能力等技术指标。目前，按性能规模大小，计算机大致可分为以下几类：

1. 巨型机

巨型机又称超级计算机，是在一定时期内运算速度最快、存储容量最大、体积最大且造价昂贵的计算机系统。巨型机擅长大规模数值计算，主要用来承担国家重大科学研究、国防尖端技术和国民经济领域的大型计算任务。

2. 大型机

大型机具有很强的综合处理能力，主要应用于金融、证券等行业的大中型企业数据处理或用作网络服务器。其硬件配置高端，性能优越，可靠性好，运算速度快，存储容量大，价格也较高。

3. 小型机

小型机也是处理能力较强的计算机系统，主要面向中小企业。它可靠性高，对运行环境要求低，操作简单且便于维护，价格较低，适合用作中小企业、学校等单位的服务器。

4. 微型机

微型机也称为个人计算机（PC），通用性好、软件资源丰富、价格低廉，目前已广泛使用于办公、学习、娱乐等众多领域，是目前发展最快、应用最广的计算机。我们日常使用的台式计算机、笔记本计算机、掌上计算机等都属于微型计算机。

5. 工作站

工作站是一种高性能的微型计算机，通常配有高分辨率的屏幕显示器、多个中央处理器、大容量内存储器和高速外存储器。它具备强大的数据运算与图形图像处理能力，主要应用于工程设计、动画制作、科学研究、软件开发、金融管理、信息服务和模拟仿真等专业领域。

任务实施

观看本书配套教学视频"计算机应用领域"。视频中展示了计算机在多个行业中的应用，让同学们对计算机有个直观的印象。

探究与实践

小组讨论
总结计算机应用到现实生活中的哪些领域？解决什么问题？

任务二　信息表示与存储

任务情境

计算机能够存储数字、文字、图形、图案等各种各样的信息，这些信息是以怎样的方法进行存储的？它与现实生活中的信息表示有什么不同？英文和汉字有哪些不同的表示方法？

任务分析

计算机中的信息通常被认为是能够用计算机处理的有意义的内容和消息，它们以数据的形式出现，如数字、文字、图形、图案等。在计算机中，所有的数据都是用二进制形式编码表示的；日常生活中，人们习惯用十进制来表示数据。本节课来学习二进制、八进制、十进制表示数据的方法及相互之转换。

相关知识

一、计算机中的数制

人类创造了多种表示数的方法，这些数的表示规则称为数制。在计算机科学中，计算机内的二进制表示各种数据，但在输入、显示或打印输出时，人们习惯于用十进制来表示数。

（一）进位计数制

最常用的十进制，其特点是：逢十进一，借一当十。下面以十进制为例介绍数制中的术语。

1. 数码：用来表示数制的符号。十进制有 10 个数码：0、1、2、3、4、5、6、7、8、9。

2. 基数：数制所使用数码的个数。十进制的基数为 10，常用"R"表示，称 R 进制。二进制的数码是 0、1，那么基数便为 2。

3. 位权：数码在不同位置上的权值。在进位计数制中，处于不同数位的数码代表的数值不同。例如，十进制数 128，8 的权值为 10^0，2 的权值为 10^1，1 权值为 10^2。以此推理，第 n 位的权值便是 10^{n-1}，如果是小数点后面第 m 位，则其权值为 10^{-m}。

（二）常见的进位计数制

除十进制外，计算机中还使用二进制、八进制、十六进制。

1. 二进制：数码由 0、1 组成，即基数为 2。二进制的特点为：

逢二进一，借一当二。一个二进制数各位的权是 2 为底的幂，用字母 B 表示。例如二进制 1011.01 的按权展开式为：

$$(1011.01)_2 = 1×2^3 + 0×2^2 + 1×2^1 + 1×2^0 + 0×2^{-1} + 1×2^{-2}。$$

2. 八进制：数码由 0、1、2、3、4、5、6、7 组成，即基数为 8。八进制的特点为：逢八进一，借一当八。一个八进制数各位的权是 8 为底的幂，用字母 O 表示。例如八进制 125 的按权展开式为

$$(125)_8 = 1×8^2 + 2×8^1 + 5×8^0。$$

3. 十六进制：数码由 0、1、2、…、9、A、B、C、D、E、F 组成，即基数为 16。十六进制的特点为：逢十六进一，借一当十六。一个十六进制数各位的权是 16 为底的幂，用字母 H 表示。例如十六进制 2AF 的按权展开式为

$$(2AF)_{16} = 2×16^2 + 10×16^1 + 15×16^0。$$

表 1-1 列出了十进制、二进制、八进制、十六进制之间的对应关系。

探究与实践

表 1-1　　　　　四种进制之间的对应关系

十进制	二进制	八进制	十六进制	十进制	二进制	八进制	十六进制
0	0000	0	0	9	1001	11	9
1	0001	1	1	10	1010	12	A
2	0010	2	2	11	1011	13	B
3	0011	3	3	12	1100	14	C
4	0100	4	4	13	1101	15	D
5	0101	5	5	14	1110	16	E
6	0110	6	6	15	1111	17	F
7	0111	7	7	16	10000	20	10
8	1000	10	8	17	10001	21	11

在书写时，为避免几种数制间的混乱，一般用两种方法表示数制：

第一种：把一串数先用括号标上，再加上这种数制的下标，如 $(105)_8$，$(1010)_2$，$(567)_{16}$ 等，对于十进制可以省略。

第二种：给不同的进位计数制后面加不同的字母符号，二进制加 B，八进制加 O，十进制加 D，十六进制加 H，如 102D，1010B，2AFH。

想一想

结合实际，举例说明现实生活中还会用到别的进制吗？

二、西方字符和汉字的编码

（一）计算机中的信息存储单位

1. 位（bit）

计算机中的所有数据以二进制位来表示，一个二进制代码称为一位，记为 bit（比特），简记为 b，是计算机中数据存储和运算的最小单位。一个二进制位只能表示 0 或 1 两种状态。

2. 字节（Byte）

字节来自英文 Byte，简记为 B。规定 1 个字节由 8 个二进制位组成，即 1B = 8bit。

字节是计算机中最常用的数据单位，除了字节，表示存储容量的单位还有 KB、MB、GB、TB 等。它们之间的换算关系是：$1KB = 1024B = 2^{10}B$，$1MB = 1024KB = 2^{20}B$，$1GB = 1024MB = 2^{30}B$，$1TB = 1024GB = 2^{40}B$。

3. 字（Word）

一个字通常由一个或若干个字节组成。字长是计算机一次所能处理的二进制位数，它是衡量计算机性能的一个重要指标，其他指标相同时，字长越长，计算机的性能越强。

（二）字符的编码

计算机处理的对象必须是用二进制表示的数据。具有数值大小和正负特征的数据称为数值数据。文字、声音、图形等数据并无数值大小和正负特征，称为非数值数据。两者在计算机内部都是以二进制形式来表示和存储的。

非数值数据又称为字符或符号数据。由于计算机只能处理二进制数，这就需要用二进制的 0 和 1 按照一定的规则对各种字符进行编码。

1. 西文字符的编码

使用计算机时，我们通过键盘上的各种字符向计算机中输入命令和数据，这些字符包括 26 个英文字母及各种符号，统称为西文字符。目前国际通用的西文字符编码主要是 ASCII 码（American Standard Code for Information Interchange，美国标准信息交换代码）。

ASCII 码是一种西文机内码，有 7 位 ASCII 码和 8 位 ASCII 码两种，7 位 ASCII 码称为标准 ASCII 码，8 位 ASCII 码称为扩展 ASCII 码。7 位标准 ASCII 码用一个字节（8 位）表示一个字符，并规定其最高位为 0，实际只用到 7 位，因此可表示 128（2^7）个不同字符，其中包括数字 0 ~ 9、26 个大写英文字母、26 个小写英文字母，以及各种标点符号、运算符号和控制命令符号等。对于

想一想

我们常见的U盘、移动硬盘的存储容量是多少？

想一想

常见计算机的字长是多少？影响计算机的主要技术指标有哪些？

算一算

（1）已知三个字符为：a、X、5，按它们的 ASCII 码值升序排列，结果是多少？

（2）已知英文字母 m 的 ASCII 码值为 109，那么英文字母 i 的 ASCII 码值是多少？

同一个字母的 ASCII 码值，小写字母比大写字母大 32（十进制）。
ASCII 码字符表见表 1-2。

探究与实践

表 1-2 　　　　　　　　　　　　ASCII 字符表

ASCII 码值	字符	ASCII 码值	字符	ASCII 码值	字符	ASCII 码值	字符	ASCII 码值	字符	ASCII 码值	字符	ASCII 码值	字符	ASCII 码值	字符
0	NUL	16	DLE	32		48	0	64	@	80	P	96	`	112	p
1	SOH	17	DC1	33	!	49	1	65	A	81	Q	97	a	113	q
2	STX	18	DC2	34	"	50	2	66	B	82	R	98	b	114	r
3	ETX	19	DC3	35	#	51	3	67	C	83	S	99	c	115	s
4	EOT	20	DC4	36	$	52	4	68	D	84	T	100	d	116	t
5	ENQ	21	NAK	37	%	53	5	69	E	85	U	101	e	117	u
6	ACK	22	SYN	38	&	54	6	70	F	86	V	102	f	118	v
7	BEL	23	ETB	39	'	55	7	71	G	87	W	103	g	119	w
8	BS	24	CAN	40	(	56	8	72	H	88	X	104	h	120	x
9	TAB	25	EM	41	)	57	9	73	I	89	Y	105	i	121	y
10	LF	26	SUB	42	*	58	:	74	J	90	Z	106	j	122	z
11	VT	27	ESC	43	+	59	;	75	K	91	[	107	k	123	{
12	FF	28	FS	44	,	60	<	76	L	92	\	108	l	124		
13	CR	29	GS	45	–	61	=	77	M	93	]	109	m	125	}
14	SO	30	RS	46	.	62	>	78	N	94	^	110	n	126	~
15	SI	31	US	47	/	63	?	79	O	95	_	111	o	127	

2. 汉字的编码

　　早期的计算机不能处理汉字，计算机的输入键盘与英文键盘是完全兼容的。为了使计算机能够处理汉字，我国科学家开始研究汉字信息表达和处理的方法。汉字信息处理系统一般包括编码、输入、存储、编辑、输出和传输等环节，其中编码是关键，不解决这个问题，汉字就不能被计算机识别和处理。经过几十年的发展，目前汉字的处理和信息表示技术已经相当成熟。

　　（1）汉字输入码。也称为汉字外部码（外码），是为了将汉字通过键盘等输入设备输入到计算机中的一种编码。一种优秀的汉字输入码应该具有规则简单、操作方便、易学好记、重码率低等特点。

　　目前我国的汉字输入码编码方案已有上千种，在计算机上常用的有音码、形码和音形结合码几种。搜狗拼音、智能 ABC、微软拼音等汉字输入法为音码，五笔字型为形码。音码重码多，单字输入速度慢，但容易掌握；形码重码较少，单字输入速度较快，但是

查一查
　　如何使用五笔字型输入法输入汉字？

学习和掌握较困难。目前，搜狗拼音、智能 ABC、微软拼音、五笔等输入法为主要的汉字输入方法。

（2）汉字交换码。计算机内部处理的信息，都是用二进制代码表示的，汉字也不例外。二进制代码使用起来非常不方便，为了在不同系统间传输和交换汉字信息，于是需要采用信息交换码。1980年，我国颁布了第一个汉字编码字符集标准，即《信息交换用汉字编码字符集基本集》（代号 GB2312-80），即国标码。国标码中有 6763 个汉字和 682 个其他基本图形字符，共计 7445 个字符。其中，规定一级常用汉字 3755 个，二级次常用汉字 3008 个。

GB2312-80 规定：所有的国标汉字和图形符号组成一个 94×94 的方阵，方阵中的每一行称为一个"区"，每一列称为一个"位"，就形成了 94 个区号（01 ~ 94）和 94 个位号（01 ~ 94）。一个汉字所在的区号与位号简单地组合在一起，就构成了该汉字的"区位码"。在汉字区位码中，高位为区号，低位为位号，区位码与汉字或图形符号之间是一一对应的。

区位码是一个 4 位十进制数，国标码是一个 4 位十六进制数。国标码与区位码之间有一个简单的转换关系：将一个汉字区位码的十进制区号和十进制位号分别转换成十六进制，再分别加上 20H［32（十进制）］就是汉字的国标码。

（3）汉字机内码。国标码 GB2312-80 不能直接在计算机中使用，因为它没有考虑与基本的信息交换代码 ASCII 码的冲突，为了能区分汉字与 ASCII 码，在计算机内部表示汉字时把交换码（国标码）两个字节最高位改为 1，称为"机内码"。这样，当某字节的最高位是 1 时，必须和下一个最高位同样为 1 的字节合起来，代表一个汉字。一个汉字用两个字节的内码表示。汉字的国标码与其内码的关系为：

（汉字的机内码）H ＝（汉字的国标码）＋ 8080H

（4）汉字地址码。地址码是汉字字形信息在汉字字库中存储的逻辑地址码。它与汉字内码有着简单的对应关系，方便汉字内码到地址码的转换。需要输出汉字时，必须使用汉字地址码。

（5）汉字字形码。字形码是汉字的输出码，是用来将汉字显示到屏幕上或打印到纸上所需的图形数据。

字形码通常有两种：点阵码和矢量码。点阵码是一种用点阵表示汉字字形的编码，它把汉字按字形排列成点阵，一个 16×16 点阵的汉字要占用 32 个字节（1 个字节占 8 位，16×16/8 ＝ 32），一个 32×32 点阵的汉字则要占用 128 个字节。

汉字在计算机中的处理过程，实际上就是上述各种汉字编码间

算一算
解析汉字"大"的国标码是多少（已知"大"字的区位码为 2083）？

算一算
解析汉字"大"的机内码是多少（已知"大"字的区位码为 2083）？

的转换过程。该处理过程的流程图如下：

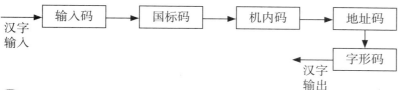

探究与实践

任务实施

一、二进制数、八进制数、十六进制数转化为十进制数

利用按权展开的方法，可以把任意进制数转换成十进制数，再按十进制数求和即可将其转换为十进制数。例如：

$(1001.01)_2 = 1 \times 2^3 + 0 \times 2^2 + 0 \times 2^1 + 1 \times 2^0 + 0 \times 2^{-1} + 1 \times 2^{-2} = (9.25)_{10}$

$(2bF)_{16} = 2 \times 16^2 + 11 \times 16^1 + 15 \times 16^0 = (703)_{10}$

$(135)_8 = 1 \times 8^2 + 3 \times 8^1 + 5 \times 8^0 = (93)_{10}$

算一算
请将 101.01011B、23O、AB7H 三个数分别转化为十进制数。

二、十进制数转化为"非十进制"数

通常一个十进制数包含整数和小数，对整数部分和小数部分作不同的计算。

整数部分采用"除 R 取余"法，即转换为 R 进制，就用十进制数逐次除以 R 取余数，直到商为 0，然后把余数按倒序排列。比如十进制转换为二进制，就用十进制数逐次除以 2，直至商为 0，得出的余数倒排，即为二进制的整数数码。

小数部分采用"乘 R 取整"法，即将十进制小数不断乘以 R 取整数，直到小数部分为 0 或达到要求的精度为止（有的小数部分可能永远不会为 0），然后把每次乘积的整数部分按正序排列，就可得到 R 进制小数数码。

例：将十进制数 102.125 转换为二进制数。

整数部分取余

```
2 | 102    余 0    ↑  低位，在右
  2 | 51   余 1
    2 | 25  余 1
      2 | 12 余 0
        2 | 6 余 0
          2 | 3 余 1
            2 | 1 余 1    高位，在左
```

小数部分取整

```
        0.125
      ×    2        取整数    ↑ 高位，在左
        0.250        0
      ×    2
        0.500        0
      ×    2
        1.000        1        ↓ 低位，在右
```

整数部分转换结果为 1100110，小数部分转换结果为 001，将整数和小数部分组合，转换结果为 102.125D ＝ 1100110.001B。

十进制数转换为八进制数、十进制数转换为十六进制数的方法类似于十进制数转换为二进制数，只不过整数部分除数变为 8 和 16，即除 8 取余，除 16 取余，小数部分则变为乘 8 取整，乘 16 取整。

三、二进制数与八进制数的相互转换

二进制数转换成八进制数的方法：将二进制数从小数点开始，对二进制整数部分向左每 3 位分成一组，不足 3 位的向高位补 0 凑成 3 位；对二进制小数部分向右每 3 位分成一组，不足 3 位的向低位补 0 凑成 3 位。每一组有 3 位二进制数，分别转换成八进制数码中的一个数字（参看表 1–1），依次连接起来即可。

八进制数转换成二进制数，只要将每一位八进制数转换成 3 位二进制数，然后依次连接起来即可。

例：把二进制数 10110011.101 转化为八进制数。

010 110 111.101B ＝ 267.5O

二进制每 3 位分组	010	110	111	101
转换为八进制数	2	6	7	5

所以 10110111.101B ＝ 267.5O

例：把八进制数 57.26 转换为二进制数。

57.26O ＝ 101 011.010 110B

即 57.26O ＝ 101011.01011B

四、二进制数与十六进制数的相互转换

二进制数与十六进制数的相互转换方法与二进制数与八进制数的转换方法相类似。二进制数转换成十六进制数，只要把每 4 位分成一组，再分别转换成十六进制数码中的一个数字（参看表 1–1），不足 4 位的分别向高位或低位补 0 凑成 4 位，依次连接起来即可。

十六进制数转换成二进制数，只要将每一位十六进制数转换成 4 位二进制数，然后依次连接起来即可。

例：将 10111001101.011B 转换为十六进制数。

0101 1100 1101.0110B ＝ 5CD.6H

二进制每 4 位分组	0101	1100	1101	0110
转换为十六进制数	5	C	D	6

探究与实践

算一算
    请将十进制数 0.6531 转化为二进制数。

算一算
    请把八进制数 227.01 转化为二进制数。

所以 10111001101.011B = 5CD.6H

例：将十六进制数 1F8.2 转换为二进制数。

1F8.2H = 0001 1111 1000.0010B

即 1F8.2H = 111111000.001B

任务三 组装计算机

任务情境

组装一台计算机，既可满足个性化需求又经济实惠，因此许多同学就想自己配置一台属于自己的计算机。那么，配置一台计算机需要安装哪些部件呢？从网上我们很容易获得一款配置清单，可面对配置清单，你知道其中的部件各有什么功能和用途吗？它们的配置参数有什么含义？计算机部件组装完毕后就可以直接使用了吗？是否还需要安装什么软件？计算机都需要哪些常用软件？带着这一系列问题，我们开始学习吧！

任务分析

想成功组装一台计算机，首先必须明确组装一台计算机的用途，了解目前主流计算机配置，然后列出一个配置清单。

相关知识

为了组装一台计算机，必须了解计算机的硬件。

（一）CPU

微机中的 CPU，也称为微处理器，主要包括运算器和控制器两大部件，其内部还集成了高速缓冲存储器。CPU 是一个功能强大的芯片，其体积虽小但集成度极高。计算机的所有操作都受 CPU 控制，所以它的性能直接影响整个计算机系统的运算能力和响应速度。

CPU 的生产厂商主要有 Intel 公司、AMD 公司。Intel 公司生产 X86 系列处理器，包括以前的 286、386、486、Pentium（奔腾）、Pentium II、Pentium III、Pentium IV 及目前流行的酷睿系列、赛扬系列等；AMD 公司的产品主要有羿龙、闪龙、速龙系列等。我们国家研制的龙芯 3B 系列 8 核处理器，主频达到 1GHz，支持向量运算加速，峰值计算能力达到 128G FLOPS，具有很高的性能功

探究与实践

练一练

下列四个不同进制的无符号整数中，数值最小的是（　　）

A. 10010010B

B. 221O

C. 147D

D. 94H

说一说

班里哪些同学已经配置了电脑？请有电脑的同学说一说自己电脑的配置型号。

小组讨论

一台完整的计算机系统由计算机硬件系统和软件系统组成。请同学们查阅资料了解计算机硬件系统的五大部件结构体系，进而熟悉计算机的工作原理。了解计算机软件系统又包括哪些系统。

耗比，如图 1-1 所示。

（二）CPU 风扇

CPU 工作的时候要散发出大量的热量，如不及时散热，可能将 CPU 烧坏，所以加上了风扇达到散热目的。

（三）主板

主板，又称母板或系统板（图 1-2），是一块带有各种插口的矩形印刷电路板（PCB），集成有电源接口、控制信号传输线路、数据传输线路及相关控制芯片等。它将主机的 CPU 芯片、存储器芯片、控制芯片、BIOS 芯片等各个部分有机地组合起来。此外，主板还有连接硬盘、键盘、鼠标的 I/O 接口插座以及供插入接口卡的 I/O 扩展槽等组件。芯片组是主板的灵魂，它决定了主

图 1-1　龙芯的 CPU

图 1-2　计算机主板

板所能够支持的功能。目前市面上常见的芯片组有 INTEL、AMD、NVIDIA 等公司的产品。

（四）内存储器

内存储器是计算机的工作存储器。计算机工作时，当前正在运行的程序与数据都必须存放在内存储器中，所执行的指令及操作数都是从内存储器中取出的，处理的结果也放在内存储器中，因此内存储器的大小直接影响着计算机的运行速度。内存储器和 CPU 一起构成了计算机的主机部分。内存储器分为 ROM 和 RAM。

1. 只读存储器（Read Only Memory，简称 ROM）

ROM 是一种只能读出、不能写入的存储器，其中的数据或程序是在制造时由生产厂家一次性写入固化的，所包含的数据不能被改写。ROM 用于存放固定不变的程序和数据，并且关机或断电后也不会消失。ROM 的容量较小，一般存放系统的基本输入输出系统（BIOS）等。

2. 随机存储器（Random Access Memory，简称 RAM）

RAM 存储当前使用的程序和数据，是一种在计算机正常工作时可读 / 写的存储器，一旦计算机断电，就会丢失数据，并且无法恢复。因此，用户在操作计算机过程中应养成随时存盘的习惯，以免断电时丢失数据。通常人们所说的内存就是指 RAM。

（五）高速缓存

随着 CPU 主频的不断提高，CPU 对 RAM 的存取速度加快了，而 RAM 的响应速度较慢，造成了 CPU 等待，降低了处理速度。为协调二者之间的速度差，在内存储器和 CPU 之间设置一个高速、容量较小的存储器，把正在执行的指令地址附近的一部分指令或数据从内存储器调入这个存储器，供 CPU 在一段时间内使用，这对提高程序的运行速度有很大的作用。这个介于内存储器和 CPU 之间的高速小容量存储器称作高速缓冲存储器（Cache），一般简称为缓存。

SDRAM（Synchronous DRAM），即同步动态随机存储器，带宽为 64bit，曾经广泛应用在 Pentium II 和 Pentium III 中。

DDR SDRAM（Double Date Rate SDRAM，双倍速率 SDRAM），简称 DDR，在时钟信号的上升沿与下降沿均可进行数据处理，使数据传输率达到 SDRAM 的 2 倍，成为现在的主流内存规范标准。

目前，DDR 内存已发展到 DDR4，内存速度的提高使得计算机的运行效率大为提升。内存就是我们常说的内存条，是由多个存储芯片组成的插件板，如图 1-3 所示。

图 1-3　内存条

（六）外存储器

外存存储容量大、可靠性高、价格低，在断电后可以永久保存信息。外存大都由磁性或光学材料制成，常见的外存有磁盘、光盘、闪存。

1. 软盘

软盘是一种涂有磁性物质的聚酯塑料膜制成的圆盘状存储介质。常用的软盘直径为 3.5 英寸，容量为 1.44MB。软盘上有写保护口，当写保护口被打开时，软盘进入写保护状态，盘中的数据只能被读取，不能写入，从而防止数据被修改或破坏，也能防止计算机病毒侵入。

2. 硬盘

硬盘是计算机容量最大、最重要的外部存储器，一般固定在主机箱内，如图 1-4 所示。计算机大部分的程序和数据都存储在硬盘

探究与实践

说一说
　　常见的内存条型号有哪些？

上。随着技术的发展，硬盘的容量从过去的几百 GB 增加到现在的几 TB。硬盘也是目前存取速度较快的外存。

图 1-4　计算机硬盘

硬盘的盘片由铝合金制成，表面上涂有磁性材料，通过读写头把信息记录在盘片上。磁盘由多个盘片构成，这些盘片绕着同一个轴转动。磁盘盘片旋转时形成的环形数据区域称为磁道。磁盘盘片中有多个磁道，每个磁道可以划分为固定长度的扇区。位于同一半径的磁道的集合称为柱面。磁盘的容量可以这样计算：

磁盘容量＝磁头数 × 柱面数 × 每磁道扇区数 × 每扇区字节数

对于不同类型的计算机，硬盘的接口各不相同。例如，面向 PC 机的接口为 SATA、NVMC 或 IDE，面向服务器小型计算机系统的接口为 SCSI 或 SAS，面向多硬盘系统的高端服务器的为光纤通道。

3. 光盘

光盘是利用激光技术存储信息的存储设备。根据写入方式的不同，光盘可分为只读型光盘（CD–ROM、DVD–ROM）、一次性写入光盘（CD–R、DVD–R）、可改写型光盘（CD–RW、DVD–RW、MO）等。光盘具有价格低廉、保存时间长、存储量大等特点。CD 光盘最大容量为 700MB；DVD 光盘单面最大容量为 4.7GB，双面单层最大容量为 8.5GB；蓝光光盘单面单层为 25GB，双面单层为 50GB。

4. U 盘

U 盘是一种以闪存（Flash Memory）作为存储介质的半导体集成电路装置。它小巧易携带，容量大，读取数度快，可靠性高，价格低廉，并且支持热插拔，且在断电后存储的数据不会丢失，可长期保存，受到人们的欢迎。目前，利用闪存做成的内存卡被广泛应用在手机、PDA、数码相机等设备上。配上一个读卡器，这些内存卡就可以作为一个 U 盘使用。

想一想

内存与外存的区别有哪些？ CPU 访问哪个速度更快？

5. 移动硬盘

当需要存储更大数据量时，就可以考虑使用移动硬盘。它容量非常大，目前市场上的移动硬盘容量能达到十几 TB；移动硬盘体积较小，常见尺寸有 1.8 英寸、2.5 英寸和 3.5 英寸。移动硬盘读写速度也比较快，使用 USB、IEEE1394、ESATA 等接口时，能提供较高的数据传输速度。移动硬盘使用方便，支持"即插即用"，可靠性高，价格相对低廉。

（七）电源

电源是对电脑供电的主要配件，是将 AC 交流电转换成直流电的设备。电源关系到整个计算机的稳定运行，其输出功率应不小于 250W。图 1-5 为一个电源示例。

图 1-5　微机电源

（八）显卡

显卡，也叫显示卡或图形加速卡，其主要作用是对图形函数进行加速处理。显卡通过系统总线连接 CPU，并且是 CPU 和显示器之间的控制设备。实际上，显卡用于存储要处理的图形的数据信息，并负责将这些数据转换成显示器可以显示的图像信号。如图 1-6 为一个显卡示例。

（九）网卡

网卡是将计算机与网络连接在一起的输入输出设备，其主要功能是处理计算机发往网线上的数据，按照特定的网络协议将数据分解成为适当大小的数据包，然后发送到网络上去（目前大多已集成在主板上）。图 1-7 为一个网卡示例。

图 1-6　显卡

图 1-7　网卡

（十）声卡

声卡的主要功能是处理声音信号并把信号传输给音箱或耳机，使后者发出声音来，图 1-8 为一个声卡示例。

（十一）输入设备

鼠标和键盘是计算机最基本的输入设备。鼠标（Mouse）是一种控制屏幕上光标的输入设备，通过操控鼠标的左、右键就能控制计算机。鼠标分为机械式、光电式、无线遥控式等。键盘通过将按键的位置信息转换为对应的数字编码输入计算机，实现用户对计算机的控制。如图 1-9 为鼠标和

图 1-8　声卡

键盘的示例。

扫描仪（Scanner）是一种通过捕获图像并将之转换成计算机可以显示、编辑、存储和输出的文体格式的数字化输入设备。它可以扫描照片、文本、图纸、图画等。图1-10为一个扫描仪示例。

探究与实践

想一想
列举一下常见的输入设备还有哪些？

图 1-9　键盘和鼠标　　　　　　图 1-10　扫描仪

（十二）输出设备

1. 显示器

显示器是微机最基本也是必需的输出设备，它通过显卡把微机的信息显示出来，图1-11为一个显示器示例。

常见的显示器有阴极射线管显示器（CRT）、液晶显示器（LCD）、等离子体显示器（PDP）、真空荧光显示器（VFD）等，其中液晶显示器是目前市场中的主流产品。显示器屏幕的大小由屏幕对角线的长度来表示的。

图 1-11　液晶显示器

显示系统的主要性能指标有显示分辨率、颜色质量和刷新速度等，最关键的还是前两项指标。

分辨率指的是屏幕上水平和垂直方向上的像素数。每个像素都有不同的颜色，这就构成了图像。通常所看到的分辨率形式如1024×768，其中1024表示屏幕上水平方向的点数，768表示垂直方向的点数。分辨率的数值越大，图像清晰度就越高。

颜色质量指在某一分辨率下，每一个像素点可以显示的色彩数量，它的单位是位（bit）。例如8位表示每个像素可以显示数最多是256（2^8）种色彩。此外，还有"增强色"16位（$2^{16}=65536$色）、真彩24位（2^{24}色）和32位颜色（2^{32}色）等定义。

想一想
列举一下常见的输出设备还有哪些？

2. 打印机

打印机是计算机系统的重要输出设备，它的作用是把计算机中的信息打印在纸张或其他介质上。目前常用的打印机有针式打印机、喷墨打印机和激光打印机（图1-12），还有最新的3D打印设备。

图 1-12 打印机

 任务实施

一、选购组装计算机所需要的配件

经过网络搜索，选取主流配件组装计算机。

（一）CPU：Intel 酷睿 i7 4790（图 1-13）

◎ 插槽类型：LGA 1150

◎ CPU 主频：3.6GHz

◎ 最大睿频：4GHz

◎ 制作工艺：22 纳米

◎ 三级缓存：8MB

◎ 核心数量：四核心，八线程

◎ 核心代号：Haswell-R

◎ 热设计功耗（TDP）：84W

◎ 总线类型：DMI2 总线 5.0GT/s

图 1-13 CPU

（二）主板：技嘉 GA-Z97-HD3（图 1-14）

◎ 主芯片组：Intel Z97

◎ CPU 插槽：LGA 1150

◎ CPU 类型：Core i7/Core i5

◎ 内存类型：DDR3

◎ 集成芯片：声卡 / 网卡

◎ 主板板型：ATX 板型

◎ USB 接口：8×USB2.0 接口

（6 内置＋2 背板），6×USB3.0 接

口（2 内置＋4 背板）

图 1-14 主板

◎ SATA 接口：6×SATA III 接口

◎ PCI 插槽：2×PCI 插槽

（三）内存：宇瞻黑豹玩家 8GB DDR3 1600（图1-15）

◎ 适用类型：台式机

◎ 内存容量：8GB

◎ 容量描述：单条（8GB）

◎ 内存类型：DDR3

◎ 内存主频：1600MHz

◎ 插槽类型：SDRAM

图1-15 内存

◎ CL 延迟：10-10-10-28

◎ 针脚数：240pin

◎ 工作电压：1.5V

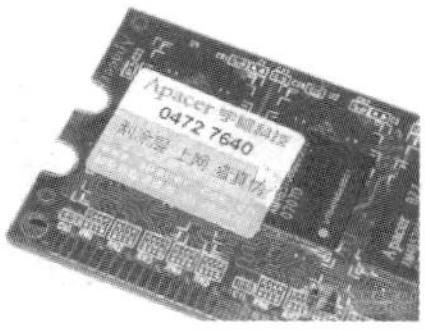

（四）硬盘：宇瞻 Pro II series（128GB）（固态）（图1-16）

◎ 存储容量：128GB

◎ 接口类型：SATA3（6Gbps）

◎ 硬盘尺寸：2.5 英寸

◎ 闪存架构：MLC 多层单元

图1-16 固态硬盘

（五）显卡：影驰 GTX 970 黑将（图1-17）

◎ 芯片厂商：NVIDIA

◎ 显卡芯片：GeForce GTX 970

◎ 显存容量：4096MB GDDR5

◎ 显存位宽：256bit

◎ 核心频率：1164/1317MHz

◎ 显存频率：7000MHz

◎ 显存速度：0.28ns

图1-17 显卡

◎ 散热方式：散热风扇

◎ I/O 接口：HDMI 接口 / 双 DVI 接口 /DisplayPort 接口

（六）机箱：至睿极光 AR51 精英版（图1-18）

◎ 机箱类型：台式机箱（中塔）

◎ 机箱结构：RTX

◎ 3.5英寸仓位：5个（标配3个硬盘托架）

◎ 面板接口：USB3.0 接口 ×1USB2.0 接口 ×1 耳机接口 ×1 麦克风接口 ×1

◎ 机箱材质：SPCC

◎ 扩展插槽：8 个

◎ 机箱样式：立式

◎ 产品重量：6kg

◎ 理线功能：背部理线

图1-18 机箱

（七）电源：鑫谷劲翔 600 走线王（图 1-19）

◎ 额定功率：500W

◎ 电源版本：ATX 12V 2.31

◎ 适用范围：全面兼容 INTEL 与 AMD 全系列产品

◎ 风扇描述：12cm 静音智能温控风扇

◎ 电源类型：台式机电源

图 1-19 电源

◎ 保护功能：过压保护 OVP，低电压保护 UVP，过电流保护 OCP，过功率保护 OPP，过温保护 OTP，短路保护 SCP

◎ PFC 类型：主动式

（八）CPU 风扇：ID-COOLING SE-802（图 1-20）

◎ 散热器类型：CPU 散热器

◎ 散热方式：风冷，热管，散热片

◎ 适用范围：Intel Socket LGA 775/115X/1150 AMD AM3 ＋ /AM3/AM2 ＋ /AM2/FM1/FM2

◎ 轴承类型：液压轴承（Hydraulic Bearing）

◎ 转数描述：2200±10% RPM

◎ 最大风量：28.7CFM

◎ 噪音：23.4dB

图 1-20 CPU 风扇

（九）显示器：明基 EW2440L（图 1-21）

◎ 屏幕尺寸：24 英寸

◎ 面板类型：MVA（黑锐丽），不闪式（MVA）

◎ 最佳分辨率：1920×1080

◎ 可视角度：178/178°

◎ 视频接口：D-Sub（VGA），HDMI（MHL）×2

◎ 底座功能：倾斜：-5° ~ 20°

图 1-21 显示器

（十）键盘：罗技 G710（图 1-22）

◎ 产品定位：机械键盘

◎ 按键技术：机械轴（茶轴）

◎ 连接方式：有线

◎ 键盘接口：USB

◎ 按键数：121 键

◎ 键盘布局：全尺寸式

图 1-22 键盘

◎ 按键寿命：5000 万次

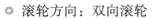

◎ 按键行程：中

（十一）鼠标：**罗技 G400**（图 1-23）

◎ 适用类型：竞技游戏

◎ 鼠标大小：大鼠

◎ 最高分辨率：3600dpi

◎ 刷新率：暂无数据

◎ 按键数：8 个

图 1-23　鼠标

◎ 滚轮方向：双向滚轮

◎ 连接方式：有线

◎ 工作方式：光电

（十二）音箱：**漫步者 R151T**（图 1-24）

◎ 音箱类型：电脑音箱，低音炮音箱

◎ 音箱系统：5.1 声道

◎ 有源无源：有源

◎ 调节方式：旋钮，线控

◎ 供电方式：电源：220V/50Hz

◎ 功能特点：暂无数据

◎ 音箱尺寸：低音炮，158mm×226mm×223mm

◎ 卫星箱：68mm×166mm×86mm

◎ 中置音箱：160mm×66mm×60mm

◎ 音箱材质：木质

小组讨论

　　请各小组查阅资料，各自制定出一份电脑配置清单。

图 1-24　音箱

二、组装计算机流程

表 1-3　　　　　　　　　　　　　组装计算机流程

操　作	流　程
安装主机	安装电源
	安装主板和连接有关主板的部分连线
	安装 CPU

（续表）

操　作	流　程
安装主机	安装内存
	安装显卡
	安装硬盘和光驱
	其他硬件设备安装
连接主机与外部设备	连接键盘、鼠标
	连接网络接口
	连接音频接口
	连接显示器
	连接主机及显示器电源
	通电自检

（一）安装电源

把电源放在机箱后侧上部，放正，托好，从机箱后面依次固定四个螺丝。最好先固定一个对角的两颗，再固定另外两颗，最后把四个螺丝都拧紧，如图 1–25 所示。

想一想
　组装电脑之前的准备工作有哪些？

图 1–25　安装电源

（二）安装主板和连接有关主板的部分连线

在组装计算机时，首先需要将主板上的 I/O（输入 / 输出）接口朝向机箱后部方向，并用螺丝固定在机箱上。通常安装主板需要六个螺丝，这六个螺丝应该均匀地拧紧，不要依次逐个拧紧。

固定好主板后，接下来需要连接电源。找到电源线上最大的插

图1-26 主板连线

头，以及主板对应的最大的电源接口。插头一侧通常会有一个夹子，用来卡住接头和接口，同时也可以防止接反接头，如图1-26所示。

然后，需要连接机箱面板上的电源按钮、重启按钮和电源指示灯、硬盘指示灯的连接线。这些连接线通常会从面板中伸出，上面会印着该线的名字。依照主板说明把插头插在相应的插针上就可以了（插针旁边一般会印有相应插头的简写字母）。

（三）安装CPU

主板上有一块明显的方形插槽，这是用来安装CPU的。现在大多数CPU插槽上都有一个卡子。安装CPU前，先将卡子竖起，并仔细观察插槽四角，其中一角上有一个三角形标识，它是指示CPU插入方向的。相应地，CPU一角上也有一个三角形标识。安装时，要确保CPU与插槽上的三角标识要在同一方向。正确安装CPU后，把卡子压下来，卡住CPU。（注意：不同主板可能会稍有不同，具体操作参照说明书）

固定好CPU后，在CPU表面均匀涂上适量的硅胶，然后将散热片对准贴在CPU上，再用卡子把风扇固定好（注意：硅胶一定要涂匀涂够，否则会因散热不良使CPU过热而损坏）。最后再把风扇的电源插好（风扇电源插口位置见说明书），如图1-27所示。

图1-27 安装CPU

（四）安装内存

现在市场上的内存主要是传输类型为DDR的内存。在DDR内存的金手指上有一个缺口，而在内存插槽上有两排小孔，每排小孔有一个隔断对应缺口，来防止内存插反（反着也插不上）。安装时，只需把内存对准插槽，均匀用力下压，只要听到"咔"的一声，说明两边的卡子都已卡牢内存条了，如图1-28所示。

（五）安装显卡

安装显卡前，先要将AGP口对应的机箱上的防尘片（机箱后面的金属条）拆下。然后将显卡的金手指对准AGP插槽，垂直插入，这一过程与内存条的安装类似。有些AGP口还需要用卡子把显卡卡住。最后，用一个螺丝把显卡固定在机箱上，如图1-29所示。

图 1-28　安装内存

图 1-29　安装显卡

（六）硬盘的安装

硬盘的接口（SATA 接口）与软驱接口不同，但是安装方法类似。考虑到现在软驱已经被淘汰，这里仅以硬盘安装为例来讲解。首先，把硬盘放在机箱的硬盘仓里，确保螺丝口对齐。然后，硬盘两侧各用两个螺丝固定好，拧紧，如图 1-30 所示。

图 1-30　安装硬盘

将 IDE 线一头插在主板的硬盘接口上，另一头接在硬盘上。插头的一侧会有凸起，在插槽上也会有对应的缺口，所以不用担心接头插反。电源接口也类似，也很容易操作。（因为所有 IDE 设备电压都相同，所以硬盘与光驱的电源接口是互通的。）

安装光驱只比安装硬盘多了一个步骤，就是在安装前要额外把机箱前面板的光驱挡板拆下，再参照安装硬盘的步骤进行操作。

需要注意的是，如果一条 IDE 线上连接了两个硬盘或光驱，需要调整每个设备背面的跳线来定义主从关系，如果将其中一个设备设为"Master"，另一个设备则要设成"Slave"。

（七）其他硬件设备的安装

这台机器上还有一个 PCI 接口的调制解调器（Modem）。现在，很多主板都集成了声卡和网卡，但有些型号的主板也需要用户自行购买和安装这些扩展卡。PCI 接口一般都是白色的，且 PCI 设备的安装过程与显卡安装过程类似，如图 1-31 所示。至此机箱里面的东西就差不多了。

图 1-31 安装齐全部件

（八）连接机箱外的一些设备

将显示器信号线的一端插在显卡相应的接口上，插牢后拧紧插头上的螺丝，另一端同样在显示器上插牢，并拧紧螺丝。

接下来，音箱的音频接口接在声卡或 I/O 接口的绿色 3.5 毫米插孔中（该插孔与随身听上的耳机接口相同），再按照音箱说明书，连接音箱。

此外，还要接上鼠标和键盘。如果是 USB 接口（方形插头），则直接插在 USB 接口即可；如果是 PS/2 接头的（圆形插头），则接在 I/O 口上。通常两个接口旁会有小标识，一般绿色的插口接鼠标，紫色的插口接键盘，基本上不会搞混。

最后，把机箱背面的电源接好，再接通显示器和音箱的电源，就可以开机了。不过开机前，最好再检查一遍，确定各个板卡都已插牢，以及所有剩余的数据线接头和电源接头不要接触到 CPU 和显卡的风扇。如果一切正常，就可以关机、切断电源，并装好机箱侧挡板。

任务四　信息素养与社会责任

 任务描述

　　信息技术早已融入工作生活的各个方面，工作生活中，拥有利用信息技术分析、解决问题的能力是非常重要的。因此，在大学期间，同学们要不断提升自己的信息素养和社会责任感，为将来职业生涯的成功和社会发展打下坚实的基础。

 任务分析

　　在当今瞬息万变、日新月异的社会，信息成量级增长，获取、分析和利用信息的能力成为大学生必备的基本能力。作为当代大学生，应自觉维护信息公约和国家法律法规，维护国家安全和利益。

 相关知识

一、什么是信息素养

　　信息素养是利用大量的信息工具和信息资源来解决问题的能力。它涉及个体如何恰当利用信息技术来获取、整合、管理和评价信息，理解、建构和创造新知识发现、分析和解决问题。信息素养还包括对信息社会的适应能力，涵盖基本学习技能（指读、写、算）、信息意识、创新能力、人际交往与合作精神、实践能力等。

二、信息素养的构成

　　信息素养主要由以下几个方面组成：

　　1. 信息意识

　　信息意识是个体对信息活动的感受力、注意力和判断力，是个体内在的信息心理状态。

　　2. 信息知识

　　信息知识涵盖了与信息有关的理论、知识和方法，包括信息理论知识与信息技术知识。信息理论包括信息的基本概念、信息处理的方法与原则、信息的社会文化特征等。掌握了这些知识，就能更好地辨别信息，获取和利用信息。

　　3. 信息能力

　　信息能力是处理信息的综合能力，具体包括获取、处理、生成、创造信息的能力以及信息免疫和信息协作的能力。这些能力能够帮助个体发挥信息的作用，提高解决问题的能力。

4. 信息道德

信息道德是人们在信息活动中所遵循的行为准则。它要求个体在获取、利用、加工、传播信息的过程中必须遵守社会公约、国家相关法律法规等。

三、社会责任

社会责任指个体在信息社会中的文化修养、道德规范和行为自律等方面应承担的责任。这要求个体能理解信息科技给人们学习、生活和工作带来的各种影响，并具有自我保护意识和能力。此外，还应该乐于帮助他人开展信息活动，负责任地共享信息和资源，并尊重他人的知识产权。

 任务实现

如何提升信息素养，培养社会责任感？

第一，培养信息意识，确认信息需求。

培养信息意识在信息素养的培养中处于先导地位。要有效培养学生的信息意识，首先要让学生认识到精确和完整的信息是做出合理决定的基础；帮助学生确认他们对信息的需求，并围绕这些需求形成基于信息的一系列问题。在有必要的情况下，鼓励学生持续收集有关信息，以达到培养信息意识的目的。

第二，培养终身学习能力，不断扩展信息知识。

社会不断进步，知识也在不断更新。即使具有了较高的信息素养，若不学习将来也可能会落伍。通过终身学习，可以不断更新知识，保持良好的信息素养。获得终身学习的能力是信息素养教育的目标之一。

第三，不断提升信息能力。

培养大学生信息能力，需要强化信息主体意识，从思想上认识到信息素养的重要性、紧迫性，进行有目的、有计划的系统学习，从而提升信息能力。学校通过开设相关的课程，让大学生学习如何有效地获取和筛选信息，培养其辨别信息真伪和有效性的能力。

第四，增强责任意识，树立正确的信息道德观。

在信息社会，信息污染、信息垃圾、信息侵权和虚假信息等问题不可避免地影响着当代大学生。学生要提高辨别有用信息与无用信息、健康信息与不良信息的能力。加强对学生的信息道德和法治教育，培养学生树立正确的道德观念，使其能够适应信息社会的发展和变化。

拓展训练与测评

一、训练任务要求

该任务要求同学们根据给定的计算机,按照规范要求将显示器、主机、键盘、鼠标、电源分离;然后,分离主机所有配置,所有数据线、电源线等连线;最后,根据规范的安装步骤进行组装操作。通过训练,可以检验同学们的计划组织与计算机装配等能力。

二、训练成果测评表

职业能力	评价内容		评价等级		
	学习目标	评价内容	优	良	差
专业能力	1. 能够正确拆分计算机	拆卸顺序合理			
		无大的撞击声			
		所有部件摆放合理			
		按要求全部无损分离			
	2. 能够正确组装计算机	安装顺序合理			
		部件安装规范			
		无大的撞击声			
		无损安装,能正常启动			
方法能力	3. 独立思考、分析问题与解决问题的能力				
	4. 自主学习能力				
社会能力	5. 沟通交流、语言表达能力				
	6. 与伙伴交往合作的能力				
	7. 工作态度、工作习惯				
综合评价					

项目二
使用 Windows 7 管理文件

 项目概述

Windows 是目前使用最广泛的一种操作系统之一,以其图形化的界面让计算机操作变得直观和便捷。Windows 操作系统包括多个版本,其中 Windows 7 以运行稳定、界面美观、功能强大且易于操作等特点受到众多用户的青睐。下面就来学习 Windows 7 的使用方法。

 学习目标

● **能力目标:**

熟悉系统界面,并能进行个性化设置。

能对文件和文件夹进行管理。

能设置任务栏和"开始"菜单。

能熟练使用控制面板管理系统资源。

能根据需要进行计算机软件、硬件资源的管理和维护。

● **知识目标:**

掌握操作系统及相关概念。

掌握 Windows 7 的基本操作。

掌握管理文件和文件夹的方法。

掌握如何进行系统管理和应用,如设置系统、管理用户账户等。

掌握管理和维护磁盘的方法。

● **素质目标:**

培养学生善于发现问题、积极思考、自主学习的能力。

培养协作精神、合理竞争的意识。

任务一　认识 Windows 7 操作界面

 任务情境

某单位职工小陈，被调整到一个新的岗位，负责整理单位的电子档案。他发现分配给他的电脑上安装的操作系统是 Windows 7 操作系统，为尽快适应新的岗位和工作环境，并提高工作效率，他打算学习一下新的操作系统的特性和使用方法，并设置自己喜欢的个性化操作环境。

 任务分析

跟以前版本的操作系统相比，Windows 7 的桌面和"开始"菜单等方面都有了一些的变化。要使用好这个操作系统，首先要认识桌面和"开始"菜单，掌握 Windows 7 的特点和基本操作，学会正确地启动、关闭计算机系统。

1. 桌面的个性化，Windows 7 中除了可以根据需要随时更改桌面的背景外，还可以通过使用主题，修改窗口边框颜色、声音、屏幕保护程序等其他设置。

2. Windows 桌面最下方的长条称为"任务栏"，单击"任务栏"左端的"开始"按钮可以打开"开始"菜单。任务栏和"开始"菜单也是 Windows 重要的组成部分，用户可以对任务栏进行外观设置、锁定、隐藏、改变位置等相关操作。

3. 在 Windows 7 操作系统中，可以使用"控制面板"较方便地进行各种环境设置。此外，还可以通过其他途径完成设置操作。

 相关知识

一、操作系统知识

操作系统是每一台计算机必须安装的一个最基本的系统软件，它的作用主要有两个：一是管理计算机的软硬件资源，使它们协调有效地工作；二是为用户提供一个方便的操作环境，使用户可以很容易地使用计算机。

操作系统的发展与计算机硬件的发展息息相关，微型机上早期运行的主要操作系统是 DOS。

操作系统关系到国家的信息安全，由国防科技大学研制的银河麒麟（Kylin）操作系统具有高安全、高可靠、高可用、跨平台、中文化（具有强大的中文处理能力）的特点。华为研发的鸿蒙系统（HarmonyOS）是一款基于微内核、面向 5G 物联网与全场景的分布式操作系统，它将手机、电脑、平板、电视、工业自动化控制、无人驾驶、车机设备、智能穿戴统一在一个操作系统之下，将人、设备、场景有机地联系在一起，能兼容全部安卓应用和 Web 应用。截至 2024 年 7 月，华为开发的 HMS（Huawei Mobile Service）已经成为仅次于 iOS 的 GMS 的全球第三大移动生态系统。

二、Windows 图标操作

图标是程序、文件的关联标志，包括图形和说明文字两部分。Windows 7 桌面上常见的图标有计算机、网络、用户文件、回收站等。

（一）选择图标

把鼠标指针移动到图标上停留片刻，鼠标指针旁边会出现对图标相关内容的说明或文件存放路径等信息。单击可以选中单个图标，双击图标可以打开相应的程序或文件。

（1）选择一个图标：单击要选择的图标即可。

（2）选择多个不连续的图标：按住 Ctrl 键，依次单击要选择的图标。

（3）选择多个连续的图标：单击第一个图标后，按住 Shift 键，单击要选择的最后一个图标，其间的图标都会被选中。

另外，在桌面上从空白处开始拖动鼠标，会出现一个矩形虚线框，虚线框内的图标都会被选中，称为"框选"，如图 2-1 所示。

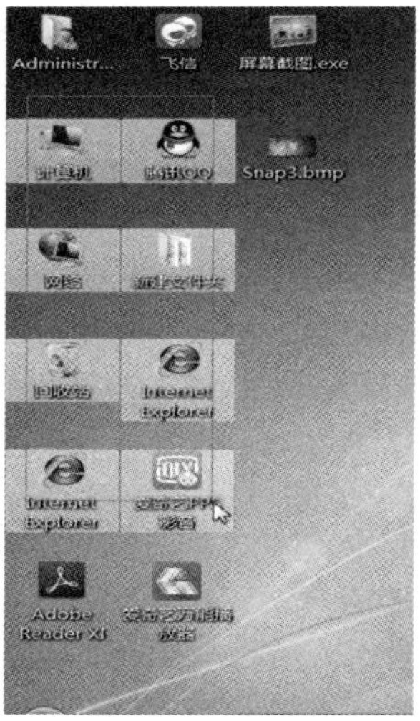

图 2-1　用鼠标拖动选择图标

（二）桌面图标的大小和排列

利用 Windows 7 桌面右击弹出菜单中的"查看"和"排序方式"菜单项，可以调整桌面图标的大小和排序方式，如图 2-2 所示。子菜单包含了多个选项，部分选项的作用如下：

（1）名称：按图标名称开关的字母或拼音顺序排列。

（2）大小：按图标所代表文件的大小顺序排列。

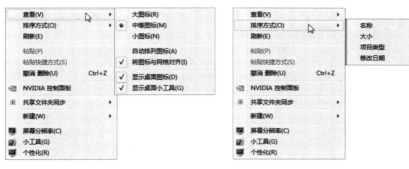

图 2-2 桌面图标的"查看"与"排序方式"菜单

探究与实践

（3）项目类型：按图标所代表文件的类型来排列。

（4）修改日期：按图标所代表文件的最后一次修改时间排列。

（5）自动排列图标：在对图标进行移动时会出现一个选定标志，这时只能在固定的位置将各图标进行位置的互换，而不能手动图标到桌面的任意位置。

（6）将图标与网格对齐：调整图标的位置时，它们总是按行按列对齐风格排列，而不能移动到桌面上的任意位置。

（7）显示桌面图标：取消该选项前的"√"标志，桌面上将不显示任何图标。

（三）创建桌面图标

除了 Windows 默认的桌面图标，其他添加到桌面上的图标一般是快捷方式，在桌面上创建自己经常使用的应用程序或文件、文件夹的快捷方式，可以快速启动程序或打开文件。创建桌面图标的操作方法如下：

（1）用鼠标右键单击桌面的空白处，在弹出的快捷菜单中选择"新建"命令，如图 2-3 所示。

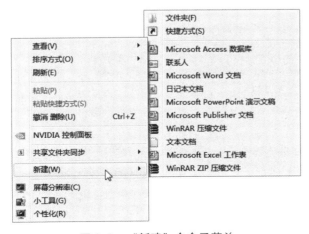

图 2-3 "新建"命令子菜单

（2）选择"新建"命令的下级菜单中选择"快捷方式"命令，出现"创建快捷方式"向导对话框。该向导帮助用户创建本地或网络程序、文件、文件夹、计算机或 Internet 地址的快捷方式，用户可以手动输入项目的位置，也可以单击"浏览"按钮，在打开的"浏览文件夹"窗口中选择快捷方式的目标，单击"下一步"。

（3）在打开的窗口中输入快捷方式名称，单击"确定"按钮，即可在桌面上建立相应的快捷方式图标。

三、Windows 菜单

菜单是一些相关命令的集合，菜单包含的命令称为菜单命令或菜单项。在 Windows 系统中，大多数的操作是通过菜单来完成的。Windows 菜单主要有下拉菜单和快捷菜单两种类型。

（一）下拉菜单

单击菜单栏中的菜单项，大都会出现一个下拉菜单，如图 2-4 所示。Windows 中的下拉菜单一般按实现的功能进行分类或分组。

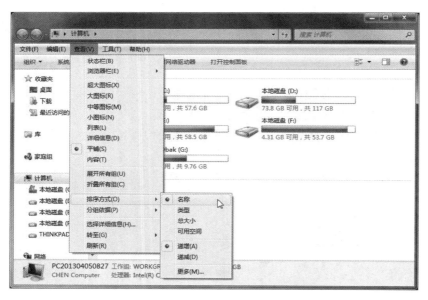

图 2-4　下拉菜单

（二）快捷菜单

通过鼠标右键单击对象，在屏幕上会弹出一个菜单，称为快捷菜单或弹出菜单。快捷菜单所包含的命令与当前选择的对象有关，因此用鼠标在不同对象上右键单击，会弹出不同的快捷菜单。例如，在桌面空白处右键单击，会弹出如图 2-5 所示的快捷菜单。

快捷菜单可以帮助用户快速选择菜单命令，提高工作效率。

探究与实践

想一想
　　如何使计算机桌面更整洁、更实用？

图 2-5 快捷菜单

（三）Windows 中菜单命令的约定

Windows 菜单命令有多种不同的显示形式，不同的显示形式代表不同的含义。

1. 带有组合键的菜单命令

菜单栏上带有下画线的字母，又称"热键"，表示在键盘上同时按 Alt 键和该字母键可以打开该菜单；菜单命令项右侧列出的快捷键（又称快捷方式），以"Ctrl + 字母"来表示，用户可以使用该快捷键执行菜单命令，如图 2-6 所示。

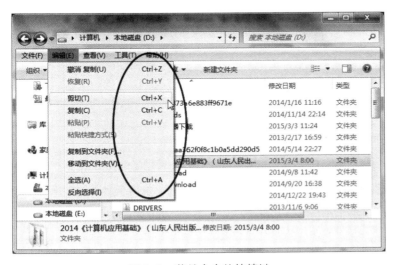

图 2-6 菜单命令的快捷键

2. 带有右向箭头和省略号的菜单命令

如果菜单命令项的右边有一个指向的三角箭头标记，表示该菜单包含子菜单,将鼠标指针指向该菜单项将显示其子菜单命令。例如,在图 2-3 所示的菜单中,"查看""排序方式"等菜单项都含有子菜单。

有的菜单命令项后带有"…",单击该菜单命令,会弹出一个对话框,用户可以通过该对话框进行相应的设置或操作。

3. 带有选中标记的菜单命令

有的菜单命令项的左侧带有复选标记"√"或单选标记"1",表示该菜单项当前是激活的。菜单命令中的复选标记表示用户可以同时选择多个这种形式的菜单命令,单选标记表示用户在菜单项中只能选择一个这种形式的菜单命令。

4. 带有灰色显示的菜单命令

在 Windows 7 中,如果菜单命令项的名称标题呈黑色显示,表示用户可以执行该命令;如果菜单命令项的名称标题呈灰色显示,表示该命令在当前选项的情况下不可用。例如,在图 2-6 中,"编辑"菜单中的"恢复""粘贴"等命令项呈灰色显示,表示这几个命令在当前状态下不可用。

5. 菜单命令分组

在一个下拉菜单中,有些菜单命令之间会有分隔线,将命令项分成几个部分,每一部分中的菜单命令具有相同或相近的特性。例如,图 2-6 所示的"编辑"下拉菜单项被分成了四个部分。

探究与实践

想一想
　Windows 7 菜单共分成几种?它们有什么区别?

四、Windows 鼠标操作

在 Windows 操作系统中,鼠标是非常重要的设置之一。鼠标操作方法如表 2-1 所示。

表 2-1 　　　　　　　　　　　　鼠标的基本操作方法和功能

鼠标操作	操作方法及功能
指　向	移动鼠标,将鼠标指针放到目标位置
单　击	将鼠标指针指向目标对象,按下鼠标左键后快速松开,常用于选择对象
双　击	将鼠标指针指向目标对象,快速按两下鼠标左键后松开,常用于启动或打开某程序或文档
右　击	按下鼠标右键后快速松开,常用于打开目标对象的快捷菜单
拖　曳	按住鼠标左键不放,移动鼠标指针到目标位置后再松开,常用于移动对象
滚　动	滚动鼠标中间的滚轮,实现网页或长文档的滚动操作

五、任务栏和"开始"菜单

（一）任务栏组成

任务栏主要由"开始"按钮、任务按钮区、通知区域和"显示桌面"按钮四部分组成，如图 2-7 所示。任务栏的各组成部分分别具有不同的功能：

图 2-7　任务栏

（1）"开始"按钮：执行任务、启动程序。例如，依次单击"开始"→"所有程序"→"附件"→"记事本"，可以运行"记事本"程序。

（2）任务按钮区：显示当前已经运行的程序和打开的窗口。当打开程序、文档或窗口时，任务栏的中间区域会出现相应的按钮，用户可以通过单击这些按钮，在已经打开的程序窗口之间切换；用户常用的程序、快捷方式图标等，都可以通过鼠标左键拖动的方法附到任务栏，使用时只需单击即可快速启动已经添加到任务栏上的项目，可以在鼠标右键弹出菜单中选择"将此程序从任务栏解锁"命令解除锁定。

（3）通知区域：在任务栏的右侧区域，用来显示系统当前的工作状态，如输入法、系统时间、电源、网络连接等。在各项目上用鼠标右键单击，会弹出相应的弹出菜单，用户可以通

图 2-8　"系统图标"对话框

37

过选择弹出菜单中的命令，对其进行相应操作。例如，在系统时间上右键单击，在弹出的快捷菜单中选择"属性"命令项，打开"系统图标"对话框，如图 2-8 所示。在"时钟"系统图标所对应的"行为"列表中选择"关闭"选项，则任务栏上的系统时间将不再显示。

（4）"显示桌面"按钮：在任务栏的最右端，单击"显示桌面"按钮，可以快速显示桌面。

（二）"开始"菜单操作

"开始"按钮在任务栏的最左侧,单击"开始"按钮就可以打开"开始"菜单。"开始"菜单中列出了计算机常用的程序、文件夹和选项设置等内容，如图 2-9 所示。

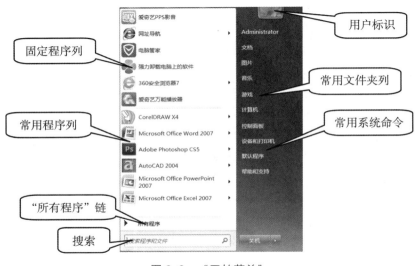

图 2-9　"开始菜单"

用户在使用 Windows 7 时，利用"开始"菜单可以完成启动应用程序、打开文档及打开帮助等工作。通常情况下，一般的操作都可以通过"开始"菜单实现。

1. 启动应用程序

用户启动应用程序，大多是从"开始"菜单中实现启动的。单击"开始"按钮，在打开的"开始"菜单中选择窗格底部的"所有程序"，程序和文件夹会按名称字母顺序出现在列表中（程序在前，文件夹在后），找到自己需要的程序，单击该程序名，即可以启动应用程序。

2. 查找内容

有时用户需要在计算机中查找文件或文件夹，如果手动逐个文件夹查找会花费很多时间，Windows 7 提供的"搜索"命令可以帮助用户快速找到文件、文件夹、图片、音乐，以及网络上的计算机和通讯簿中的联系人等所需要的内容，甚至可以以文档内容中的文字作为查找关键字。

单击"开始"按钮，在"开始"菜单底部的"搜索程序和文件"框中输入要搜索的内容，系统搜索到的所有与之相关的信息会出现在列表中；单击"查看更多结果"按钮，会打开资源管理器窗口，搜索结果在显示区显示。

3. 运行命令

单击"开始"→"所有程序"→"附件"→"运行"，打开"运行"对话框，如图 2-10 所示。在"打开"对话框的文本框中输入完整

的程序、文件路径或网站地址，或者单击"浏览"按钮，在打开的"浏览"窗口中选择程序文件，然后单击"确定"按钮，就可以打开相应的程序、文件、文件夹或网站。

探究与实践

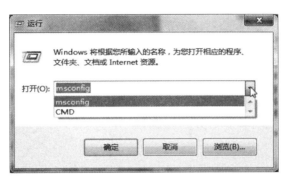

图 2-10　"运行"对话框

任务实施

一、启动计算机系统

启动计算机之前，首先要确保计算机的电源线和数据线已经正确连接，计算机已经正确安装了 Windows 7 操作系统。打开显示器

桌面背景

桌面图标

开始按钮

任务栏

图 2-11　Windows 7 桌面

和主机的电源开关，系统自检，然后启动 Windows 7 操作系统。启动完成后，出现图 2-11 所示的 Windows 7 系统桌面。桌面是用户进行计算机操作的窗口，所有操作几乎都是根据桌面的显示完成的。桌面主要由桌面图标、桌面背景和任务栏等部分组成。

二、设置个性化桌面

（一）更改桌面图标

Windows 7 操作系统安装后，桌面上开始通常只有一个"回收站"图标。如果需要显示其他桌面图标，可以在桌面空白处用鼠标右键单击，在快捷菜单中选择"个性化"命令，在弹出的"个性化"窗口中选择左侧窗格里的"更改桌面图标"选项，进行相关设置，如图 2-12 所示。

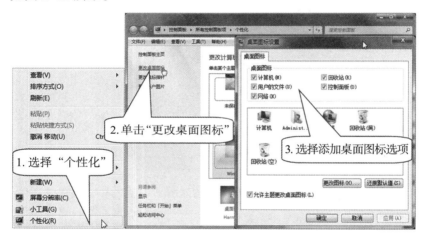

图 2-12　更改桌面图标

（二）设置桌面主题

在桌面上的空白处单击鼠标右键，在弹出的快捷菜单中选择"个性化"命令，打开"个性化"窗口，如图 2-13 所示。

"主题"是图片、颜色和声音的组合，包括"主题""桌面背景""窗

图 2-13　"个性化"窗口

40

口颜色"　"声音"和"屏幕保护程序"等部分。

1. 桌面背景

若要更改桌面背景，可以单击"桌面背景"图标，打开"桌面背景"窗口，如图 2-14 所示，选择某个图片或选择多个图片创建一个幻灯片，单击"保存修改"按钮。用户可以从 Windows 7 提供的桌面背景图片中选择，也可以使用自己喜欢的图片。

图 2-14　设置桌面背景

2. 窗口颜色

若要更改窗口边框、任务栏和"开始"菜单的颜色，可以单击"窗口颜色"图标，在打开的"窗口颜色和外观"对话框中选择某种颜色，如图 2-15 所示，单击"保存修改"按钮。

图 2-15　设置窗口颜色和外观

探究与实践

3. 声音

若要更改 Windows 系统在事件发生时发出的声音，可单击"声音"图标，在弹出的"声音"对话框中依次更改"声音"选项卡中的项目，如图 2-16 所示，选择后可以单击"测试"按钮试听声音效果，单击"浏览"按钮可以更改声音文件。修改完成后单击"确定"按钮返回。

4. 屏幕保护程序

若要添加或更改屏幕保护程序，可单击"屏幕保护程序"图标，打开"屏幕保护程序"对话框，如图 2-17 所示。依次更改"屏幕保护程序"选项卡中的项目，如程序名称、等待时间、效果设置等，完成后单击"确定"按钮返回。

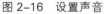

图 2-16 设置声音

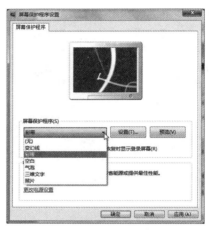

图 2-17 设置屏幕保护程序

提示： 显示器屏幕中的内容如果长时间静止不动，会造成显示器屏幕的疲劳损伤。因此，Windows 操作系统中都有"设置屏幕保护程序"的功能。屏幕保护程序不仅具有保护屏幕的作用，如果用户设置屏保时选择"在恢复时显示登录屏幕"选项，那么电脑从屏保状态恢复时就会显示用户登录界面，必须正确输入密码才能恢复屏幕显示，在一定程度上起到了保护用户隐私的作用。

三、设置任务栏

Windows 7 系统默认的任务栏位于桌面的最下方，用户可以根据需要把它拖放到桌面的任何边缘处并可以改变任务栏的宽度。通过设置任务栏的属性，还可以实现"自动隐藏任务栏"等功能。

在任务栏上的非按钮区域右击，在弹出的快捷菜单中选择"属性"命令项，即可打开"任务栏和「开始菜单」属性"对话框，如图 2-18 所示。

在"任务栏外观"选
项组中，用户可以通过对复
选框的选择来设置任务栏
的外观。

图 2-18　设置任务栏和「开始菜单」属性

（1）锁定任务栏：选择
此项后，任务栏被锁定，不
能被随意移动或改变大小。

（2）自动隐藏任务栏：
选择此项后，当用户不对任
务栏进行操作时，它将自动
消失；鼠标移动到任务栏位
置处，它会自动出现。

（3）使用小图标：选择此项后，任务栏上的图标将切换为小
图标。

（4）调整任务栏的位置：首先确定任务栏处于非锁定状态，然
后在任务栏的非按钮区域按下鼠标左键并拖动，到达目标位置边缘
后松开鼠标，任务栏就会附着到新位置处。通过"任务栏和「开始
菜单」属性"对话框中的"屏幕上的任务栏位置"选项，也可以调
整任务栏位置。

（5）调整任务栏的宽度：在未锁定任务栏的情况下，把鼠标移
动到任务栏的边缘处，鼠标指针变成双箭头，此时按下鼠标左键拖
动，即可调整任务栏的宽度。

试一试
如何解除或添加
任务按钮区的任务
按钮？

四、Windows 7 窗口设置

（一）认识 Windows 7 窗口

Windows 以窗口的形式管理种类项目，一个窗口代表着一种正
在执行的操作。Windows 窗口如图 2-19 所示。大多数窗口的组成
基本相同，一般包括以下几个部分：

（1）标题栏：位于窗口最上部，用于显示应用程序、文档等项
目的名称。

（2）地址栏：显示当前所打开的文件夹的路径。

（3）菜单栏：包含程序中可进行选择的若干项目或命令项，用
鼠标左键单击选择项目或执行菜单命令。

（4）最小化、最大化和关闭按钮：位于标题栏的最右端，分别
用于最小化窗口、最大化窗口和关闭窗口。

（5）主窗口：窗口内部的区域，显示窗口的内容，是窗口的工
作区。

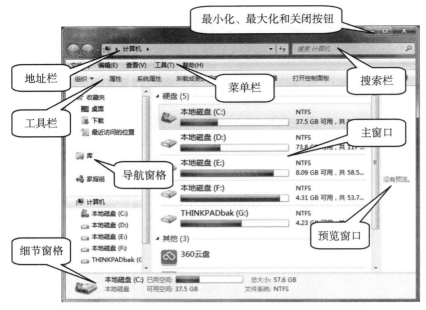

最小化、最大化和关闭按钮

地址栏

菜单栏

搜索栏

工具栏

主窗口

导航窗格

预览窗口

细节窗格

图 2-19　Windows 7 窗口

（6）状态栏：位于窗口底端，一般用于显示与当前程序状态有关的信息。

（7）滚动条：分为水平滚动条和垂直滚动条，一般分别位于窗口底部和右侧，用于查看当着工作区之外的信息。

（8）边框：鼠标指针移动到窗口边框或角的位置处，指针会变成双箭头形状，这时按住鼠标左键拖动，可以改变窗口大小。

（二）移动窗口

如果需要移动窗口位置，只需要在标题栏上按下鼠标左键拖动，移动到合适的位置后松开鼠标按键，即可完成窗口的移动操作。如果需要精确移动窗口，可以在标题栏上右击鼠标，在打开的快捷菜单中选择"移动"命令，当屏幕上出现交叉箭头标志时，按键盘上的方向控制键，即可精确地移动窗口位置，完成后单击鼠标或按回车键确认。

（三）缩放窗口

窗口除了可以移动位置，还可以调整其大小。调整窗口大小可以用鼠标和键盘来完成。

（1）将鼠标放在窗口的边框上，当指针变成双向箭头"1"或"2"时，按下鼠标左键拖动鼠标，就可以完成窗口大小的调整；如果鼠标指针移动到窗口角上，指针会变成斜向的双箭头形状，此时拖动鼠标，将会对窗口在水平和垂直两个方向上同时进行调整。

（2）窗口缩放也可以用鼠标和键盘的配合来完成。在标题栏上右击，在打开的快捷菜单中选择"大小"命令，当屏幕上出现交叉箭头标志时，按键盘上的方向控制键，即可进行窗口大小的调整，调整完成后单击鼠标左键或按回车键确认。

（四）最大化、最小化窗口

用户可以根据需要对窗口进行最大化、最小化等操作，需要用到窗口中的最小化、最大化和关闭按钮。

（1）最小化按钮 ▬：单击此按钮，可以将窗口缩至最小，放到任务栏中。单击任务栏上对应的图标可以将窗口恢复。

（2）向下还原按钮 ▣：单击此按钮，可以将窗口还原到可调节大小的状态（非全屏），窗口改变的同时此按钮变为最大化按钮。

（3）最大化按钮 ▣：单击此按钮，或双击窗口标题栏空白处，可以将窗口放大到满屏幕。

（4）关闭按钮 ▬x：单击此按钮，将关闭窗口。

提示：

（1）用户也可以通过快捷键完成上述操作，例如，按 Alt ＋空格键打开控制菜单，根据菜单中的提示，按下相应的字母键，如"N"为最小化，"C"为关闭等。

（2）窗口最小化与关闭窗口是不同的两个概念。应用程序窗口最小化后，程序仍然在窗口中运行，占用系统资源，而关闭窗口则表示应用程序结束运行，不再占用系统资源。

（五）关闭窗口

完成对窗口的操作后，可以使用以下几种方法关闭窗口：直接在标题栏上单击"关闭"按钮；双击控制菜单按钮；单击控制菜单按钮，在弹出的控制菜单中选择"关闭"命令；使用 Alt ＋ F4 快捷键。

提示：

（1）如果用户打开的窗口是应用程序，可以在"文件"菜单中选择"退出"命令关闭窗口。

（2）如果所要关闭的窗口处于最小化状态，可以在任务栏上右击该窗口按钮，在弹出菜单的快捷菜单中选择"关闭窗口"命令，同样也能关闭窗口。

（3）如果用户在关闭窗口之前未对所创建的文档或所做的修改执行保存操作，当关闭窗口时会弹出一个对话框，询问是否要对所做的修改进行保存，如图 2-20 所示。单击"保存"按钮，

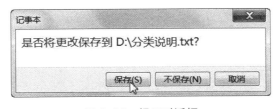

图 2-20 提示对话框

则先保存文档再关闭窗口。单击"不保存"按钮，则在关闭窗口前不保存文档。单击"取消"按钮则取消刚才的关闭操作，窗口继续保持打开状态。

（六）切换窗口

在 Windows 7 操作系统中，可以同时打开多个窗口，但活动窗口只有一个。在任务栏中可以实现活动窗口的切换。鼠标指针指向任务栏按钮，会出现窗口的缩略图预览，单击其中的一个窗口按钮，该窗口就成为活动窗口。

在 Windows 7 中，利用组合键也可以完成窗口的切换。

1. Alt + Tab 组合键

利用 Alt + Tab 组合键可以快速切换窗口。按下 Alt + Tab 键时，屏幕中间位置会出现窗口切换面板，该面板中显示所有当前打开的窗口缩略图，如图 2-21 所示。

图 2-21　使用 Alt + Tab 键切换窗口

此时，按住 Alt 键，重复按 Tab 键，可以循环切换窗口和桌面，当出现需要的窗口时松开按键，即可显示所选的窗口。

2. Win + Tab 组合键

利用 Win + Tab 组合键也可以完成快速切换窗口的操作，在切换过程中还可以显示窗口预览，这种切换称为"Flip 3D"切换。操

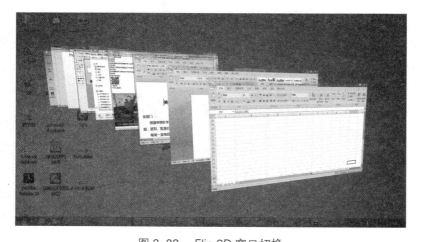

图 2-22　Flip 3D 窗口切换

作方法为：

（1）按下 Win + Tab 键，打开 flip 3D，如图 2-22 所示。

（2）按住 Win 键重复按 Tab 键或流动鼠标滚轮，可以循环切换打开的窗口。

（3）松开按键，即可显示堆栈中最前面的窗口。或者单击堆栈中某个窗口的任意部分，该窗口也被显示。

（4）若要关闭 Flip 3D，释放 Win 键和 Tab 键即可。

（七）多窗口的排列

用户打开了多个窗口，而且需要全部处于显示状态时，就需要对窗口进行排列操作。Windows 7 操作系统提供了三种窗口排列方式：层叠窗口、堆叠显示窗口、并排显示窗口。在任务栏的非按钮区右键单击，在弹出的快捷菜单中选择相应的菜单项，即可完成对窗口的排列操作，如图 2-23 所示。

图 2-23　任务栏快捷菜单

（1）层叠窗口：打开的窗口在桌面上按层排列，并且每个窗口的标题栏和左侧边缘是可见的，用户可以任意切换各窗口之间的层叠顺序，如图 2-24 所示。

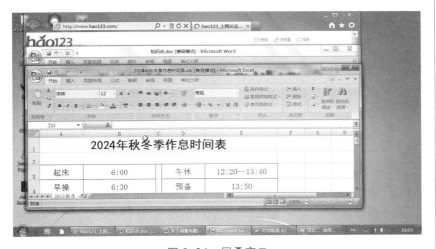

图 2-24　层叠窗口

（2）堆叠显示窗口：窗口水平并排显示，如图 2-25 所示。

（3）并排显示窗口：窗口垂直并排显示，如图 2-26 所示。

在选择了某种排列方式后，在任务栏快捷菜单中会出现相应的撤销该选项的命令项。例如用户选择了"层叠窗口"命令项后，快捷菜单会增加一项"撤销层叠"命令，用户选择执行此命令后，窗

图 2-25　堆叠窗口

图 2-26　并排窗口

口恢复原状。

五、关闭计算机系统

单击"开始"按钮，在弹出的"开始"菜单右侧窗格底部有"关机"按钮，单击该按钮，就可以关闭计算机。

单击"关机"按钮旁边的箭头，可显示一个带有其他选项的菜单，选择不同的菜单项，可以实现切换用户、注销、锁定、重新启动、关闭计算机等相关操作，如图 2-27 所示。

图 2-27　"关机"菜单

拓展训练与测评

一、拓展提高

（一）查看系统基本信息

右键单击桌面上的"计算机"图标，在弹出菜单中选择"属性"命令，打开"系统"信息窗口，如图 2-28 所示。从系统对话框中可以查看操作系统的版本等基本信息，以及硬件基本信息，如处理器型号、内存大小、计算机名、所在工作组等。

做一做
查看你所使用电脑的系统信息。

图 2-28 "系统"窗口

（二）"开始"菜单设置

用户首次启动 Windows 7 时，系统默认的是 Windows 7 风格的"开始"菜单，用户不但可以方便地使用"开始"菜单，还可以根据自己的喜好和习惯定义"开始"菜单。操作方法如下：

（1）在任务栏的空白处或在"开始"按钮上右击，在弹出

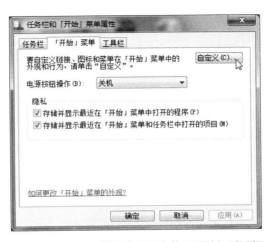

图 2-29 "任务栏和「开始」菜单属性"对话框

49

的快捷菜单中选择"属性"命令，打开"任务栏和「开始」菜单属性"对话框，如图 2-29 所示。

（2）在"「开始」菜单"选项卡中单击"自定义"按钮，打开"自定义「开始」菜单"对话框，如图 2-30 所示。在这个对话框的列表框中提供了常用的选项，用户可以根据自己的喜好增加或删减菜单项目。

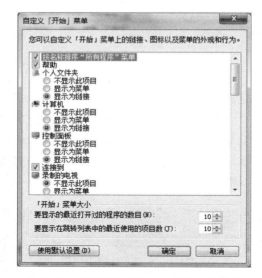

图 2-30　"自定义「开始」菜单"对话框

（1）"收藏夹菜单"选项：选择此项后，"开始"菜单中会出现"收藏夹"选项，用户可以方便、快速地从收藏夹中打开已经添加的网站。

（2）"连接到"选项：选择此项后，"开始"菜单中会出现"连接到"选项，用户可以方便、快速地打开"网络连接"设置界面。

（3）"运行命令"选项：选择此项后，"开始"菜单中会出现默认没有的"运行……"选项。

另外，在"自定义「开始」菜单"对话框底部的"「开始」菜单大小"选项组中，有"要显示的最近打开过的程序的数目"和"要显示在跳转列表中的最近使用的项目数"两项，系统默认的数值都是 10，可以根据需要进行调整。系统会根据设置的数目自动统计使用频率最高的程序并在"开始"菜单中显示，用户可以直接单击"开始"菜单中的快捷方式启动程序。

（三）对话框设置

对话框和窗口相似，但对话框比窗口更简洁、直观，侧重于与用户的交互。对话框一般包括标题栏、选项卡、列表框、文本框、命令按钮、单选按钮和复选框等几部分，与窗口相比，大多数对话框没有最小化、最大化按钮，只有关闭按钮，一般不能改变形状和大小。如图 2-31 所示，为 Word 2010 中"插入索引"对话框。

（1）标题栏：位于对话框的最上方，系统默认是浅蓝色，左侧标明了该对话框的名称，右侧是关闭按钮，有的对话框还会有帮助按钮。

（2）选项卡和标签：有的对话框会包含若干个选项卡，用户可以通过各个选项卡之间的切换来查看不同的内容，在选项卡中通常

试一试

请将菜单的外观更改为自己喜欢的样式。

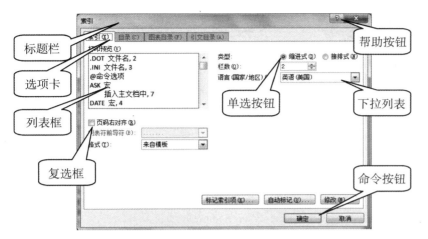

图 2-31　Windows 7 对话框

探究与实践

有不同的选项组。例如，"任务栏和「开始」菜单属性"对话框包含了"任务栏""「开始」菜单"和"工具栏"三个选项卡。

（3）文本框：有的对话框中需要用户输入某项内容，也可以对输入的内容进行修改和删除。例如，在"运行"命令对话框中，需要用户在文本框中输入要执行的命令、运行的程序或文件名称。单击文本框右侧的箭头，可以在下拉列表中查看最近输入过的内容。

（4）列表框：有的对话框在选项组下已经列出了多个选项，用户可以从中选取，但通常不能更改。

（5）单选按钮：单选按钮通常是一个小圆形，后面有相关的文字说明。当选中后，圆形中间会出现一个小圆点，在对话框中通常是一个选项组包含多个单选按钮，用户只能选择其中的一个。

（6）复选框：复选框通常是一个小正方形，后面也有相关的文字说明。当用户选择后，小正方形中间会出现一个"√"标志。与单选按钮不同的是，复选框可以同时选择多个。

（7）命令按钮：命令按钮指的是在对话框中带有文字的矩形按钮，常见的有"确定""取消""应用"等，一般位于对话框的底部。

（四）自定义通知区域

在任务栏的"通知区域"选项中，Windows 7 提供两种方式自定义通知区域中出现的图标和通知：

（1）在图 2-32 所示的"系统图标"对话框中，选择打开或关闭时钟、音量、网络、电源等系统图标。

（2）单击任务栏通知区域的"显示隐藏的图标"按钮，在弹出的窗口中选择"自定义…"，打开"通知区域图标"对话框，见图 2-32，在对应项目右侧的"行为"列表中选择不同的选项，可以实现不同的图标和通知的显示方式："显示图标和通知""隐藏图标

想一想
　　对话框与其他窗口有什么区别？

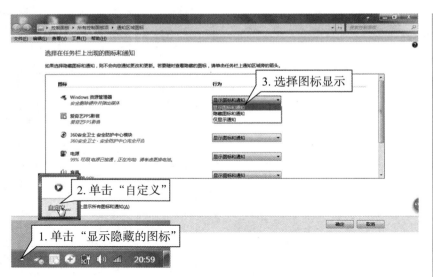

图 2-32　自定义"通知区域图标"

和通知""仅显示通知"。

（五）电源属性设置

当一定时间内不使用计算机又不想关机时，可使计算机处于等待或睡眠状态。在这种状态下，某些设备如监视器、硬盘等将关闭，计算机将消耗更少的电能；触动鼠标或键盘，计算机将快速退出等待状态，恢复正常工作。

（1）在屏幕保护程序设置对话框中，单击"更改电源设置"，打开"电源选项"对话框，如图 2-33 所示。

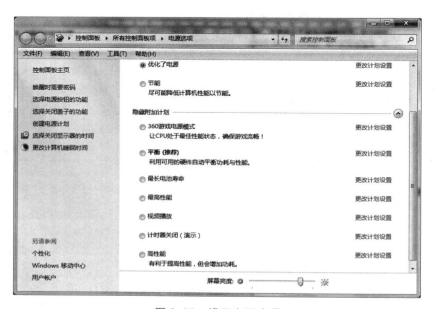

图 2-33　设置电源选项

（2）Windows 系统预设了"平衡"和"节能"两种电源使用方案，用户可以根据需要通过单选按钮进行选择。

（3）如果需要修改电源计划中的时间参数，可以单击相应方案右侧的"更改计划设置"，打开"编辑计划设置"对话框进行更改，如"降低显示器亮度""关闭显示器""使计算机进入睡眠状态"的等待时间和"调整计划亮度"等。

（4）单击"更改高级电源设置"，还可以在打开的"高级电源属性"对话框中设置"睡眠"状态、"关闭硬盘"等项的等待时间。

（5）全部设置完成后，在"编辑计划设置"窗口中单击"保存修改"按钮，完成电源选项的设置。

如果用户需要自己制订电源计划，可以在"选择电源计划"的"电源选项"窗口右侧窗格中单击"创建电源计划"，打开"创建电源计划"向导窗口，按向导提示进行设置，创建符合要求的电源计划。

（六）Windows 徽标键的使用

Windows 徽标键位于键盘左下方，是一个标有 Windows 的旗帜图案的按键，简称 Win 键。在 Windows 7 中，Windows 徽标键功能强大，既可单独使用也可与其他键组合使用，可以非常方便地进行许多操作。Win 键与其他键组合的常用功能如表 2-2 所示。

探究与实践

赛一赛
创建电源计划——我的自定义计划：降低显示亮度 5 分钟，关闭显示器 15 分钟，使计算机进入睡眠状态 30 分钟。

试一试
查看 Ctrl + T 和 Win + T 的区别。

表 2-2　　　　　Windows 徽标键与其他键组合的常用功能

组合键	功能说明
Win	打开或关闭开始菜单
Win + Pause	显示系统属性对话框
Win + D	显示桌面
Win + M	最小化所有窗口
Win + L	锁定您的计算机或切换用户
Win + R	打开运行对话框
Win + E	打开我的电脑
Win + F	搜索文件或文件夹
Win + X	打开 Windows 移动中心
Win + T	切换任务栏上的程序
Win + 空格	预览桌面，松开后恢复
Win + ←	最大化到窗口左侧的屏幕上
Win + →	最大化到窗口右侧的屏幕上

（续表）

组合键	功能说明
Win ＋ ↑	最大化窗口
Win ＋ ↓	最小化窗口
Win ＋ Home	最小化除了当前激活窗口之外的所有窗口
Win ＋ Shift ＋ ↑	拉伸窗口到屏幕的顶部和底部
Win ＋ TAB	循环切换任务栏上的程序并使用 Aero 三维效果
Ctrl ＋ Win ＋ TAB	使用方向键来循环切换任务栏上的程序，并使用 Aero 三维效果

二、能力测评

1. 设置桌面主题为"风景"。

2. 设置桌面背景的图片切换时间为 5 分钟。

3. 设置屏保程序。

要求：设置屏保程序为"三维文字"，并设置文字为"档案管理"，旋转类型为"滚动"，等待时间为 10 分钟，恢复屏保时要使用登录界面。

4. 设置系统时间和时间。

要求：设置时间和日期为当前日期和时间。点击"更改时区"，将时区设置为"（UTC ＋ 8：00）北京，重庆，香港特别行政区，乌鲁木齐"，点"更改日期和时间"，将"日期"和"时间"设置为当前标准数字。

5. 控制面板的视图切换。

要求：打开"控制面板"窗口，分别切换"类别"视图、"大图标"视图和"小图标"视图，观察不同视图的区别。

6. 测试鼠标双击速度。

要求：测试鼠标双击最快速度，并设置适合自己的双击速度。

7. 创建一个新的电源计划。

要求：创建一个电源计划，计划名称为"我的电源计划"，设置好后保存。

8. 切换当前任务窗口。

要求：用两种办法切换当前任务窗口，比较 Alt ＋ Tab 组合键与 Win ＋ Tab 组合键的相同点和不同点；尝试 Win 键与其他键组合的用法。

三、训练成果测评表

职业能力	评价内容	评价等级		
		优	良	差
专业能力	1. 能够正确开、关机			
	2. 能够进行个性化桌面设置			
	3. 能够进行任务栏的设置			
	4. 能够正确认识 Windows 7 窗口组成			
	5. 掌握查看系统信息的方法			
	6. 能够进行"开始"菜单的相关设置			
	7. 能够掌握对话框的相关知识及操作			
	8. 能够进行自定义通知区域			
	9. 能够掌握电源属性设置			
方法能力	10. 收集、分析、组织、交流信息的能力			
	11. 自我学习、自我提高、学习掌握新技术的能力			
	12. 独立思考、分析问题、解决问题的能力			
	13. 运用科学技术的能力			
	14. 创新能力			
社会能力	15. 沟通交流、语言表达能力			
	16. 与伙伴交往合作的能力			
	17. 工作态度、工作习惯			
	18. 计算机文化素养			
综合评价				

任务二　文件和文件夹的管理

任务情境

经过几天的使用，小陈基本熟悉了 Windows 7 操作系统的特点和相关项目的设置方法。接下来，他想尽快把相关的电子档案进行分类整理，方便以后的工作。

小陈发现，他负责整理的档案材料种类繁多，有文字材料、数字报表、图片、音频和视频等多种类型。收集上来的材料，名称各异，没有进行有序的分类。他需要将这些资料分类整理。

任务分析

为了更好地管理人事档案，小陈将档案分成四类：在岗职工、退休职工、公司文件、会议讲稿。小陈需要先创建四个文件夹，然后对收集的文件和文件夹进行移动、复制、删除、重命名等操作。为了防止忘记规则，小陈又建立了一个"分类说明"的文档，以便以后查询信息。

相关知识

一、文件和文件夹相关知识

（一）概念

文件是数据在计算机中的组织形式。计算机中的文件是被命名并保存在存储介质上的用户数据或信息的集合，例如一篇文章、一幅图片、一首音乐、一段视频、一个网页、一个程序等，都可以是一个文件。计算机中的各类信息都是以文件的形式存储的。

计算机中的文件成千上万，文件类型多种多样。为了便于统一管理这些文件，计算机系统对这些文件进行分类和汇总，采用文件夹对它们进行分类管理。文件夹是一组文件的存储区域，文件夹中除了可以存放文件，可以再存放文件夹，后者称为子文件夹。需要注意的是，同一个文件夹中不能有完全重名的两个文件或文件夹存在。

文件夹一般被看成是一种特殊的文件，一旦建立即具有与文件相同的操作方法。

（二）文件和文件夹的命名规则

Windows 操作系统对文件的管理采用按名字存取的方式，每个文件或文件夹都有自己的名称和属性。Windows 系统规定的命名规则如下：

（1）文件名包括主文件名和扩展名两部分，中间用"."间隔。如果文件名本身包含圆点，最后一个圆点被视作间隔符，其后部分为扩展名。

（2）文件名或文件夹名最多可以有 255 个半角字符。

（3）文件名或文件夹名中可以使用汉字，但以下字符不能出现在文件名或文件夹名当中：/ \ ：* ? " < > |。

（4）文件名或文件夹名中不区分大小写字母，例如 hello.doc、Hello.DOC、HELLO.doc 等，被认为是同一个文件名；在同一文件夹中不能有完全同名的文件夹或文件存在。

（5）文件查找操作中可以使用通配符"？"和"*"，"？"可

想一想
主文件名是否可以为空？

56

以代表任意一个字符，"*"可以代表任意多个字符。

（6）文件的扩展名一般为三四个字符，用来标志文件类型和创建此文件的程序，如 doc、txt、exe、jpg、rar 等。

探究与实践

Windows 7 中常见的文件扩展名及类型见表 2-3。

表 2-3 常见的文件扩展名及对应的文件类型

扩展名	文件类型	扩展名	文件类型
txt	文本文件	bmp	位图文件
docx	Word 文档文件	jpg	图像压缩文件
xlsx	Excel 文件	gif	动态图片文件
pptx	PowerPoint 文件	wav	音频文件
html	超文本文件	avi	视频文件
exe	可执行文件	rar	压缩文件
com	可执行的二进制代码文件	inf	软件安装信息文件
dat	数据文件	hlp	帮助文件

提示：

（1）不同类型的文件需要使用不同的应用程序来打开。例如双击扩展名为 doc 的文件，系统自动使用 Word 程序打开文件，这是因为 doc 格式的文件与 Word 程序进行了关联；双击扩展名为 jpg 的图片文件，系统自动使用"Windows 照片查看器"程序打开，这是因为 jpg 格式的文件与 Windows 照片查看器程序进行了关联。

想一想
　　如何搜索 D: 盘中所有的 Word 文档？

（2）有时一个应用程序可以同时关联多种格式的文件类型。以 Windows 系统中的"媒体播放器"为例，它既可以播放音频文件，又可以播放视频文件。这是因为媒体播放器程序既关联了音频格式文件（如 wav 格式），又关联了视频格式文件（如 avi 格式）。

（3）更改关联的方法

　　如果需要更改文件与程序软件之间的关联，可以采用以下方法：打开"控制面板"；选择"程序"→"默认程序"→"将文件类型或协议与程序关联"；在打开的"设置关联"窗口中选择要修改关联的文件类型；单击右上角的"更改程序…"按钮；选择用于关联的应用程序；单击"确定"按钮，即可修改文件类型的关联，操作步骤如图 2-34 所示。

　　如果只是临时指定打开文件的应用程序，可以采用以下方法：右键单击文件图标，在弹出的快捷菜单中选择"打开方式"→"选择默认程序"→"其他程序"，在"打开方式"窗口中选择应用程序，或者通过单击"浏览"按钮，找到用来打开文件的应用程序即可，操作步骤如图 2-35 所示。

图 2-34　更改文件关联程序

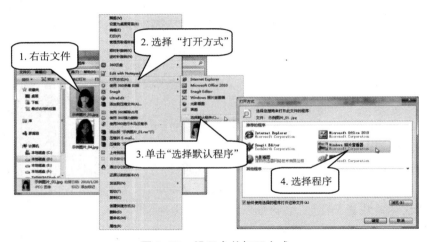

图 2-35　设置文件打开方式

二、管理计算机资源

资源管理器是 Windows 操作系统提供的一种系统工具，是管理计算机资源的主要操作场所。

（一）打开资源管理器

打开资源管理器的方法很多，常用的操作方法有：

（1）双击桌面上"我的电脑""Administrator""网络""回收站"或其他文件夹图标。

（2）右击任务栏左侧的"开始"按钮，从弹出的快捷菜单中选择"打开 Windows 资源管理器（P）"命令。

（3）选择"开始"→"所有程序"→"附件"→"Windows 资源管理器"命令。

（4）在任务栏的文件夹名上右键单击，在弹出的快捷菜单中选择"资源管理器"命令项。

这几种操作方法都能够打开资源管理器，区别是在显示区中显示的内容不尽相同。

资源管理器窗口如图 2-36 所示。

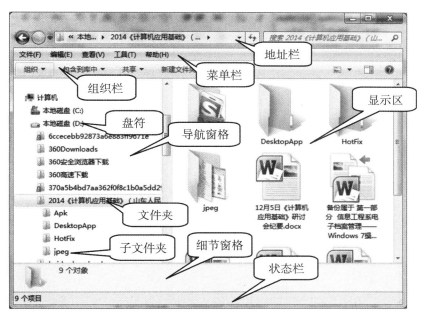

图 2-36　资源管理器窗口

（二）"资源管理器"窗口组成

资源管理器窗口包括地址栏、搜索栏、菜单栏、组织栏、导航窗格、显示区、细节窗格、状态栏等部分。

1. 地址栏

地址栏位于窗口上部，是资源管理器中十分重要的组成部分。通过地址栏，用户可以清楚地知道当前所打开文件夹的路径；如果知道某个文件或程序的存放路径，也可以在地址栏中直接输入路径，按回车键或单击右侧的"转到"按钮，打开相应的文件夹。

地址栏中的路径由"文件夹名"序列组成，单击路径中的某个文件夹名，在显示区会显示该文件夹下的内容。

2. 搜索栏

"搜索栏"位于地址栏右侧，与"开始"菜单中标有"开始搜索"的搜索框作用相同，能够在计算机资源中搜索各种程序、文件等。Windows 7 支持"动态搜索"功能，即当用户在搜索栏中输入关键词的同时，搜索已经开始，随着输入的关键词的逐步完整，搜索到的匹配内容也逐渐精确，直到最后搜索到符合条件的内容。

探究与实践

3. 组织栏

"组织栏"位于菜单栏的下方，最左端是"组织"按钮，右端有三个按钮，分别是"更改您的视图""显示 / 隐藏预览窗口"和"获取帮助"；组织栏的中间是动态工具栏，根据不同的窗口，会显示不同的按钮。

显示区内容的显示方式可以通过"更改您的视图"按钮进行切换调整，显示方式列表包含"超大图标""大图标""中等图标""小图标""列表""详细信息""平铺""内容"等，如图 2-37 所示。

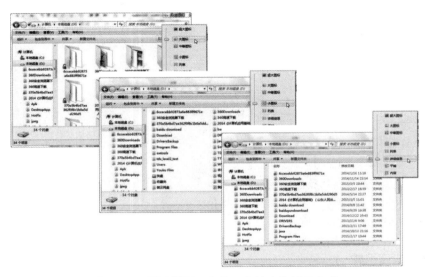

图 2-37　不同视图下文件、文件夹的显示方式

4. 布局

单击组织栏中的"组织"→"布局"命令选项，从子菜单中分别选择"细节窗格""预览窗格"和"导航窗格"，可以显示或隐藏相应的窗格。"菜单栏"选项用于显示或隐藏窗口的菜单栏。

5. 导航窗格

"导航窗格"位于资源管理器窗口左侧，导航窗格中显示的是 Windows 系统默认把计算机的文件资源分成的种类，即"收藏夹""库""家庭组""计算机"和"网络"。

（三）查找文件或文件夹

打开"资源管理器"，在"搜索框"中输入需要查找的文件或文件夹名，即可在显示区显示查找到的结果。在搜索框内单击，通过选择"添加搜索筛选器"下的"种类""修改日期""类型""文

想一想
如何更改资源管理器的界面？

件夹路径"等选项，可以增加搜索筛选条件，如图 2-38 所示。

探究与实践

赛一赛

（1）请搜索磁盘中大于 128M 的文件；

（2）请搜索磁盘中 html 类型的文件；

（3）请搜索 2016年 2 月 17 日修改的文件。

图 2-38　通过搜索筛选器添加搜索条件

任务实施

一、新建文件夹

（一）确定文件夹和文件的创建位置

现要在 D 盘创建 4 个文件夹，方法如下：

（1）在桌面上双击"计算机"，打开"计算机"窗口。

（2）双击"本地磁盘 D"，打开 D 盘，如图 2-39 所示。

图 2-39　"计算机"窗口

61

（二）创建文件夹

（1）在 D 盘窗口的空白处单击鼠标右键，在弹出的快捷菜单中单击"新建"→"文件夹"，如图 2-40 所示。

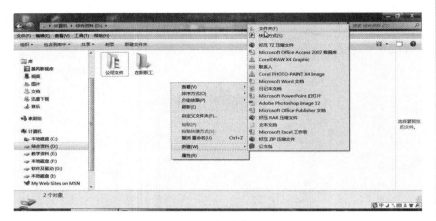

图 2-40　新建文件夹

（2）此时系统会在 D 盘上建立一个新文件夹，默认文件夹名为"新建文件夹"，并处于编辑状态。用户可以根据需要输入文件夹名称，本任务为"在职职工"。

建立文件夹的方法很多。例如，在打开的 D 盘窗口中，单击窗口菜单"文件"→"新建"→"文件夹"，也可以新建一个文件夹。

需要注意的是，如果用户在新建文件夹时没有输入文件夹名就按了回车键或单击鼠标，新建立的文件夹名就是"新建文件夹"。

使用同样的方法可创建本任务要求的"退休职工""公司文件""会议讲稿"文件夹。

二、整理文件夹

（一）选择文件或文件夹

Windows 文件管理系统允许一次对多个文件或文件进行复制、移动、删除、重命名等操作。在进行这些操作以前，需要先选中要操作的文件或文件夹。

（1）选择一个文件：在"资源管理器"窗口中找到文件或文件夹所在的位置，单击该文件或文件夹名，即可选中。

（2）选择全部文件：在"资源管理器"窗口中找到文件或文件夹所在的位置，在"编辑"菜单中单击"全选"命令，或按快捷键 Ctrl + A，即可选中该位置下的全部文件、文件夹，如图 2-41 所示。

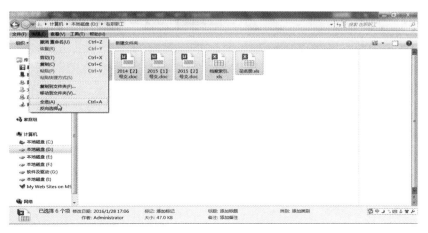

图 2-41 选择全部文件

（3）选择连续的多个文件。

方法一：在"资源管理器"窗口中找到文件或文件夹所在的位置，从空白处按下鼠标左键开始拖动，用形成的矩形虚线框来框选文件，如图 2-42 所示。

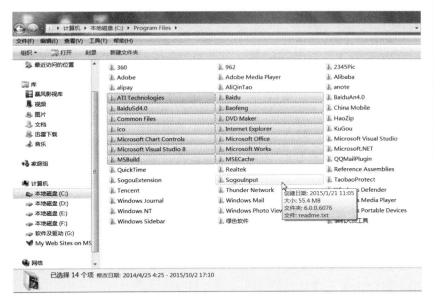

图 2-42 框选连续多个文件

方法二：单击需要选中的第一个文件（或文件夹），然后按住 Shift 键，单击需要连续选中的最后一个文件（或文件夹），即可选中连续的对象，如图 2-43 所示。

（4）选择不连续的文件：在"资源管理器"窗口中找到文件或文件夹所在的位置，按住 Ctrl 键，用鼠标左键依次单击需要选中的文件（或文件夹），如图 2-44 所示。

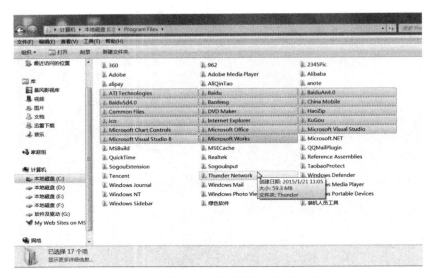

图 2-43　按 Shift 键选择连续多个文件

图 2-44　选择不连续多个文件

（二）将 I 盘上所有的公司文件全部移动至 D 盘"公司文件"文件夹中

（1）在"资源管理器"窗口选中需要移动的文件（或文件夹）。

（2）在"菜单栏"中单击"编辑"菜单，选择"剪切"命令，如图 2-45 所示。

（3）再从"资源管理器"中找到 D 盘"公司文件"文件夹，单击"编辑"菜单中的"粘贴"命令，就可以完成文件（或文件夹）的移动操作。

图 2-45 "编辑"菜单

（三）将 I 盘上的在职职工工资表复制到"在职职工"文件夹中

（1）在"资源管理器"窗口选中需要复制的文件（或文件夹）。

（2）在"菜单栏"中单击"编辑"菜单，选择"复制"命令，如图 2-44 所示。

（3）再从"资源管理器"中找到目标位置，单击"编辑"菜单中的"粘贴"命令，就可以完成文件（或文件夹）的移动操作。

文件的移动和复制是两个不同的概念：移动是指文件被转移到目标位置，源位置上的文件不存在了；复制是指在目标位置生成一份与原文件相同的文件，源位置上的文件仍然存在。

需要说明的是，如果复制文件的目标位置上已经存在同名的文件，系统会自动在复制的文件名后加上"-副本"字样。

（四）将文件夹"在职职工"和"退休职工"分别重命名为"在职职工档案""退休职工档案"

（1）在"资源管理器"窗口中找到 D 盘"在职职工"文件夹，选中；

（2）单击"文件"菜单，选择"重命名"命令，或在文件名（或文件夹名）位置单击，文件名（或文件夹名）就会处于编辑状态。

（3）输入新的文件夹名"在职职工档案"，按回车键或在空白位置单击鼠标左键，即可完成重命名操作；用同样的方法重命名"退休职工"文件夹；如果输入新的名字后按"Esc"键，则会取消刚才的输入，文件（或文件夹）名字不变。

（五）删除 I 盘上的信息

（1）选中待删除的文件：打开 I 盘，选中所有文件。

探究与实践

做一做
　　将 D：盘的"公司文件"文件夹拷贝到 I 盘。

想一想
　　移动、复制和拷贝三个概念有什么区别？

（2）单击"文件"菜单，选择"删除"命令，或按下键盘上的"Delete"键，就可以删除选中的文件（或文件夹），如图 2-46 所示。

探究与实践

图 2-46　文件的删除

需要说明的是，这种删除操作并没有使文件（或文件夹）真正从计算机硬盘上删除，只是放在了"回收站"中。"回收站"是删除文件（或文件夹）的临时存储区，是硬盘上一个特殊的系统文件夹，用户可以将"回收站"中被"删除"的文件（或文件夹）恢复到原始位置。

想一想
　如何彻底删除指定的文件或文件夹？

三、新建文本文件

（1）在 D 盘窗口的空白处单击鼠标右键，在弹出的快捷菜单中单击"新建"→"文本文档"，如图 2-47 所示。

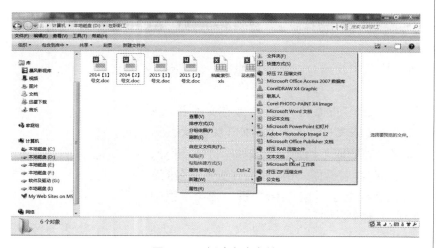

图 2-47　新建文本文档

（2）此时系统会在 D 盘上建立一个新的文本文档，默认文件夹名为"新建文本文档"，并处于编辑状态，用户可以根据需要输入文件夹名称"分类说明"。

 拓展训练与测评

一、能力提升

（一）设置文件或文件夹的属性

Windows 7 操作系统允许用户对文件（或文件夹）设置只读、隐藏、存档等属性。只读是指只能读取该文件，不能修改；隐藏是指将文件隐藏起来，在一般的文件操作中不显示；存档是指普通文件，是默认属性。

在选择的文件（或文件夹）上单击鼠标右键，在弹出的快捷菜单中选择"属性"，就可以打开文件（或文件夹）的"属性"对话框，如图 2-48 所示，在属性对话框中可以查看或设置文件（或文件夹）的属性。

探究与实践

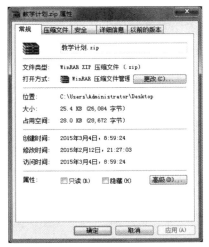

图 2-48　文件、文件夹的"属性"对话框

单击"属性"对话框中的"高级"按钮，可以打开文件（或文件夹）的"高级属性"对话框，在其中可以设置"可以存档文件"属性和"允许索引"属性，如图 2-49 所示。

（二）文件夹选项对话框

设置为"隐藏"属性的文件（或

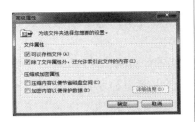

图 2-49　文件、文件夹的"高级属性"对话框

试一试
　　请将文件夹"在职职工档案"设置为隐藏属性？

文件夹），在系统默认的文件操作中不显示。如果需要看到这类文件（或文件夹），就需要用到"文件夹选项对话框"。

（1）打开"资源管理器"窗口，单击菜单"工具"→"文件夹选项"命令，打开"文件夹选项"对话框，选择"查看"选项卡。

（2）在"高级设置"中找到"隐藏文件和文件夹"选项，选择"显示隐藏的文件、文件夹和驱动器"选项，如图 2-50 所示，单击"确定"或"应用"按钮，隐藏的文件或文件夹就能够显示出来，用户就可以对其进行相关操作了。

图 2-50　设置文件夹选项

系统默认条件下，在资源管理器中文件的扩展名是隐藏的，用户如果需要显示文件的扩展名，也可以通过在文件夹选项对话框中进行相关设置来实现，方法如下：

在"文件夹选项"对话框中选择"查看"选项卡，在"高级设置"中选择"隐藏已知文件类型的扩展名"选项，去掉选项前面的对勾，单击"确定"或"应用"按钮即可。

做一做
请设置"显示已知文件的扩展名"。

在"文件夹选项"对话框中，还可以进行其他与文件夹操作相关的设置，如是否在标题栏显示完整路径、是否显示驱动器号、是否显示文件大小信息，以及搜索内容、搜索方式等方面的设置。

（三）窗口中的"组织栏"

Windows 7 窗口中带有"组织"按钮的一栏称为"组织栏"，组织栏中的功能按钮会根据窗口显示的内容有所不同。在需要新建文件夹的位置单击组织栏上的"新建文件夹"按钮，也可以建立文件夹，如图 2-51 所示。

图 2-51 使用"组织栏"上的"新建文件夹"创建文件夹

（四）外存储器的编号

计算机的外存储器包括硬盘、光盘、U 盘、移动硬盘等，为了方便使用与管理，计算机系统为每一个外存储器分配一个编号。在 Windows 系统中，采用"英文字母＋冒号"的形式表示某个外存储器，如"A："和"B："分别表示（现在已经很少使用）软盘驱动器。

由于硬盘空间很大，为了方便，通常划分为多个分区来使用，分区又称为逻辑驱动器，逻辑驱动器的盘符从 C 开始，依次表示为"C："" D："……C 盘通常为安装操作系统的分区，称为系统分区，如图 2-52 所示。

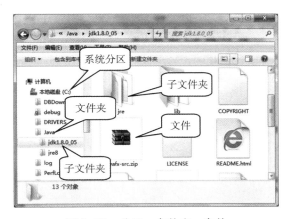

图 2-52 分区、文件夹、文件

（五）文件系统的组织形式

Windows 采用树形结构管理文件，每一个文件或文件夹可以通过盘符、顺序包含的文件夹和文件名进行查找，最后一个文件夹或文件名前的部分称为"文件路径"。盘符和文件夹名之间、文件夹名之间、文件夹名和文件名之间，都用"\"间隔，例如"D：\我的文档\个人日记\20150301.docx""D：\我的文档\音乐欣赏\蜀绣 .mp3"等。

探究与实践

做一做

请重新命名各磁盘：将 C：盘命名为"系统盘"，D：盘命名为"工作盘"，E 盘命名为"娱乐盘"，F 盘命名为"程序盘"。

（六）库

"库"是 Windows 7 操作系统推出的一个有效的文件管理模式。库可以将用户需要的文件资源集中到一起，只要单击库中的链接，就能快速打开添加到库中的文件夹，用户不必关心它们原来的存放位置。另外，这些链接都会随着原始文件夹的变化而自动更新，并且可以以同名的形式存在于文件库中。用户可以进行新建库、将文件夹包含到库中及更改库的默认保存位置等操作。

1. 将文件夹包含到库中

操作步骤如图 2–53 所示。

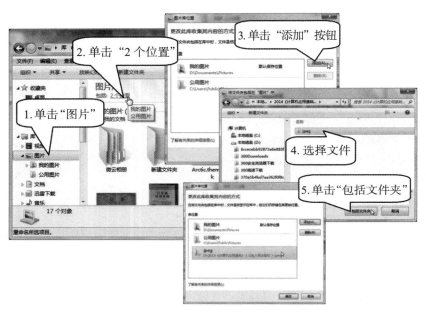

图 2–53　将文件夹包含到库中

（1）打开"计算机"窗口，单击"库"，在显示区选择相关的库打开，例如打开"图片库"；

（2）单击库列表上方的"*n*个位置"（*n*代表库的个数），打开"图片库位置"对话框。默认库是系统关联的"用户"文件夹；

（3）单击"添加"按钮，打开"将文件夹包括在'图片'中"对话框；

（4）选择一个要包含到库中的文件夹，单击"包括文件夹"按钮，选择的文件夹就被添加到库中了。

如果要将一个文件夹从库中删除，只需在"图片库位置"对话框中选中要删除的文件夹，单击"删除"按钮即可。

2. 新建和优化库

Windows 7 中默认包含 4 个库：文档、音乐、图片和视频。用户可以根据需要创建新库，对新创建的库进行优化后能够更加方便使用。

（1）打开"计算机"窗口，在窗格列表单击"库"，打开"库"窗口。

（2）单击"组织栏"中的"新建库"，或在右侧窗格空白位置右键单击，在弹出的快捷菜单中选择"新建"→"库"，然后输入库的名字（如"我的高品质音乐"）即可，如图 2-54 所示。

图 2-54　新建"库"

（3）在刚建立的库图标上右键单击，从快捷菜单中选择"属性"命令，打开新建库的"属性"对话框，从"优化此库"下拉列表中选择某一选项（如"音乐"），单击"确定"按钮，如图 2-55 所示。

将新建库优化类型设为"音乐"后，操作系统会自动按音乐文件类型来组织该库中的文件，显示这些音乐的特定信息，如艺术家、歌曲、流派、分级等。

3. 更改库的默认保存位置

Windows 7 中的每一个库都

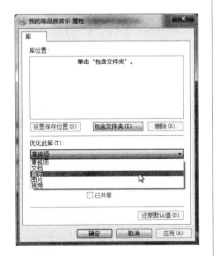

图 2-55　库"属性"对话框

有默认的保存位置，用户可以根据需要指定其他文件夹为默认保存位置。例如，可以将"图片"库中的"jpeg"文件夹设置为库的默认保存位置，操作方法如下：

（1）打开要更改的库，如"图片"库。

（2）单击库列表上方的"3个位置"，打开"图片库位置"对话框，如图2-56所示。

图 2-56　更改"库"默认保存位置

（3）右键单击"jpeg"文件夹，从快捷菜单中选择"设置为默认保存位置"命令。

（4）单击"确定"按钮，该库的默认保存位置就更改成了"jpeg"文件夹。

二、能力测评

（1）新建文件夹。

要求：在D：盘下新建两个文件夹，文件夹名分别为"学习资料"和"其他图片资料"。

（2）保存文件到文件夹。

要求：用"记事本"或"写字板"建立一个文件，文件名为"资料说明"，将该文件保存到"学习资料"文件夹中。

（3）复制文件。

要求：打开"资源管理器"，在"图片"库中选取任意两个图片文件，将它们复制到D：盘的"其他图片资料"文件夹中。

（4）文件改名、删除文件夹。

要求：将"其他图片资料"文件夹复制到"学习资料"文件夹中，并改名为"学习图片"，然后将"其他图片文件夹"删除。

（5）查看文件夹属性。

要求：查看"学习资料"文件夹的属性。

（6）设置文件属性。

要求：将"资料说明"文件的属性设置为"只读""隐藏"。

（7）熟悉资源管理器。

要求：打开"资源管理器"窗口，通过"组织"→"布局"→"窗格"操作，熟悉"资源管理器"窗口的各组成部分。

探究与实践

三、训练成果测评表

职业能力	评价内容	评价等级		
		优	良	差
专业能力	1. 掌握文件和文件夹的区别和命名规则			
	2. 掌握常见的文件扩展名及对应的文件类型			
	3. 能够进行资源管理器的窗口设置			
	4. 能够掌握文件和文件夹的移动、复制			
	5. 掌握创建文件、文件夹和快捷方式			
	6. 能够掌握文件和文件夹的正确搜索方法			
	7. 能够进行文件和文件夹的属性设置			
方法能力	8. 收集、分析、组织、交流信息的能力			
	9. 自我学习、自我提高、学习掌握新技术的能力			
	10. 独立思考、分析问题、解决问题的能力			
	11. 运用科学技术的能力			
	12. 创新能力			
社会能力	13. 沟通交流、语言表达能力			
	14. 与伙伴交往合作的能力			
	15. 工作态度、工作习惯			
	16. 计算机文化素养			
综合评价				

任务三 管理和维护计算机系统

任务情境

计算机使用久了，会积累多余的文件、磁盘碎片等垃圾以及其他问题，这会直接影响到计算机的运行速度和性能。因此，就需要定期对计算机系统进行维护，使其始终保持良好的运行状态。Windows 7 提供了一系列用于日常维护的工具。本任务介绍如何使用这些工具进行管理和维护计算机系统。

 任务分析

任何操作系统都有其局限性，Windows 7 也不例外。除了正常应用，用户还需要定期进行系统的管理和维护，使其始终处于良好的运行状态。一旦有特殊情况导致故障发生，也能利用相关知识和技能进行故障排除、系统恢复，让损失减小到最低。

 相关知识

一、控制面板

控制面板是 Windows 系统提供给用户查看并设置系统基本参数的一个工具，通过控制面板，用户可以对计算机大部分环境参数进行设置，既方便又个性化。Windows 7 的控制面板比早期版有了一定的改进，保留了分类视图并改称为"类别"视图，将其作为默认视图，并且将经典视图发展为"大图标"视图和"小图标"视图。"大图标"视图与"小图标"视图里排列显示出所有的控制功能选项，二者的区别在于图标和文字显示的大小不同。

在控制面板的类别视图中，Windows 7 系统将功能划分为以下几个类别：

（1）系统和安全：包括操作中心、Windows 防火墙、系统、Windows Update、电源选项、备份和还原、BitLocker 驱动器加密、管理工具等。

（2）网络和 Internet：包括网络和共享中心、家庭组、Internet 选项等。

（3）硬件和声音：包括设备和打印机、自动播放、声音、电源选项、显示等。

（4）程序：包括程序和功能、默认程序、桌面和小工具等。

（5）用户账户和家庭安全：包括用户账户、家长控制、Windows CardSpace、凭据管理器等。

（6）外观和修改化：包括个性化、显示、桌面小工具、任务栏和「开始」菜单、轻松访问中心、文件夹选项、字体等。

（7）时钟、语言和区域：包括日期和时间、区域和语言等。

（8）轻松访问：包括轻松访问中心、语音识别等。

想一想
控制面板的功能是什么？

二、安全防护

（一）Windows 防火墙

防火墙可以帮助系统阻止入侵者进入。在 Windows 7 中，防火墙是默认启用的，无需用户设置。需要注意的是，防火墙并不等同于防病毒程序，为了保护计算机系统，除了 Windows 防火墙以外，用户应根据需要安装防病毒软件。

（二）还原点

Windows 系统的还原点指的是保存在某一时刻的系统配置状态和环境状态。在系统出现问题时，可以通过查找还原点，将系统恢复到能够正常使用时的还原点处，使系统恢复正常。Windows 7 支持自动创建还原点和手动创建还原点。

需要注意的是，还原点只是系统配置状态和环境状态的保存，与系统的完整备份是不同的。在进行系统还原操作以后，该还原点之后安装的程序将无法使用，但程序创建的文档、数据等不会被删除。

三、用户账户

用户账户分为管理员账户和一般用户账户。管理员账户就是能够占有计算机系统的所有资源、拥有所有权限的用户，如 Administrator 账户。管理员账户拥有最高权限，可以对电脑做任务操作，有权力对系统进行任何等级设置或删除应用，并且不能被删除；一般的标准用户账户仅仅拥有使用权，而不是管理权，对系统资源的使用范围由管理员用户进行设置与限定。管理员账户可以根据需要将一般用户账户更改为管理员账户。

 任务实施

一、使用控制面板管理系统资源

（一）打开控制面板窗口，切换控制面板的视图

双击桌面上的"控制面板"图标，或单击"开始"按钮，选择"控制面板"项，打开"控制面板"窗口，如图 2-57 所示。

"控制面板"窗口的默认"查看方式"为"类别"

图 2-57　控制面板

探究与实践

想一想
　　如何创建系统还原点？

视图，用户可以通过点击其右侧的小三角符号，切换为"大图标"视图或"小图标"视图。

（二）设置系统日期和时间

（1）在控制面板的"大图标"视图窗口中，单击"日期和时间"图标选项，打开"日期和时间"对话框，如图 2-58 所示。

（2）单击"更改日期和时间"按钮，进入"日期和时间设置"对话框，设置正确的日期和时间，如图 2-59 所示。

图 2-58　"日期和时间"对话框　　　　图 2-59　设置日期和时间

（3）单击"确定"按钮，完成日期和时间的设置。

提示：

（1）单击任务栏右侧显示的日期和时间，在打开的显示对话框中单击"更改日期和时间设置"，或者在日期和时间处右击、在弹出菜单中选择"调整日期/时间"命令项，也可以打开"日期和时间"对话框。

（2）在"日期和时间设置"对话框中，单击左下角"更改日历设置"，可以打开"区域和语言"对话框的"格式"选项卡。单击"日期格式"列表框右侧的小三角，可以对日期和时间的显示格式进行设置，如图 2-60 所示。

（3）如果计算机正常连接到 Internet，用户还可以将系

图 2-60　设置日期格式

统日期和时间与 Internet 时间同步。方法如下：

①在"日期和时间"对话框中，选择"Internet 时间"选择卡，单击"更改设置"按钮；

②在打开的"Internet 时间设置"对话框中选择"与 Internet 时间服务器同步"选项，在服务器列表中选择某一时间服务器，单击"立即更新"按钮。

操作步骤如图 2-61 所示。

探究与实践

做一做
　　将系统日期和时间设置为与 Internet 时间同步。

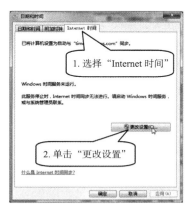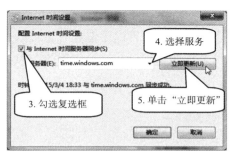

图 2-61　系统日期和时间与 Internet 时间同步

（三）设置鼠标

鼠标是操作系统中最重要的输入设备之一，利用控制面板提供的"鼠标"设置功能，可以对鼠标进行按键、双击速度、鼠标指针和移动速度等功能的设置。

（1）在控制面板的"大图标"视图中点击"鼠标"选项，打开"鼠标属性"对话框，如图 2-62 所示。该对话框包含"鼠标键""指针""指针选项""滑轮"和"硬件"5 个选项卡。

图 2-62　"鼠标属性"对话框　　　　图 2-63　设置鼠标指针

77

"鼠标键"选项卡：设置鼠标的主、次按钮和双击速度。

"指针"选项卡：设置鼠标指针的开关和颜色，如图 2-63 所示。

"指针选项"选项卡：设置鼠标的移动速度和移动形态。

"滑轮"选项卡：设置鼠标滑轮的滚动速度。

"硬件"选项卡：选择鼠标设备的类型。

（2）设置完成，单击"确定"按钮，回到控制面板窗口。

二、使用"操作中心"检查计算机的安全状况

Windows 7 的"操作中心"，可以帮助用户检查计算机的安全状况，并通过 Windows 防火墙、自动更新和防病毒软件的设置来增强计算机安全性。

打开"控制面板"，在"类别"窗口中选择"系统和安全"选项下"查看您的计算机状态"选项，打开"操作中心"窗口，如图 2-64 所示。

图 2-64　Windows 7 操作中心

"操作中心"窗口包括"安全""维护"等项内容。如果没有设置或设置成低级别状态，会显示红色警告信息；如果进行了相关设置，解决了安全问题后，红色警告标志就会消失。

三、磁盘清理

Windows 7 的磁盘清理工具能够完成删除 Internet 临时文件、删除下载的程序文件、清空回收站、删除 Windows 临时文件、删除不使用的 Windows 可选组件、删除已经安装但不常使用的程序等工作。操作方法如下：

（1）单击"开始"按钮，在"所有程序"中选择"附件"→"系

统工具"→"磁盘清理",打开"选择驱动器"对话框,如图 2-65 所示,从下拉列表框选择需要清理的磁盘。

（2）单击"确定"按钮后,出现"磁盘清理"提示框,如图 2-66 所示,"磁盘清理"工具提示正在计算可以释放的磁盘空间,计算完成后会打开"磁盘清理"对话框,如图 2-67 所示。

探究与实践

图 2-65 磁盘清理:选择驱动器　　图 2-66 磁盘清理:计算磁盘空间

（3）在"磁盘清理"对话框中,可以根据需要在"要删除的文件"列表中选择要删除的文件种类,单击"确定"按钮,在弹出的提示框中单击"删除文件"按钮,开始清理,如图 2-67 所示。

试一试
　　如何对 D:盘进行清理?

图 2-67 磁盘清理:选择删除文件

（4）清理完成,"磁盘清理"对话框会自动关闭。

四、磁盘碎片整理

计算机使用一段时间后,由于反复进行文件的存取和删除操作,磁盘上的数据区和空间都会变得比较零散,它们被称为"磁盘碎片"。磁盘碎片的存在,在很大程度上影响着文件的读写速度,进而影响计算机的性能。Windows 提供的"磁盘碎片整理程序",能够对磁盘进行整理操作,将文件等数据存放在连续的存储空间上,把垃圾数据删除、清理掉。此外,如果磁盘上有错误,整理程序还能够进行修复操作。操作方法如下：

（1）单击"开始"按钮，在"所有程序"中选择"附件"→"系统工具"→"磁盘碎片整理程序"，打开"磁盘碎片整理程序"对话框，如图 2-68 所示。

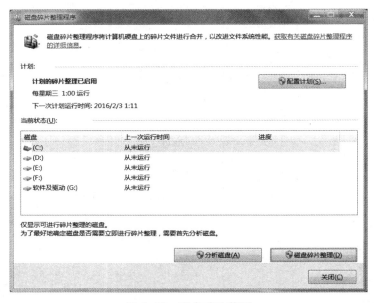

图 2-68　磁盘碎片整理

图 2-69　磁盘碎片配置计划

（2）选择需要整理的磁盘，单击"磁盘碎片整理"按钮，程序开始分析磁盘，然后进行磁盘整理。

（3）单击"配置计划"按钮，在打开的"修改计划"对话框中，用户可以根据需要配置自动进行磁盘碎片整理的时间和磁盘，如图 2-69 所示。

试一试

请整理系统盘 C:盘。

五、创建系统还原点和还原系统

Windows 7 提供的"创建还原点功能"，可以将系统当前的状态保存起来，当系统出现故障时可以根据情况恢复系统状态。操作方法如下：

（1）在"控制面板"中选择"系统和安全"→"系统"，在"系统"窗口中单击"系统保护"选项，打开"系统属性"对话框中的

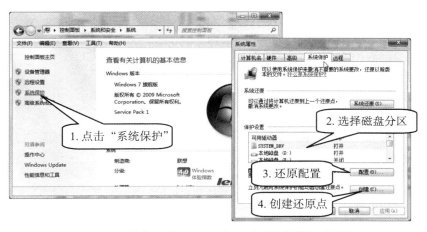

图 2-70 创建系统还原点：打开"系统保护"对话框

"系统保护"选项卡，如图 2-70 所示。

（2）在"保护设置"列表中选择需要保护的磁盘，单击"配置"按钮，可设置保存内容和方式有及用于保存还原点的磁盘空间，也可以删除还原点，如图 2-71 所示。设置完成后单击"确定"按钮，返回"系统属性"对话框。

（3）单击"系统属性"对话框中的"创建"按钮，在弹出的对话框中输入还原点的描述信息后单击"创建"按钮，即可手动创建一个系统还原点，如图 2-72 所示。

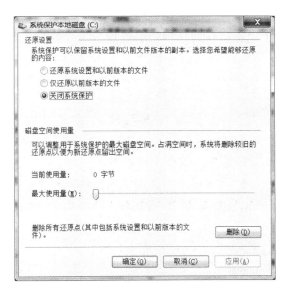

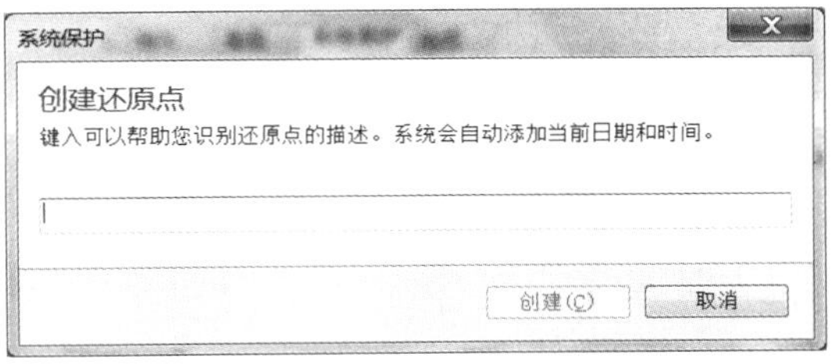

图 2-71 系统还原配置

图 2-72 创建系统还原点

（4）单击"系统属性"对话框上的"系统还原"按钮，打开"系统还原"向导，选择适合的还原点，单击"下一步"按钮，在弹出的确认还原点对话框中单击"完成"按钮，系统将重新启动，还原完成，系统会弹出提示对话框，如图2-73所示。

探究与实践

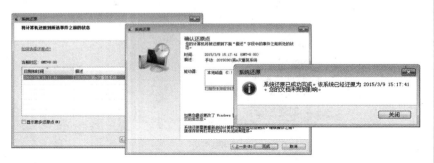

图 2-73　系统还原操作向导

需要注意的是，要使用"系统还原"功能，必须保证系统分区已经开启系统保护功能，并且存在系统还原点。系统还原点可以手动创建，也可以根据系统设置，在安装程序或进行系统升级等相关操作时自动创建。

想一想
　为什么要创建系统还原点？

六、管理用户账户

Windows 7 安装后，有一个负责管理系统的管理员账户 Administrator 及一个来宾账户 Guest，为了方便资源分配及合理应用，用户可以另外建立其他的账户。操作方法如下：

（1）打开"控制面板"的视图窗口，选择"用户账户和家庭安全"选项，打开"用户账户和家庭安全"设置窗口，如图2-74所示。

图 2-74　"用户账户和家庭安全"窗口

（2）在右侧窗格中单击"用户账户"下的"添加或删除用户账户"，打开"管理账户"窗口，如图 2-75 所示。当前账户为"Administrator（管理员）"和"Guest（来宾账户）"。

探究与实践

图 2-75　"管理账户"窗口

（3）在窗口中单击"创建一个新账户"，打开"创建新账户"对话框中，如图 2-76 所示，在对话框中输入新账户名（如"人事档案员助理"），并选择账户类型为标准用户，单击"创建账户"按钮，就创建了一个标准用户账户（"人事档案助理"），新账户将出现在"管理账户"窗口中，如图 2-77 所示。

图 2-76　创建新账户

图 2-77　新建立的账户

（4）在"管理账户"窗口中单击选择某个账户，在打开的"更改账户"窗口中可以对其进行更改账户名称、创建密码、更改图片等操作，如图 2-78 所示。

探究与实践

图 2-78 "更改账户"窗口

试一试
　请为管理员账户设置密码。

七、软件的卸载

安装在计算机中的应用程序（软件），可以根据需要进行删除，称为软件卸载；用户还可以根据需要安装新的应用程序或添加 Windows 组件，称为安装软件。利用 Windows 7 "控制面板"提供的"程序和功能"选项，可以完成这些操作。

在控制面板的"大图标"视图中点击"程序和功能"选项，打开"程序和功能"窗口，如图 2-79 所示。

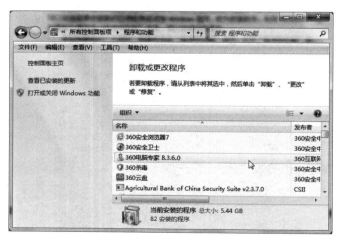

图 2-79 "程序和功能"窗口

（一）更改或卸载程序

在"程序和功能"窗口右侧的程序列表区中选择需要卸载的程序，单击组织栏上的"卸载 / 更改"按钮，或右键单击要卸载的程序，在弹击菜单中选择"卸载"命令，进入"卸载或更改"窗口，根据提示即可完成程序卸载。

（二）关闭或打开 Windows 功能

在"程序和功能"窗口中，单击左侧窗格中的"打开或关闭 Windows 功能"选项，打开"Windows 功能"窗口，如图 2-80 所示，窗口的功能列表中列出了 Windows 7 的所有功能，用户可以根据需要选择或取消。

图 2-80　打开或关闭 Windows 功能

探究与实践

讨　论

软件的卸载还有哪些方式？

拓展训练与测评

一、能力提升

（一）使用"计算机管理"管理用户账户

（1）在桌面的"计算机"图标上右键单击，在弹出的快捷菜单中选择"管理"命令，打开"计算机管理"窗口，如图 2-81 所示。

图 2-81　"计算机管理"窗口

（2）在窗口左侧窗格中，单击"本地用户和组"旁边的小三角符号，展开本项目，单击"用户"项，在窗口右侧的窗格中将显示出计算机的所有用户，如图 2-82 所示。

（3）用鼠标右键单击"人事档案员助手"用户，在弹出的快捷菜单中选择"设置密码"，进行密码设置向导，单击"继续"按钮后，在打开的对话框中输入两次新密码，单击"下一步"按钮，系统提

信息技术基础

图 2-82 "本地用户和组"选项

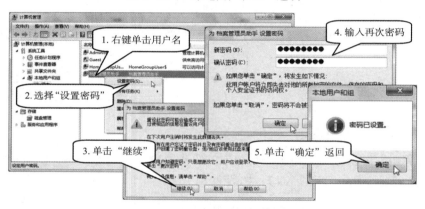

图 2-83 设置账户密码

示"密码已设置",单击"确定"按钮完成,操作过程如图 2-83 所示。

（4）在右键快捷菜单中选择"属性",打开"属性"对话框,在"常规"选项卡中选择"密码永不过期",如图 2-84 所示。

（5）单击选择"隶属于"选项卡,可查看到用户隶属于 Users 用户组,如图 2-85 所示。

图 2-84 账户"属性"对话框 – "常规"选项卡

图 2-85 账户"属性"对话框 – "隶属于"选项卡

86

（6）在"计算机管理"窗口右侧窗格空白处右右键单击，在弹出的快捷菜单，选择"新用户"，打开"新用户"对话框，输入用户名和密码、进行相关设置，可以新建用户，如图 2-86 所示。

图 2-86 建立"新用户"

探究与实践

另外，在此快捷菜单中选择"删除""重命名"，可以实现删除用户和对用户账户修改名字操作。

（二）了解 Windows 7 的自我修复功能

Windows 7 具有比较强大的自我修复功能。相对于重装系统，充分利用系统的修复功能来修复系统故障、恢复系统，可以最大限度地减少用户损失，节约重装系统、软件及进行相关设置的时间。

1.启动修复

如果因为断电、复位等非法关机而引起的故障，系统能够自动修复。当再次启动系统时会进入"Windows 错误恢复"界面，如图 2-87 所示。根据情况选择"正常启动 Windows"或"启动启动修复"选项，按回车键，系统会正常启动或进入系统错误修复过程，修复

想一想
使用"计算机管理"如何进行"设备管理"？

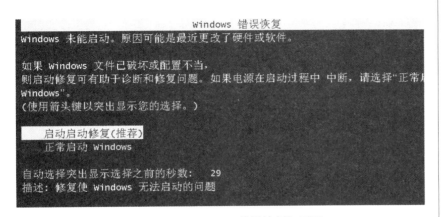

图 2-87 "Windows 错误恢复"界面

完成后正常启动。

2. 系统还原修复

如果系统不能够通过"启动修复"而正常启动，就需要启用Windows 7的系统还原功能来修复。系统启动时按F8键，在图2-88所示的系统启动菜单中选择"修复计算机"选项，按回车键确认后即可进入"系统恢复选项"界面，按照提示进行相关操作，即可完成系统的修复工作。

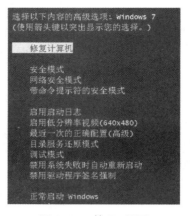

图2-88　按F8界面

3. 通过安装光盘或修复光盘修复

如果系统启动自动修复和系统还原修复都不能解决问题，在重装系统之前，用户还可以尝试通过系统安装光盘或系统修复光盘修复系统。与系统安装光盘不同的是，系统修复光盘是在系统安装后用户自行创建的。创建修复光盘的操作步骤如下：

（1）打开"控制面板"，在"系统和安全"中选择"备份您的计算机"选项，打开"备份和还原"窗口，如图2-89所示。

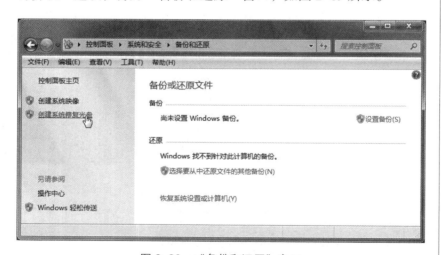

图2-89　"备份和还原"窗口

（2）在"备份和还原"窗口左侧窗格中单击"创建系统修复光盘"选项，打开"创建系统修复光盘"对话框，如图2-90所示。

（3）在"创建系统修复光盘"对话框中"驱动器："后的下拉列表中选择光驱盘符，在光驱中放入空白光盘，单击"创建光盘"，即可完成修复光盘创建操作。

用Windows 7系统修复光盘启动系统，进入光盘中的"系统恢复选项",选择"使用以前他创建的系统映像还原计算机"选项,系统将调用系统光盘中的 WinRE(Windows Recovery Environment,是建立在 Windows 预装环境下的系统恢复平台)进行系统修复。

探究与实践

试一试
　　创建系统修复光盘并修复系统。

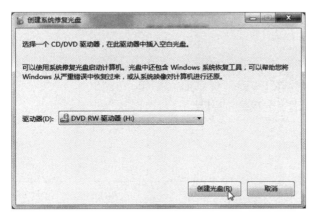

图 2-90　创建系统修复光盘

二、能力测评

(一)使用"安全中心"检查计算机的安全设置

要求:打开 Windows 7 安全中心窗口,检查计算机的安全设置,并对不安全的设置进行处理。

(二)对计算机进行磁盘清理

要求:对计算机的各分区进行磁盘清理。

(三)对计算机进行磁盘碎片整理

要求:

(1)对计算机的各分区进行分析后,对需要进行碎片整理的分区进行整理。

(2)配置磁盘碎片整理计划:每周五下午 5:00 自动开始运行对 C:盘进行碎片整理。

(四)创建一个还原点

要求:进入"系统还原"对话框,对 C:盘创建一个手动还原点,然后进行系统还原操作,并检查系统还原对系统的影响。

(五)创建用户账户

要求:

(1)使用"控制面板"中的功能创建一个管理员账户,账户名为"人事档案员",密码为 Abcd1234,注意区分大小写。

(2)使用"计算机管理"中的功能创建一个普通用户账户,账户名为 user，不设密码。

（六）对 Guest 账户进行操作

要求：将 Guest 账户解除禁用，并设置密码为 guest，设置用户不能修改密码，密码永久有效。

（七）删除用户账户

要求：在"控制面板"中删除"user"账户，在"计算机管理"窗口中删除"人事档案员"账户。

（八）重启计算机

重新启动计算机，系统重启时按 F8 键，观察启动菜单，并尝试选择"正常启动 Windows"和"安全模式"启动系统。注意"安全模式"下与系统正常启动的区别。

探究与实践

三、训练成果测评表

职业能力	评价内容	评价等级		
		优	良	差
专业能力	1. 能够使用控制面板设置用户账户并进行设置			
	2. 能够更改系统日期和时间			
	3. 能够更改键盘和鼠标设置			
	4. 能够对磁盘进行清理和磁盘碎片整理			
	5. 掌握使用"安全中心"检查计算机的安全设置			
	6. 能够创建系统还原点			
	7. 能够安装和卸载程序			
方法能力	8. 收集、分析、组织、交流信息的能力			
	9. 自我学习、自我提高、学习掌握新技术的能力			
	10. 独立思考、分析问题、解决问题的能力			
	11. 运用科学技术的能力			
	12. 创新能力			
社会能力	13. 沟通交流、语言表达能力			
	14. 与伙伴交往合作能力			
	15. 认真的工作态度、良好的工作习惯			
	16. 计算机文化素养			
综合评价				

项目三
电子文档的排版与设计

子项目一　系报的排版

探究与实践

 项目概述

教计算机的张老师了解了系报的情况后指出，系报的排版要先做好版面的整体规划，然后对每个版面进行具体的排版。

系报可分为两个版面，采用正反面打印。首先，要设置好每个版面的纸张大小、页边距等，并设置页眉和页脚"奇偶页不同"，以便可根据页码的不同设置不同的页眉内容。然后对每个版面进行具体布局，根据每篇文章字数及内容的重要性，将各篇文章或图片按照均衡协调的原则在版面中进行合理"摆放"，从而把版面划分成若干板块。其中最重要的板块是报头，可通过插入艺术字、图片等设计出美观大方的报头。

在张老师的指导下，王婷和系报编辑部的同学们开始着手系报的编排工作。

由以上分析可知，系报排版可以分解为三个任务，分别是：

任务一　系报文字的录入与格式化
任务二　系报的美化
任务三　系报中表格的插入与设计

效果图如图3-1所示。

想一想

除了系报，日常工作中还可以使用Word处理哪些文档？

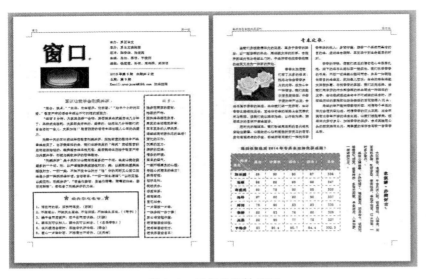

图 3-1　系报排版效果图

学习目标

● **能力目标：**

能完成文档的创建、编辑及保存。

能利用 Word 进行页面、文字和段落的合理排版。

能综合运用图文混排的技巧和方法进行文档排版。

掌握分栏、项目符号和编号、边框和底纹等文档的个性化设置方法。

能在 Word 文档中插入表格、计算表格、美化表格。

● **知识目标：**

掌握 Word 2010 窗口的组成。

掌握文档内容格式的编辑方法。

掌握插入图片、剪贴画和各种图形的方法。

掌握文本框的插入、文本框的填充及文本框的环绕方式。

掌握项目符号和编号、分栏的应用，以及边框和底纹的应用。

掌握 Word 中表格的插入、计算与样式设计。

● **素质目标：**

培养信息素养，提升信息化办公应用水平。

培养创新意识，提高分析问题、解决问题的能力。

培养自主学习、终身学习的能力及语言表达和组织能力。

培养良好的职业道德、团队协作精神。

探究与实践

任务一 系报文字的录入与格式化

 任务情境

王婷从众多投稿中选择了两篇文章作为本期系报一二版的文章：2024级动漫1班万倩倩的《军训让我学会刚柔并济》和2023级会审1班的《青春之歌》。九月正值新生报到，散文《军训让我学会刚柔并济》的主题正和此时校园氛围相吻合，她把素材备齐后，开始录入文字。

 任务分析

为了页面格式统一，她和同学首先进行页面布局的设置，再进行文字的录入、字体及段落的格式化。具体设置为：纸张，A4；页边距，上、下各2.5厘米，左、右各2厘米；字体为宋体、五号字，并把"军训让我学会刚柔并济"标题设置为宋体、四号字、红色；段落格式为正文左对齐，首行缩进2个字符，段前0行，行距为多倍行距、1.15。

分组讨论
各小组在给出页面布局的基础上提出改进方案。

相关知识

一、文件操作

（一）软件启动

除利用Windows 7的"开始"菜单启动Word 2010外，常用方法如表3-1所示。

比一比
Word 2010同其他软件启动方法有何异同？

表 3-1 　　　　　Word 2010 常用的启动方法

序 号	方 法	操 作
1	利用已创建的文档启动	在 Windows 7 的"计算机"窗口中找到已经保存过的 Word 文件，然后双击该文件即可打开该文档，同时启动了 Word 窗口
2	使用"运行"对话框启动	选择"开始"菜单中的"运行"命令，在弹出的"运行"对话框中输入"Winword"，然后单击"确定"按钮，即可启动 Word

（二）文件保存

1. 保存未命名的新文件

除用"文件"菜单之外，常用方法如表3-2所示。

表 3-2   **保存未命名的新文件常用的方法**

序　号	方　法	操　作
1	按钮	在"快速访问工具栏"中单击"保存"按钮 ，也会弹出"另存为"对话框，选择保存位置，输入文件名，点击保存
2	快捷键	按 Ctrl + S 快捷键也会弹出"另存为"对话框，选择保存位置，输入文件名，点击保存

2. 保存已命名的文档

方法与保存未命名的新文件类似，也有三种方法，不同点是不会弹出"另存为"对话框，直接在原文件中进行保存操作。

3. 将文档另存为新的文件

在"文件"选项卡中选择"另存为"命令，弹出"另存为"对话框，在该对话框中更改保存的位置或文件名，然后单击"保存"按钮即可。如果保存位置和文件名都没有改变，则会覆盖同名 Word 文档。

4. 自动保存

点击"文件"菜单下的"选项"选择"保存"，选中"保存自动恢复信息时间间隔"前面的复选框，系统将自动保存，默认 10 分钟自动保存一次，也可修改间隔时间。再选中"如果我没保存就关闭，请保留上次保留的版本"复选框。这两项都选择后，可点击"文件"菜单"信息"下的"管理版本"恢复自动保存的版本。

（三）Word 2010 关闭

退出 Word 2010 的常用方法如表 3-3 所示。

> **小贴士**
> 虽然 Word 2010 已经提供了强大的恢复功能，但建议对 Word 编辑时养成保存的问题。Ctrl + S 即可保存，或者 Ctrl + W 保存退出。

> **小贴士**
> 万能软件退出快捷键为 Alt + F4。

表 3-3   **退出 Word 的常用方法**

序　号	方　法	操　作
1	菜单命令	选择 Word 2010 窗口"文件"菜单选项卡中"退出"命令
2	"关闭"按钮	单击 Word 2010 窗口标题栏右上角的"关闭"按钮 ，退出
3	"控制菜单"按钮	双击 Word 2010 标题栏左上角"控制菜单"按钮 ，退出
4	快捷键	Alt + F4

二、标题栏

标题栏位于窗口的最上方，由 Word 图标、快速访问工具栏、当前文档名称、窗口控制按钮组成。

1. Word 2010 图标：位于窗口的左上角，点击可以将窗口最大化、最小化、移动和关闭操作。

2. 快速访问工具栏：在默认情况下位于 Word 图标的右侧，是一个可以自定义工具按钮的工具栏，主要放置一些常用的命令按钮。

默认情况下，系统会放置"保存""撤销""新建""重复键入"四个按钮，点击右侧的下拉箭头，█ ▾ ▾ ▯ ▯ ▾ ▾，可添加工具按钮，在某个快速工具栏按钮上点右键可选择"从快速工具栏删除"项来删除工具按钮。

3. 窗口控制按钮位于任务栏的右上角，▭ ▭ ▨ ，分别由"最小化""最大化""关闭"按钮组成。

三、功能区

功能区位于标题栏的下方，由"选项卡"和"选项组"组成。点击不同的选项卡，功能区里面显示的命令按钮也不同。

四、编辑区

编辑区位于 Word 2010 窗口的中间位置，可进行文本的录入、插入表格、插入图片等操作。编辑区由滚动条、标尺、制表位组成。

五、状态栏

状态栏位于窗口的最底端，用于显示当前文档窗口的状态信息，包括文档总页数、当前页的页数、总字数、插入/改写状态、视图方式、显示比例组成。

六、视图

所谓视图，是文档在 Word 2010 应用程序窗口中的显示方式。Word 2010 为用户提供了五种视图方式。点击"视图"选项卡，在"文档视图"选项组中可查看五种视图方式，分别是页面视图、阅读版式视图、Web 版式视图、大纲视图、草稿视图，分别对应状态栏中的五种视图方式 ▣▦▦▥▤ 按钮。

（一）页面视图

页面视图是 Word 默认视图方式，该视图方式是按照文档的打印效果来显示文档，具有"所见即所得"的效果。在该视图下，可直接查看文档外观、图形、文字、页眉、页脚、水平、垂直标尺、多栏排列等操作。在页面视图中，页与页之间具有一定的分界区域，双击区域即可将页与页相连接。

（二）阅读版式视图

阅读版式视图 ◀ 第 17-18 屏(共 92 屏) ▾ ▶ 是模拟书本阅读范式，将两页文档同时显示在一个视图窗口中的一种视图方式，可以让用户在阅读文档时，更加方便、快捷，提高工作效率。在阅读版式视图下可点击屏幕上方向前向后的按钮来翻页，或者用键盘上的

探究与实践

想一想
　如何打开或关闭
Word 2010 视图选项
卡？

箭头键向前←或向后→翻页。

（三）Web 版式视图

Web 版式视图主要用于编辑 Web 页。该视图方式与使用浏览器打开文档视图的效果相同。

（四）大纲视图

在该视图下，用户可以通过"大纲工具"选项组决定显示级别，大纲级别设置完成后可关闭"大纲视图"回到"页面视图"继续编辑。

（五）草稿视图

草稿视图主要用于查看草稿形式的文档，以便于快速编辑文档。在该视图下，不会显示页眉、页脚等文档元素。

七、文档录入

选择适合的输入法：

输入法的切换方法可用任务栏上的输入法指示器 CH 来选择；利用 Ctrl + Shift 快捷键，在安装的输入法之间进行切换。

汉字录入时，一定在小写状态下。如果在大写状态，只能录入大写的字母，而录不上汉字。大小写的开关是键盘上的Caps Lock键。

数字和英文字母录入时，一定在半角的状态下录入。全角、半角转换可用输入法上的半角 ☽ 或全角 ● 来进行切换，或者用 Shift + 空格键来切换。

八、录入状态

Word 2010 提供了两种文本录入状态："插入"和"改写"状态。插入状态是指键入的文本将插入到当前光标所在的位置，光标后面的文字将顺序后移。改写状态是指键入的文本将光标后面的文字顺序覆盖掉。

九、常用选定文本的方法

（一）用鼠标选定文本

选定小范围的文本：用鼠标拖动的方法。

选定任意大小的文本：用鼠标点击开始位置，再按住 Shift 点击结束位置。

（二）用鼠标选定文本

用 Shift +→（←）方向键：分别向右（向左）扩展选定一个字。

用 Shift +↑（↓）方向键：分别扩展选定由插入点向上（下）一行。

探究与实践

做一做
　打开一篇文档，选择不同的视图模式，对比有何不同？

小贴士
　"插入"和"改写"的状态可根据以下两种方法来切换：按键盘上的 Insert 键，可在两种方式下切换；双击状态栏上的"插入"或"改写"标记来进行切换。

Ctrl ＋ A：选定整篇文档。

十、取消选定

要撤销选定的文本，用鼠标单击文档中的任意位置即可。

十一、删除文本

删除光标后边的字：点击 Delete 键。

删除光标前边的字：点击退格键 Backspace。

删除大块的文本：用鼠标选定文本，点击 Delete 键。

十二、复制文本

方法 1：选定要复制的文本，按住 Ctrl 键，用鼠标左键拖动到目标位置松手即可。

方法 2：选定要复制的文本，选择剪贴板组中的复制，把鼠标定位到目标位置，选择剪贴板选项组的"粘贴"。

方法 3：选定要复制的文本，使用快捷键 Ctrl ＋ C，光标定义到目标位置，选择 Ctrl ＋ V 即可。

十三、移动文本

方法 1：选定要移动的文本，按住鼠标左键直接拖动到目标位置。

方法 2：选定要移动的文本，用剪贴板组中的剪切，光标即可定义到目标位置，选择剪贴板中粘贴即可。

方法 3：选中要移动的文本，使用快捷键 Ctrl ＋ X，光标定义到目标位置，使用快捷键 Ctrl ＋ V 即可。

十四、选择性粘贴

进行一般性粘贴操作时，会对源文本及所包含的格式全部进行粘贴。比如，要把网页上页面的内容复制后粘贴到 Word 中，由于网页上的格式特别多，有图片、表格、超链接等，在粘贴时不仅速度慢，还要进行不需要内容的删除操作，如果我们用选择性粘贴，就会轻松得到纯文本。使用方法如下：

选择要复制的网页内容，用"Ctrl ＋ C"复制到剪贴板，打开 Word 窗口，点击"剪贴板"选项组中的"粘贴"下拉箭头，选择"选择性粘贴"，打开"选择性粘贴"对话框，选择"无格式文本"点击确定，如图 3-2 所示。

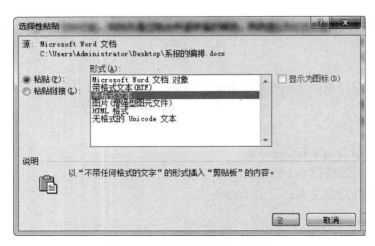

图 3-2　"选择性粘贴"对话框

探究与实践

小贴士
　　选择性粘贴的快捷键是 CTRL + ALT + V。

十五、撤销与恢复

在输入和编辑文档的过程中，Word 2010 会自动记录下最新执行过的命令，这种存储使我们有机会改正错误的操作。如果你不小心删除了需要的文本，Word 2010 提供的"撤销与恢复"功能可以轻松地复原文档。

（一）撤销

如果你后悔了刚才的操作，可使用以下方法之一来撤销刚才的操作：单击快速工具栏中撤销 按钮，使用 Ctrl + Z 组合键。

（二）恢复

在经过撤销操作后，撤销按钮后边的恢复按钮将被置亮，恢复是对撤销的否定。如果认为不应该撤销刚才的操作，可以通过下列方法之一来恢复：单击快速工具栏中"恢复"按钮 ，使用 Ctrl + Y 组合键。

任务实施

本任务为建立系报文件。

（一）启动 Word 2010、新建文档、保存文档、退出文档

步骤 1：Word 2010 的启动。

点击"开始"菜单，选择"所有程序"，点击"Microsoft Office"下的"Microsoft Word 2010"，启动 Word 2010 窗口，如图 3-3 所示。在 Word 2010 中，单击相应的选项卡，即可切换到对应的选项组下。比如单击"开始"选项卡，就会有"字体"选项组、"段落"选项组、"样式"选项组等。

注：启动 Word 窗口后，实际已经建立了一个 Word 的空白文档。

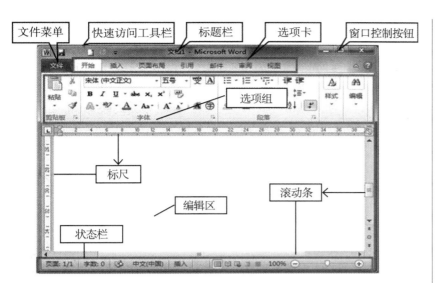

图 3-3　窗口的组成

如果再新建一个空白文档，可点击"文件"菜单下的"新建"，选择"空白文档"即可，如图 3-4 所示。

步骤 2：文档的保存。

把文档保存在 D 盘下，文件名为"系报的编排"。点击"文件"选项卡，选择"保存"，或者选择"另存为"，打开"另存为"对话框，如图 3-5 所示。（请注意：为预防突然断电丢失信息，要

图 3-4　新建空白文档窗口

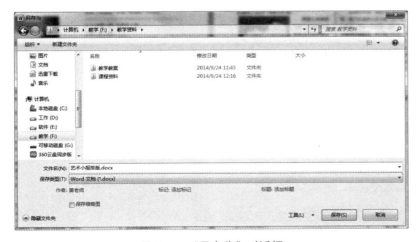

图 3-5　"另存为"对话框

及时存盘）

步骤 3：文档的退出。

点击 Word 窗口右上角的"关闭"按钮，退出 Word 窗口。

（二）文档的打开、页面设置、录入与格式化

步骤 1：文档的打开。

找到 D 盘下的文档"系报的编排"，双击（或点右键选择"打开"）打开文档。

步骤 2：页面设置。

点击选项卡"页面布局"下的"页面设置"选项组，点击"纸张大小"选择 A4，点击"页边距"选择"自定义页边距"，打开"页面设置"对话框，如图 3-6 所示。

步骤 3：文档的录入与字体的格式化。

在设置好的页面中录入第一篇文档"军训让我学会刚柔并济"的前两段，打开"艺术小报素材"中的"军训让我学会刚柔并济 .docx"，将

图 3-6 "页面设置"对话框

探究与实践

比一比

使用快捷键完成 Word 软件的启动、文档的新建及保存（默认文件名保存），耗时最短的小组为优胜小组。

比一比

利用前面学习的知识，看哪位同学能够更快更好地完成文档的录入。

其他部分复制到录入的文字下面，选中文字，点击"开始"选项卡，"字体"选项组选择"宋体""五号"字。也可点击"字体"选项组右下角的"字体"按钮，在"字体"对话框中进行设置，如图 3-7 所示。

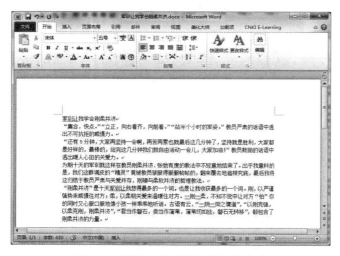

图 3-7 利用功能区设置字体的格式

步骤4：标题文字设成红色。

把"军训让我学会刚柔并济"标题设置为红色。

选中文字"军训让我学会刚柔并济"，点击"字体"选项组右下角的"字体"按钮，打开"字体"对话框，在对话框中设置字体颜色为红色，如图3-8所示。

步骤5：设置段落格式。

选中所有文字，点击"开始"选项卡，"段落"选项组右下角的"段落"按钮，打开"段落"对话框，如图3-9所示。对齐方式为左对齐，首行缩进2个字符，段前0行，行距为多倍行距、1.15，最后点击"确定"。

图3-8　"字体"对话框　　　图3-9　"段落"对话框

（三）文档的查找与替换

要求：将"军训让我学会刚柔并济 .docx"中的"教员"替换为"教官"。

步骤1：打开文档并选中，点击"开始"选项卡，"编辑"选项组，点击"替换"命令，打开"查找和替换"对话框，在"查找内容"输入框里输入"教员"，在"替换为"输入框里输入"教官"点击

图3-10　"查找与替换"对话框

探究与实践

小贴士

查找与替换功能快捷键：CTRL + H。

"全部替换"，会出现 Word 提问对话框"共替换 4 处，是否搜索文档的其余部分？"，点击"否"，如图 3-10 所示。

步骤 2：点击"保存"按钮，并退出 Word。

拓展训练与测评

一、拓展提高

（一）设置稿纸样式

稿纸样式和实际使用的稿纸样式一致，可以区分为"方格式稿纸""行线式稿纸""外框线稿纸"三种样式。

步骤：点击"页面布局"选项卡，"稿纸"选项组，点击"稿纸设置"，打开"稿纸设置"对话框，选择一种网格样式，可设置网格颜色，选择纸张大小，可选择页眉、页脚，最后点击"确定"，如图 3-11 所示。

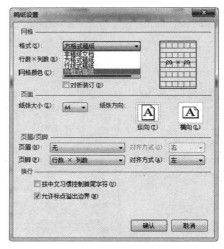

图 3-11 "稿纸设置"对话框

（二）插入数学公式

步骤 1：使用内置公式。

点击"插入"选项卡，选择"符号"选项组中的"公式"，点击下拉箭头，可以在展开的工具里面，选择内置的公式，如图 3-12 所示。

步骤 2：插入新公式。

可以点击"插入新公式"选项，打开"公式工具"下的"格式"选项卡，利用"工具""符号""结构"三个选项组，来组合输入公式中所用的元素。

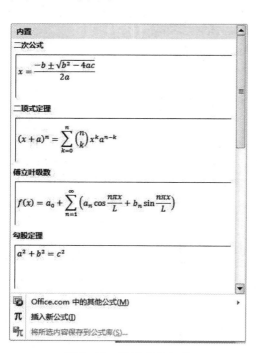

图 3-12 使用内置公式

练一练

完成如下新公式的输入：

$$\int f(\arcsin x) \cdot \frac{1}{\sqrt{1-x^2}} \, \mathrm{d}x =$$

$$\int f(\arcsin x) \, \mathrm{d}(\arcsin x).$$

二、能力测评

打开"项目 2.1.1"文件夹里的"商品房租赁合同（素材）.docx"，进行字体与段落的格式化，其效果如图 3-13 所示。

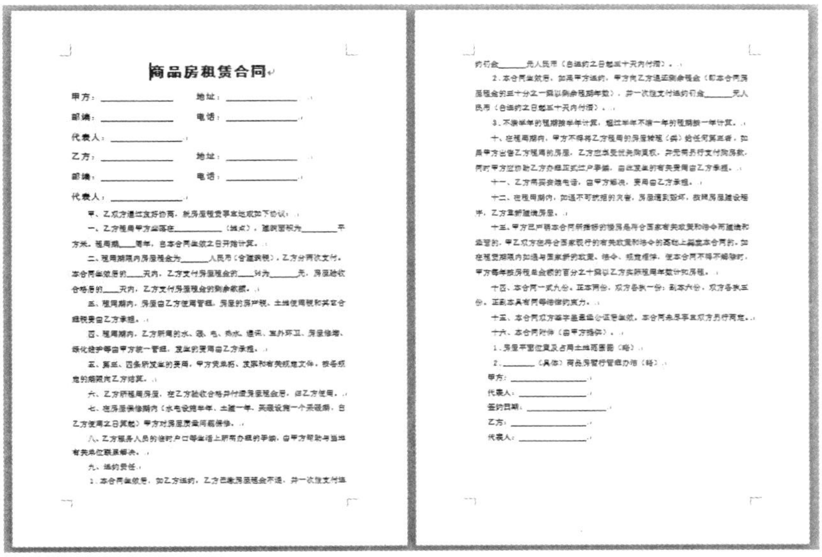

图 3-13　"商品房租赁合同（完成）"效果图

三、训练成果测评表

职业能力	评价内容		评价等级		
	学习目标	评价内容	优	良	差
专业能力	1. 能进行 word 文件管理	文件的新建			
		文件保存、命名			
		文件另存为、命名			
		关闭文件			
	2. 能进行 Word 文档的编辑操作	各种文本的录入			
		文本的选择、取消选择			
		文本的复制、文本的移动			
		文本的删除			
		选择性粘贴			
	3. 字体的的格式化	字体、字形、字号、字体颜色			
		字间距			
	4. 段落的格式化	对齐方式、缩进方式			
		段前、段后间距、行间距			

103

（续表）

职业能力	评价内容		评价等级		
	学习目标	评价内容	优	良	差
专业能力	5. 能进行页面设置	页边距的设置			
		纸张方向的选择			
		纸张大小的选择			
	6. 认识各种视图	页面视图			
		阅读版式视图			
		Web 版式视图			
		大纲视图			
		草稿视图			
	7. 能进行查找与替换操作	能查找文档中的内容			
		能替换文档中的内容			
方法能力	8. 收集、分析、组织、交流信息的能力				
	9. 自我学习、自我提高、学习掌握新技术的能力				
	10. 独立思考、分析问题、解决问题的能力				
	11. 运用科学技术的能力				
	12. 创新能力				
社会能力	13. 沟通交流、语言表达的能力				
	14. 与伙伴交往合作的能力				
	15. 工作态度、工作习惯				
	16. 计算机文化素养				
综合评价					

任务二　系报的美化

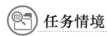 **任务情境**

王婷将系报的文本录入完毕，字体和段落的格式也设置完毕，下一步的工作就是对系报进行图文混排，使系报更加美观、漂亮，增加可读性。

任务分析

版面布局就是把各篇文章或者图片按照均衡协调的原则在版面中进行合理的"摆放",从而把版面划分为若干板块。版面布局十分重要,它直接影响到刊物的美观程度。

艺术小报的第一版中各板块的内容没有分栏,具有"方块"特点,可用文本框进行版面布局。

报头是小报的总题目,相当于小报的眼睛,为了达到艺术美观的效果,可采用艺术字、艺术化横线等方法来实现报头的艺术设计。

报头设计完毕,先复制各篇文章的文字素材到相应的文本框或板块中,然后设置各篇文章的具体格式。例如在标题"经典励志名句"的两侧分别插入一个五角星图形。

"分栏"是文档排版中常用的一种版式,在各种报纸和杂志中应用广泛。它使页面在水平方向上分为几个栏,文字是逐栏排列的,填满一栏后才转到下一栏。

最后进行文本框设置。

相关知识

一、图片的嵌入式与浮动式

Word 允许对插入的对象进行修改、编辑以满足实际需要,如调整对象的大小、颜色和线条,设置环绕方式等。插入到文档中的图片有两种形式,一种是嵌入型对象,一种是浮动型对象。

嵌入型对象:一篇文档中,插入图片或者剪贴画后,它只显示图片的一部分,不能正常显示,这说明它是嵌入型。因为行间距的设置原因,嵌入型对象只有在"单倍行距"时才显示完整。嵌入型对象可以和正文进行排版,但不能实现环绕。

浮动型对象:在环绕方式下,除嵌入型对象外,其他6种都

探究与实践

小贴士
　Word默认的插入剪贴画和图片的形式是嵌入型。

图 3-14　嵌入式对象

图 3-15　浮动式对象

是浮动型对象，分别是四周型、紧密型、穿越性、上下型、沉于文字下方、浮于文字上方。它们可以出现在正文的任何位置，可以和文字进行环绕。

嵌入式对象和浮动式对象，不在"单倍行距"时，同一张图片插入到正文中，显示的区别如图3-14、图3-15所示。

二、分栏

分栏就是将一段文本分成并排的几栏，且当填满一栏后才移到下一栏。在编辑报纸、杂志时经常用到分栏。在分栏时可以添加分割线，也可以不选择添加分割线。

三、水印

水印是位于文档背景中的一种文本或图片。添加水印之后，用户可以根据在页面视图、全屏阅读视图下或在打印的文档中看到水印。

1. 自带水印样式：Word中自带了机密、紧急与免责声明3种类型共12种水印样式，用户可根据文档内容设置不同的水印效果，以达到机密与美化文档的效果。

2. 自定义水印样式：自定义水印，也可设置"文字水印"和"图片水印"两种。如果要编辑插入好的水印，就点击页眉或页脚位置，打开页眉、页脚编辑状态，来编辑水印，达到预期效果。如果不想要当前的水印，也可在编辑状态直接选中删除即可。

 任务实施

一、版面布局

要求：插入文本框，进行布局。

步骤1：选择绘制文本框选项。

在"插入"选项卡中，单击"文本组"中的"文本框"下拉按钮，在打开的下拉列表中选择"绘制文本框"选项，此时光标形状变为十字状。

步骤2：插入文本框。

在第一版面和第二版面的适当位置绘制如图3-16所示的6个文本框，构成两版的整体布局基本轮廓。

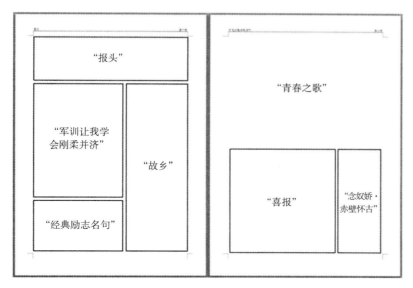

图 3-16　版面布局

练一练
　　分组完成如图 3-16 所示的版面布局，并思考如何提高文本框的绘制速度？

探究与实践

二、报头艺术设计

（一）绘制一个文本框并设置其中的文字格式

步骤 1：绘制一个文本框。

将光标置于"报头"文本框中，按若干次回车键，插入若干空行，然后选中"报头"文本框，在该文本框内部的右上角再绘制一个横排文本框，并把报头的素材文字输入（复制）到报头内部右上角的横排文本框中。

步骤 2：设置文字格式。

用鼠标选中需要设置的报头文字，选择"开始"选项卡，"段落"选项组，在打开的"段落"对话框中，设置报头文字的行距为 1.15 倍。

步骤 3：调整文本框大小。

根据内部文字的大小，调整"报头"文本框，使"报头"文本框刚能容下所有文字，如图 3-17 所示。

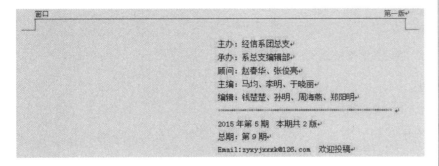

图 3-17　报头艺术设计

107

（二）插入艺术字和图片

步骤 1：插入艺术字。

将光标定位到"报头"文本框左上角第一行空行中，在"插入"选项卡中，单击"文本"组中的"艺术字"下拉按钮，在打开的下拉列表中选择第 1 行第 1 列的样式，此时在"报头"文本框中出现艺术字"请在此放置您的文字"，修改艺术字为"窗口"，并设置其字体为"宋体、72 磅"。

步骤 2：设置艺术字样式。

选中"窗口"艺术字，在"格式"选项卡的"艺术字样式"组中，设置其"文本填充"为"黑色"，"文本轮廓"为"黑色"，"文本效果"的"阴影"为"左下斜偏移"，如图 3-18 所示。

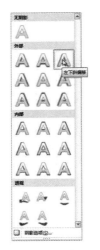

图 3-18 设置艺术字样式

步骤 3：插入图片。

适当上移"艺术字"文本框的下划线，然后将光标置于艺术字"窗口"下面的空白行中，在"插入"选项卡中，单击"插图"组中的"图片"按钮，插入素材库中的"窗口图片.png"图片，在图片左侧插入若干个空格，使图片略向右移，并把艺术字"窗口"略向右上方移动一定距离，使艺术字"窗口"与图片保持一定距离并对齐，如图 3-19 所示。

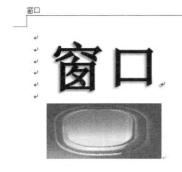

窗口   第一版

主办：经信系团总支
承办：系总支编辑部
顾问：赵春华、张俊亮
主编：马均、李明、于晓丽
编辑：钱楚楚、孙明、周海燕、郑阳明

2015 年第 5 期　本期共 2 版
总期：第 9 期
Email:zyxyjxxxk@126.com 欢迎投稿

图 3-19 插入图片并调整与艺术字之间的距离

（三）插入艺术化横线

步骤 1：打开"边框和底纹"对话框。

将光标置于图片下方的空白行中，在"开始"选项卡中，单击"段落"选项卡中的"下框线"下拉按钮，在打开的下拉列表中选择"边框和底纹"选项，打开"边框和底纹"对话框，如图 3-20 所示。

探究与实践

试一试
　　多选择几种艺术字效果，从中选择自己最喜欢的样式。

探究与实践

图 3-20 "边框和底纹"对话框

步骤 2：插入艺术化横线。

单击对话框左下角的"横线"按钮，打开"横线"对话框，如图 3-21 所示。拖动垂直滚动条并选择其中的某一艺术化横线，单击"确定"按钮，即可在图片下方插入一条艺术化横线。

步骤 3：使用同样的方法，在内部文本框的空白行中（"编辑"所在行的下一行）插入另一艺术化横线，效果如图 3-22 所示。

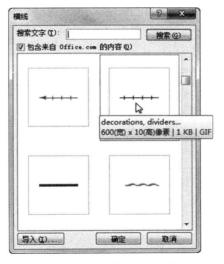

图 3-21 "横线"对话框

这是两根艺术化横线

图 3-22 插入艺术化横线后的"报头"文本框

109

三、正文格式的设置

（一）把各篇文章输入到相应的文本框中

步骤：将各篇文章的文字素材复制到相应的文本框或板块中，复制"青春之歌"文章内容后，下面的 2 文本框会下移，把这 2 个文本框适当上移，使它们在第二版中合理布局，并与"青春之歌"板块保留一定距离（便于下面的插入剪贴画和分栏操作）。

注意："青春之歌"板块下方的空行不要删除。

（二）调整各文本框的大小和位置，合理布局

步骤 1：把"念奴娇·赤壁怀古"文章内容（含标题）复制到"念奴娇·赤壁怀古"文本框内，选中该文本框中的所有文字，在"页面布局"选项卡中，单击"页面设置"组中的"文字方向"下拉按钮，在打开的下拉列表中选择"垂直"选项，此时"念奴娇·赤壁怀古"文本框内所有文字的排列方向改为垂直方向。

步骤 2：适当调整 2 个版面中各个文本框的大小，使各个文本框能显示文本框内的所有文字。

（三）设置文章正文的格式

步骤：设置 2 个版面（报头除外）所有文本框中的正文文字（各篇文章的标题文字除外）格式：宋体，五号，1.15 倍行距，左对齐。

（四）设置文章标题的格式

步骤：设置标题"故乡"的格式为楷体、四号、绿色、居中；标题"经典励志名句"的格式为隶书、小三号、蓝色、居中，段前段后间距为 6 磅；标题"青春之歌"的格式为华为行楷、三号、居中；标题"喜报"的格式为黑体、五号、加粗、红色、居中；标题"念奴娇·赤壁怀古"的格式为宋体、四号、加粗、居中。

四、插入图形和剪贴画

（一）插入五角星图形

步骤 1：将光标置于标题"经典励志名句"的左侧，在"插入"选项卡中，单击"插图"组中的"形状"下拉按钮，在打开的下拉列表中选择"星与旗帜"区域中的"五角星"图形，如图 3-23 所示。

步骤 2：此时光标变成十字状，拖动鼠标在标题"经典励志名句"的左侧绘制出一个大小合适的"五角星"。选中刚绘制的"五角星"图形，在"格式"选项卡的"大小"组中，设置"五角星"的高度和宽度均为 0.5cm，如图 3-24 所示，在"形状样式"组中，选择"形状填充"为红色，选择"形状轮廓"为红色。

步骤 3：选中红色的"五角星"，按 Ctrl + C 组合键进行复制，

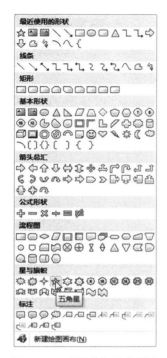

图 3-23 "形状"下拉列表

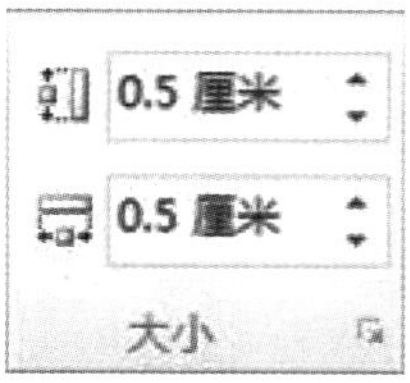

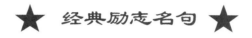

图 3-24 设置"五角星"大小

★ 经典励志名句 ★

图 3-25 两个"五角星"的位置

在按 Ctrl ＋ V 组合键进行粘贴，把复制的第二个"五角星"移动到标题"经典励志名句"的右侧，再通过"Ctrl ＋方向键"，对这两个红色"五角星"的位置进行微调，使它们位于一个合适的位置，如图 3-25 所示。

（二）插入"flowers"剪贴画

步骤 1：在"青春之歌"板块中，将光标置于要放置剪贴画的位置，在"插入"选项卡中，单击"插图"组中的"剪贴画"按钮，打开"剪贴画"任务窗格，在"搜索文字"文本框中输入"flowers"，选中"包括 Office. com 内容"复选框，然后单击"搜索"按钮，搜索结果会在"剪贴画"任务窗格中显示出来，如图 3-26 所示。

步骤 2：单击"剪贴画"任务窗格中的第一个剪贴画，该剪贴画就插在"青春之歌"板块中了，关闭"剪贴画"任务窗格，然后右击"青春之歌"板块中的"flowers"剪贴画，在弹出

图 3-26 "剪贴画"任务窗格

的快捷菜单中选择"大小和位置"命令，打开"布局"对话框，在"文字环绕"选项卡中，选择"四周型"文字环绕方式，如图 3-27 所示，单击"确定"按钮。

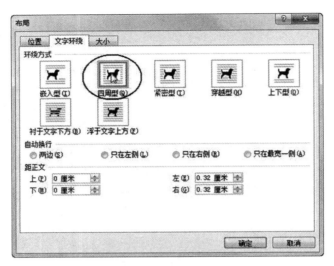

图 3-27 "布局"对话框

步骤 3：适当调整 flowers 剪贴画的位置和大小，效果如图 3-28 所示。

图 3-28 四周型文字环绕方式

五、分栏设置

（一）插入分栏

步骤：选择"青春之歌"板块中的正文内容（标题除外），在

"页面布局"选项卡中，单击"页面设置"组中的"分栏"下拉按钮，在打开的下拉列表中选择"更多分栏"选项，打开"分栏"对话框，如图3-29所示。

探究与实践

试一试
对比页面分栏前后的效果，哪种更适合你的文档？

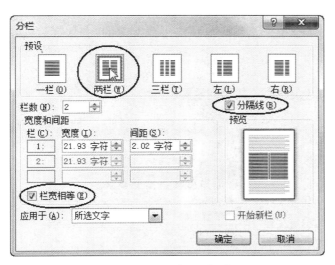

图3-29 "分栏"对话框

（二）分栏设置

步骤：在"预设"区域中选择"两栏"选项，并选中"分隔线"和"栏宽相等"复选框，单击"确定"按钮，"分栏"效果如图3-30所示。

青春之歌

当我们身披洒满阳光的羽翼，置身于青春的驿站，以一腔澎湃的热血，用迎接太阳的双手，去推开那道光明与希望之门时，于是所有寻找青春旅程的结束又成为一种新的开始。

青春之旅使我们有了太多的追求，找寻与体会青春岁月的光芒，成为心中一种誓言。我们无数次背负着理想，伴着子夜的钟声出发，去追寻属于青春的辉煌。也许我们还一无所有，也许青春之路还很漫长，更也许前进的道路上会充满坎坷与荆棘。但我们能以理想为经，以行动为纬，朝着远方的目标不懈地跋涉。

在时光的隧道里，我们盼望用犀利的目光将天空钻出蔚蓝，让激动的心似利箭般射穿无尽的苍穹，射向高高远远的宇宙。盼望所有同我们一样找寻青

春年华的旅人，身背行囊，朝着一个遥远而圣洁的目的地，虔诚地去朝拜，直到坚守到生命最后的时刻。

青春的呼唤，使我们远足的信念在心中牢牢扎根，脚下的追寻之路似草一般疯长。我们吹着青春的号角，不顾一切地翻山越岭而去，并且一如既往向着目的地进发。犹如鱼儿恋水，生命的绿色追赶太阳般执著。寻找青春的家园，我们别无选择。当我们用辛劳的汗水和澎湃的热血铸成一种理想的文字，去记载或表述生命中不可或缺的追求时，所有经历过的磨难都似纷纷扬扬的雪花般落入泥土。

希望的钟声敲响着黎明时空，相信每个早晨的阳光会使天空灿烂。相信青春的灯火正亮，定会照亮有志青年不懈的追求之路。让我们携起手来，披着阳光穿行岁月，加快青春的脚步，去点亮挂在心头的那束理想之光，用挚爱的情怀去高歌一首青春之歌。

图3-30 分栏效果

六、文本框设置

（一）调整文本框大小

步骤：再次适当调整 2 个版面中各个文本框的大小，直到每个文本框的空间比较紧凑、不留空位，又刚好显示出每篇文章的所有内容。

（二）设置文本框轮廓

步骤 1：选中"军训让我刚柔并济"文本框，在"格式"选项卡的"形状样式"组中，选择"形状轮廓"为"无轮廓"，如图 3-31 所示，此时该文本框的框线不显示。

步骤 2：使用相同的方法，设置 2 个版面中所有文本框线不显示（无轮廓）。

（三）设置文本框边框和底纹

步骤 1：选中"故乡"文本框，在"开始"选项卡中，单击"段落"组中的"边框和底纹"下拉按钮，在打开的下拉列表中选择"边框和底纹"选项，打开"边框和底纹"对话框，如图 3-32 所示。在"设

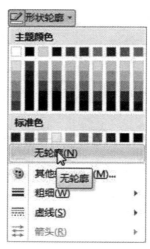

图 3-31　形状轮廓

置"区域中选择"方框"选项，在"样式"列表框中选择某一样式边框，单击"确定"按钮，此时"故乡"文本框的四周添加了指定样式的边框线。

图 3-32　"边框和底纹"对话框

如果边框线有部分被遮挡，请调节文本框的大小，使边框线全部显示出来。

步骤2：使用相同的方法，为其他文本框添加某种样式的边框线。

拓展训练与测评

一、拓展提高

为了自己的文档不被他人使用和修改，Word还可以使用密码功能，全方位地保护文档。

步骤1：点击"文件"选择"另存为"，打开"另存为"对话框，单击"工具"下拉箭头，如图3-33所示，在下拉列表中选择"常规选项"，打开"常规选项"对话框，如图3-34所示。

图 3-33 "另存为"对话框　　　图 3-34 "常规选项"对话框

步骤2：在图3-34中点击"确定"，会弹出图3-35所示对话框。

步骤3：在图3-36中点击"确定"，回到图3-33"另存为"对话框，点击"保存"，完成保护文档设置。

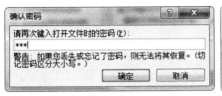 

图 3-35 确认打开文件密码　　　图 3-36 确认修改文件密码

二、能力测评

打开"项目2.1.1"文件夹下的"个性化文档（素材）.docx"，进行字体与段落的格式化，其效果如图3-37所示。

探究与实践

想一想

如何在 Word 2010 中将文本框设置为透明？

小贴士

Word 密码忘记了怎么办？

启动 Word 文档，新建一个空白文档，执行"插入文件"命令，打开"插入文件"对话框，定位到需要解除保护的文档所在的文件夹，选中该文档，单击"插入"按钮，将加密保护的文档插入到新文档中，文档保护会被自动撤销。

图 3-37 "个性化文档（完成）"效果图

三、训练成果测评表

职业能力	评价内容		评价等级		
	学习目标	评价内容	优	良	差
专业能力	1. 能插入艺术字	艺术字的转换			
		艺术字的环绕方式			
		艺术字的大小			
	2. 会插入图片	图片的样式设置			
		图片边框的颜色设置			
		图片的环绕方式			
	3. 会插入剪贴画	剪贴画的搜索			
		剪贴画的大小设置			
	4. 能进行分栏	栏数的设置、分割线的设置			
	5 会首字下沉	下沉的行数			
		距正文的距离			
	6. 会给文字加注音	拼音的添加			
	7. 会插入形状	绘制形状、形状的填充、			
		边框颜色、添加文字			
	8. 能添加边框和底纹	边框的添加			
		边框的样式、边框的颜色			
		添加底纹的颜色、颜色的调整			

职业能力	评价内容		评价等级		
	学习目标	评价内容	优	良	差
专业能力	9. 会插入 SmartArt 图形	SmartArt 图形的颜色设置			
		SmartArt 图形样式的选择			
		SmartArt 图形中，图片的插入			
		SmartArt 图形中文字的添加			
	10. 会设置项目符号和编号	插入编号			
		编号转换成项目符号			
	11. 会页面背景的设置	水印的设置			
		页面边框的设置			
方法能力	12. 收集、分析、组织、交流信息的能力				
	13. 自我学习、自我提高、学习掌握新技术的能力				
	14. 独立思考、分析问题、解决问题的能力				
	15. 运用科学技术的能力				
	16. 创新能力				
社会能力	17. 沟通交流、语言表达的能力				
	18. 与伙伴交往合作的能力				
	19. 工作态度、工作习惯				
	20. 计算机文化素养				
综合评价					

任务三　系报中表格的插入与设计

任务情境

　　为了激励同学们的学习热情，王婷打算把经信系 2020 级考入本科院校的同学名单准备放到系报里。为了使表格更加美观，她应用了单元格的水平居中、垂直居中、表格样式等操作。

　　任务样文如图 3-38 所示。

科目\姓名	英语	计算机	综合 1	综合 2	总分
赵云鹏	89	80	80	87	336
马琳	85	85	89	88	347
许世民	80	75	80	85	320
冯铃	87	80	80	90	337
周丽	78	80	83	83	330
李婷	80	83	76	80	329
王芬	82	80	77	78	327
平均分	83	80.4	80.7	84.4	332.3

图 3-38　任务样文

 任务分析

为了收到更好的排版效果，王婷需要在文本框里插入表格。插入表格用到的操作如下：插入一个 8 行 5 列的表格；增加 1 行，增加 1 列；设置行高和列宽；插入斜线头；表格的计算；设置表格样式；设置单元格的对齐方式。

相关知识

一、单元格与单元格区域

一个表格是由若干个行和列组成的矩形的单元格阵列。单元格是组成表格的基本单位，单元格地址是由行号和列标来表示的，列标在前，行号在后，列标用 A，B，C 等表示，行号是由 1，2，3 等表示，每一个单元格的名称都由它所在行和列的编号组合而成，例如 3 行 3 列所有单元格的名称如表 3-4 所示。

表 3-4　　　　　　　　　　单元格地址名称

A1	B1	C1
A2	B2	C2
A3	B2	C3

单元格的区域的表示方法，是用该区域左上角的单元格地址和右下角单元格地址中间加一个冒号"："组成，如表示上表的区域是 A1：C3。

想一想

Word 中的单元格地址表示方法和将要学到的 Excel 中的是否一致？

二、单元格的合并与拆分

在进行表格编辑时，有时需要将多个单元格合并成一个单元格，有时需要将一个单元格拆分成多个单元格。

合并（拆分）单元格，选中需要合并（拆分）的单元格，选择"表格工具"下的布局选项卡，"合并"选项组，点击合并（拆分）单元格工具，如图3-39所示。

图3-39 合并与拆分单元格

三、平均分布各行（各列）

Word提供了平均分布各行（各列）的功能，能将不均匀的表格变得非常均匀美观。

选定分布不均匀的表格，选择"表格工具"下的"布局"选项卡，"单元格大小"选项组，单击分布行（分布列），如图3-40所示。

图3-40 分布行（列）

任务实施

步骤1：表格标题的设置。

在"念奴娇·赤壁怀古"文本框的左边插入一个文本框，在文本框中输入"热烈祝贺我系2020年专升本取得优异成绩！"，设置：黑体、加粗、红色，并设置文本框，无填充，边框颜色为无线条。

图3-41 插入表格对话框

步骤2：表格的插入。

光标定义到第二版的左下角，插入一个文本框，在文本框中，点击"插入"选项卡，点击"表格"，选择"插入表格"选项，打开"插入表格"对话框，列数输入5、行数输入8，点击"确定"，如图3-41所示。设置文本框，无填充，边框颜色为无线条。

步骤3：设置行高和列宽。

点击表格中的任意位置，表格左上角出现选中表格按钮时，点击按钮选中表格，在表格上点右键选择"表格属性"，打开"表格属性"对话框，设置行高0.9厘米、列宽1.94厘米，点击"确定"，如图3-42所示。

探究与实践

想一想
如何将Word中给定的文本快速转换成表格？

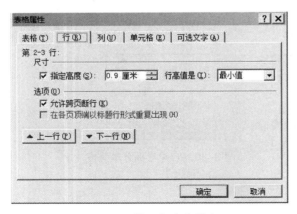

图 3-42　设置行高和列宽

步骤 4：设置斜线头。

方法 1：点击"插入"选项卡，点击"表格"下拉箭头，选择绘制表格，在第一个单元格中，绘制一条斜线，并输入表格中的内容。

方法 2：选中第一个单元格，点击"表格工具"下的"设计"选项卡，"表格样式"中的"设计"，点击"边框"下拉箭头，选择"斜下框线"。

步骤 5：插入行和列。

光标定义到最后一行，点击"表格工具"下的"布局"选项卡，"行和列"选项组，选择"在下方插入"，在新插入的行第一个单元格中，输入"平均成绩"。选中最后一列，在"行和列"选项组选择"在右侧插入"，在新插入的列第一个单元格中输入总分。

步骤 6：计算总分。

光标定义到第一个同学的总分位置，选择"表格工具"下的"布局"选项卡，"数据"选项组，点击"公式"打开"公式"对话框，默认是左边数据的求和，如图 3-43 所示。我们可以点击对话框里面的"粘贴函数"下拉箭头，选择需要的函数，在括号里输入函数参数［常用的参数有左边的（LEFT）、上方的（ABOVE）、右边的（RIGHT）］，或者在公式中输入"＝SUM（B2：E2）"或者在公式中输入"＝B2＋C2＋D2＋E2"，最后点击"确定"。选择一种方法求出其他同学的总分。

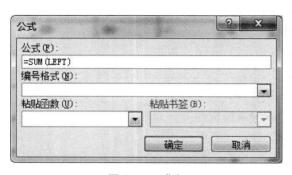

图 3-43　求和

步骤 7：平均分的计算。

光标定义到第一个求平均分的单元格中，选择"公式"打开"公式"对话框，点击"粘贴函数"选择 AVERAGE 函数，参数输入（ABOVE），如图 3-44 所示。用同样的方法求出其他同学的平均值。

图 3-44　求平均值

步骤 8：设置表格样式。

选中表格，选择"表格工具"下的"设计"选项卡，"表格样式"选项组，选择"中等深浅底纹 1– 强调文字颜色 3"的样式，如图 3-45 所示。

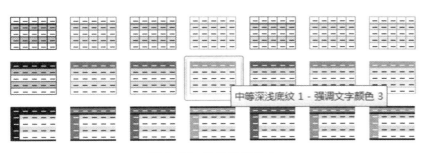

图 3-45　设置表格样式

步骤 9：设置单元格的对齐方式。

设置单元格水平、垂直都居中，双击表格的选中按钮，打开"表格工具"下的"布局"选项卡，"对齐方式"选项组，选择单元格对齐方式工具栏中的第 2 排第 2 个，如图 3-46 所示。

图 3-46　单元格的对齐方式

拓展训练与测评

一、拓展提高

（一）设置跨页表格的标题

如果 Word 表格很大，有多页，我们希望每页中都有表格的标题，Word 给我们提供了这个方法：在第 1 页的表格中设置好标题，

小贴士

在 Word 表格里选中要填入相同内容的单元格，单击"格式→项目符号和编号"，进入"编号"选项卡，选择任意一种样式，单击"自定义"按钮，在"自定义编号列表"窗口中"编号格式"栏内输入要填充的内容，在"编号样式"栏内选择"无"，依次单击"确定"退出后即可。

想一想

如果一个表格的行数过多超过了一页能够容纳的，表格就会跨页换行，怎么禁止这个功能来方便我们的编辑呢？

探究与实践

选中标题行，单击“表格工具”下的“布局”选项卡，“数据”选项组，点击“重复”标题行。

（二）表格与文本的转换

我们可以将 Word 中的表格转换成文本，也可以将文本转换成表格。

（1）表格转换成文本的方法：选中表格，在“表格工具”下的“布局”选项卡，“数据”选项组，点击“转换为文本”工具命令即可。

（2）文本转换成表格方法：选中要转换的文本，点击“插入”选项卡，“表格”下拉箭头，选择“文本转换成表格”。

二、能力测评

学生按照下述要求完成本训练任务：

（1）制作一页纸张为 A4 大小的个人简历，表格要铺满整个页面。

（2）插入一个 8 行 7 列的表格。

（3）表的标题为“个人简历”，设置为宋体、三号字、加粗。（注：光标定义到第一个单元格，回车后可输入标题）

（4）根据样张合并单元格，表格的行高为 1.2 厘米，“本人简历”行的行高为 12 厘米，“特长”行的行高为 3 厘米。

（5）“本人简历”，文字方向为竖排，字间距为 5 磅。

（6）设置单元格的对齐方式为水平、垂直都居中。

其效果如图 3-47 所示。

个人简历

<table>
<tr><td>求职意向</td><td colspan="6"></td></tr>
<tr><td>姓名</td><td></td><td>性别</td><td></td><td>出生年月</td><td></td><td rowspan="3">照片</td></tr>
<tr><td>文化程度</td><td></td><td>毕业院校</td><td colspan="3"></td></tr>
<tr><td>籍贯</td><td colspan="3"></td><td>政治面貌</td><td></td></tr>
<tr><td>现住址</td><td colspan="3"></td><td>手机号码</td><td colspan="2"></td></tr>
<tr><td>电话号码</td><td colspan="3"></td><td>E-mail</td><td colspan="2"></td></tr>
<tr><td>本
人
简
历</td><td colspan="6"></td></tr>
<tr><td>特长</td><td colspan="6"></td></tr>
</table>

图 3-47　“个人简历”效果图

三、训练成果测评表

职业能力	评价内容		评价等级		
	学习目标	评价内容	优	良	差
专业能力	1. 能插入表格	插入表格			
		绘制斜线头			
	2. 会表格的计算	公式的应用			
		函数的应用、参数的设置			
	3. 能设置单元格的对齐方式	单元格对齐方式中的 9 种方式			
	4. 能设置行高和列宽	行高设置			
		列宽设置			
		平均分布行高和列宽			
	5. 能合并与拆分单元格	合并单元格			
		拆分单元格			
方法能力	6. 自我学习、自我提高、学习掌握新技术的能力				
	7. 独立思考、分析问题、解决问题的能力				
	8. 运用科学技术的能力				
	9. 创新能力				
社会能力	10. 沟通交流、语言表达的能力				
	11. 与伙伴交往合作的能力				
	12. 工作态度、工作习惯				
	13. 计算机文化素养				
	14. 社会责任感				
综合评价					

子项目二 成绩单的发送和毕业论文的制作

项目概述

期末将至，李红即将步入顶岗实习阶段。作为班长，她从班主任手中接到了两件重要且棘手的任务：一项是将上学期期末考试的成绩单发给每位同学；另一项是大学期间的最后一项作业——完成毕业论文的排版工作。起初她并没有过分担忧，因为以前使用 Word

软件进行文字编辑较为熟练，感觉这是比较简单的。可是当她看到学校对毕业论文格式的具体要求后，开始慌张了，她不知道从何下手。

　　毕业论文文档不仅篇幅冗长，而且格式繁多，处理起来比普通文档要复杂得多。小李需要完成两个任务：

> 任务一　成绩单的发送
> 任务二　毕业论文的排版

 ## 学习目标

● **能力目标：**

能使用模板创建文档。

能熟练应用邮件合并功能，批量处理符合要求的文档。

能灵活使用文本框。

能应用分节设计不同格式的页眉、页脚、页码格式。

能完成文档尾注和尾注的添加操作。

能利用图文框功能，设计不同的页码格式。

能对长文档进行目录提取。

会利用 Word 2010 的封面功能制作封面。

会进行文档的单面、双面的打印设置。

● **知识目标：**

掌握模板的应用。

掌握邮件合并功能。

掌握编辑和修改封面的方法。

理解插入分节符的作用。

掌握设置页眉和页脚的方法。

了解文档的脚注和尾注的基本操作。

掌握图文框设置页码的方法。

掌握样式的应用与目录的生成。

掌握插入和编辑文本框的方法。

● **素质目标：**

培养对计算机学习和探索的兴趣。

培养创新意识，提高分析问题、解决问题的能力。

树立自我学习及合作学习的观念。

培养自主学习能力，提升自主学习欲望。

探究与实践

任务一　成绩单的发送

任务情境

班主任要求根据已有的各科成绩，给每个同学发一个电子“成绩单”（如图 3-48 所示）。“成绩单”填写完成后，还要根据“班级通讯录”把“成绩单”邮寄给每个同学。李红一开始将“成绩单”复制了 50 份，但接下来的事却让他犯了愁，要把每位同学的姓名及分数填写进去，并不是一件轻松的事情，不仅工作量大，而且很容易出错！

学生成绩单

（20××-20××学年第二学期　计 20××-1 班）

学号	姓名	高等数学	大学英语	体育	计算机应用基础	C语言程序设计	网页设计	……
								……

图 3-48　空白的“学生成绩单”

任务分析

李红同学忽然想起在学习计算机文化基础课程时，计算机老师曾经讲到过利用邮件合并功能批量制作邀请函的功能。于是她在想，是否可以利用邮件合并功能实现批量生成成绩单，并完成成绩单的发送呢？为此，李红找到了计算机老师，希望老师帮助解决以下问题：

（1）根据班级通讯录，快速批量制作信封。

（2）根据已有的各科成绩，快速批量制作成绩单。

分组讨论

除了批量生成成绩单，邮件合并还可以帮助我们解决哪些问题？

相关知识

一、模板

模板是一种预先设置好的特殊文档，能提供一种塑造文档最终外观的框架，又能向其中添加自己的信息。任何 Word 文档都是以模板为基础的，模板决定文档的基本架构和文档设置。Word 2010

提供了"可用模板"和"Office.com 模板"两种。

1. 可用模板：在 Word 2010 中除了通用型的空白文档模板之外，还内置了多种文档模板，如博客文章、书法字帖等模板。

2. Office.com 模板：Word 2010 除了内置模板之外还提供了在线模板，只要能上网就可以在 Office 网站下载自己需要和喜欢的模板，如信函、假日贺卡、奖状、名片、简历等特定功能模板。

二、邮件合并功能

在日常生活中，我们经常需要编辑录取通知书、准考证、会议通知等文档这类文档除了姓名、通信地址等少数内容不同外，其他内容完全相同（主文档是相同的部分，数据源文档是不同的部分，数据源文档可用 Word 表格创建，也可用 Excel 创建）。如果使用普通的编辑方法，要制作几十份、几百份甚至上千份，这是件很费时费力的事情。而 Word 2010 提供的邮件合并功能，就能轻松地完成这项任务。完成邮件合并后，可以对生成的文档进行进一步编辑、打印，也可直接发送电子邮件。

 任务实施

一、批量制作信封

批量制作信封可以通过"信封制作向导"来完成。

步骤 1：启动 Word 2010 软件后，在"邮件"选项卡中，单击"创建"组中的"中文信封"按钮，打开"信封制作向导"对话框，如图 3–49 所示。

步骤 2：单击"下一步"按钮，进入"信封样式"界面，单击"信封样式"下拉按钮，在打开的下拉列表中选择符合国家标准的信封型号，这里选择"国内信封 –DL（220×110）"选项。界面中还提

图 3–49　"信封制作向导"对话框

图 3–50　选择信封样式

供了四个打印复选框，可以根据实际需要选中相应的复选框，这里选中所有复选框，如图 3-50 所示。

　　步骤 3：单击"下一步"按钮，进入"信封数量"界面，选择生成信封的方式和数量，这里选择"基于地址簿文件，生成批量信封"单选按钮，如图 3-51 所示。

　　步骤 4：单击"下一步"按钮，进入"收件人信息"界面，单击"选择地址簿"按钮，在打开的对话框中选择并打开素材库中的 Excel 文件（"学生成绩.xlsx"文件），打开文件后，在"匹配收件人信息"区域中设置收件人信息与地址簿中的对应信息，这里只选择了"姓名""地址"和"邮编"信息，如图 3-52 所示。

图 3-51　选择生成信封的方式和数量　　　　图 3-52　匹配收件人信息

　　说明：在打开地址簿文件时，默认情况为打开文本文件。如果地址簿文件为 Excel 文件，应在"打开"对话框的"文件类型"下拉列表中选择"Excel"选项。

　　步骤 5：单击"下一步"按钮，进入"寄件人信息"界面，需

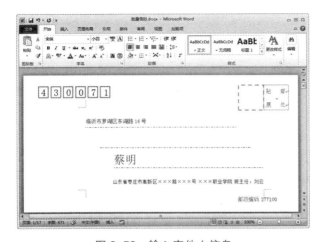

图 3-53　输入寄件人信息

图 3-54 批量制作完成的信封

要输入寄件人的姓名、单位、地址和邮编等信息。由于批量制作的信封上都需要有相同的寄件人信息，此时可填写真实的寄件人信息，如图 3-53 所示。

步骤 6：单击"下一步"按钮，再单击"完成"按钮，完成信封制作向导，并生成一个新的文档，如图 3-54 所示。

最后单击"保存"按钮保存生成的信封，命名为"批量信封.docx"。

探究与实践

比一比
　　哪个小组最先完成信封的批量制作？

二、批量制作成绩单

（一）制作学生成绩单主文档

步骤 1：新建一个空白文档，输入"学生成绩单"表格，并设置适当的格式，各门成绩先空着，最后在文档末尾添加 2 至 3 个空行（方便下面一页纸上能打印多张成绩单），如图 3-55 所示。

学生成绩单
（20××-20××学年第二学期　计20××-1班）

学号	姓名	高等数学	大学英语	体育	计算机应用基础	C语言程序设计	网页设计	……
								……

图 3-55　学生成绩单主文档

步骤 2：单击快速访问工具栏中的"保存"按钮，保存文件，并命名为"学生成绩单主文档.docx"。

（二）利用"邮件合并"功能，批量制作成绩单

步骤 1：打开刚才建立的"学生成绩单主文档.docx"，在"邮件"选项卡中，单击"开始邮件合并"组中的"开始邮件合并"下拉按钮，在打开的下拉列表中选择"普通 Word 文档"选项，如图 3-56 所示。

步骤 2：单击"开始邮件合并"组中的"选择收件人"下拉按钮，在打开的下拉列表中选择"使用现有列表"选项，如图 3-57 所示。

步骤 3：在打开的"选取数据源"对话框中，选择素材库中的"学

比一比
　　哪个小组的学生成绩单主文档设计得更漂亮？

图 3-56 "开始邮件合并"下拉列表　图 3-57 "选择收件人"下拉列表

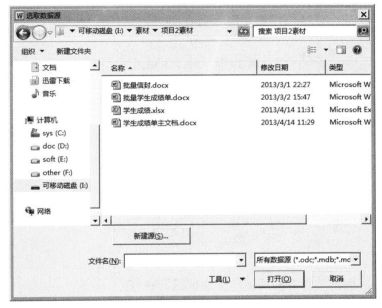

图 3-58 "选取数据源"对话框

生成绩 .xlsx"文件，如图 3-58 所示。

　　步骤 4：单击"打开"按钮，弹出"选择表格"对话框，选择其中的"学生成绩 $"工作表，如图 3-59 所示。

想一想
　　选择表格对话框中的"数据首行包含列标题"复选框有什么作用？

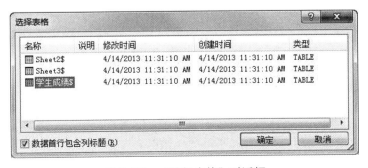

图 3-59 "选择表格"对话框

步骤5：将光标定位在"学号"下面的空白单元格中，单击"编写和插入域"组中的"插入合并域"下拉按钮，在打开的下拉列表中选择"学号"选项，如图3-60所示，这时在"学号"下面的空白单元格中插入了"《学号》"合并域。

说明："插入合并域"下拉列表中的各个选项就是"学生工作表 $"工作表中的字段名。

步骤6：使用相同的方法，在其他空白单元格中插入相应的合并域，结果如图3-61所示。

图3-60 插入合并域

学生成绩单
（20××-20××学年第二学期　计20××-1班）

学号	姓名	高等数学	大学英语	体育	计算机应用基础	C语言程序设计	网页设计
《学号》	《姓名》	《高等数学》	《大学英语》	《体育》	《计算机应用基础》	《C语言程序设计》	《网页设计》

图3-61 插入全部合并域后的"学生成绩单"主文档

步骤7：单击"完成"组中的"合并并完成"下拉按钮，在打开的下拉列表中选择"编辑单个文档"选项，如图3-62所示。

说明：在如图3-62所示的界面中如果选择"打印文档"选项，可以直接批量打印学生成绩单；如果选择"发送电子邮件"选项，可以将批量生成的学生成绩单通过邮件发送到指定的收件人。

步骤8：在打开的"合并到新文档"对话框中，选择"全部"单选按钮，如图3-63所示。

图3-62 "完成并合并"下拉列表

图3-63 "合并到新文档"对话框

步骤9：单击"确定"按钮，完成邮件合并，系统会自动处理并生成每位学生单独一张的成绩单，并在新文档中一一列出，如图3-64所示。

探究与实践

学生成绩单

（20××-20××学年第二学期　计20××-1班）

学号	姓名	高等数学	大学英语	体育	邓小平理论	计算机应用基础	C语言程序设计	网页设计
20××207101	蔡明	74	70	75	76	98	79	64

········分节符(下一页)········

图 3-64　邮件合并效果

（三）删除"分节符"并在一页中打印多份成绩单

步骤1：在"开始"选项卡中，单击"编辑"组中的"替换"按钮，打开"查找和替换"对话框。

步骤2：在"替换"选项卡中，将光标定位在"查找内容"文本框中，然后单击对话框左下角的"更多"按钮，展开对话框内容，再单击对话框底部的"特殊格式"下拉按钮，在打开的下拉列表中选择"分节符"特殊格式，如图3-65所示，此时在"查找内容"文本框中填入了"^b"特殊格式符合。

图 3-65　选择特殊格式"分节符"

步骤3：在"替换为"文本框中不需要输入任何内容，即把"分节符"替换为空白，相当于删除了"分节符"，然后单击"全部替换"按钮，最后将它保存为"批量学生成绩单.docx"。

说明：删除文档中的所有"分节符"，目的是使所有的成绩单连贯起来，这样一页纸就可容纳 3 份左右的学生成绩单，中间以空行分隔开。

拓展训练与测评

一、拓展提高

（一）创建模板

在打开 Word 2010 时，实际上已经启用了 Word 2010 中通用型的空白文档模板。用户还可以自己创建新模板，常用的方法是利用文档创建模板。要利用文档创建模板，首先必须排版好一篇文档，然后单击"文件"选项卡"另存为"保存类型为 Word 模板，输入模板名称，拖动左边窗格的滚动条到最上端，选择"Templates"单击"确定"，如图 3-66 所示。这样保存的模板就存到了 Word 2010"可用模板"下的"我的模板"中，一个新的模板就保存好了，模板文件的扩展名为".dotx"。

图 3-66　保存新建模板

（二）选用自己创建的模板

定制模板是为了将模板套用到需要具有相同排版格式的多个文档中，从而加快排版速度，保持文档格式的一致性。以选用刚才保存的"毕业论文模板"为例，操作步骤是：

1.单击"文件"选项卡，"新建"选择"可用模板"下的"我

探究与实践

想一想
　　在学生成绩单主文档中，插入总成绩列，利用计算公式进行总成绩的计算。

做一做
　　将设计好学生成绩单主文档保存为模板，文件名为"我的成绩单"。

的模板"，选择我们自己创建的"毕业论文模板"点击"确定"，如图 3-67 所示，就可以打开模板了。

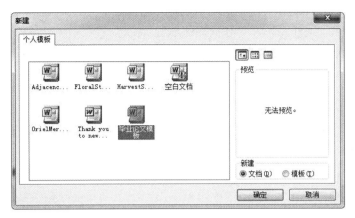

图 3-67　使用模板对话框

2. 按照模板的格式，在相应的位置输入自己的内容，就可以将此模板应用到新文档中了。

（三）Outlook 2010 邮箱的配置

Outlook 2010 是 Microsoft office 2010 套装软件的组件之一，它对 Outlook 2007 的功能进行了扩充。Outlook 的功能很多，可以用它来收发电子邮件、管理联系人信息、记日记、安排日程、分配任务。Microsoft Outlook 2010 提供了一些新特性和功能，可以帮助您与他人保持联系，并更好地管理时间和信息。

1. 步骤：点击"开始"，选择"所有程序"中"Microsoft office"

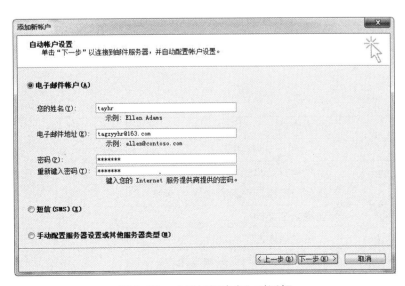

图 3-68　"添加新账户"对话框

探究与实践

比一比
　　利用 Outlook 2010 完成个人邮箱账号的添加及配置。

133

下的"Microsoft office Outlook 2010"启动对话框，选择"下一步"打开"账户设置"对话框，选择"是"单选按钮，再点击"下一步"打开"添加新账户"设置对话框，如图 3-68 所示。选择"电子邮箱账户"单选按钮，输入"姓名"（任意）、"电子邮件地址"（已有的邮箱）、"密码"（邮箱密码）后，点击"下一步"。

2. 配置成功的"添加新账户"界面"如图 3-69 所示。

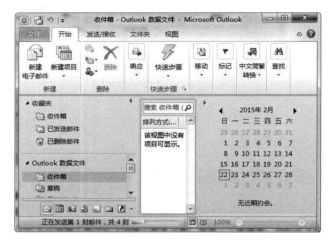

图 3-69   "添加新电子邮件账户"对话框

3. 配置成功后就可以用 Microsoft Outlook 2010 来管理我们的邮箱了。

二、能力测评

制作会议邀请函：

（1）用在线模板，给好友发送生日贺卡。

（2）用邮件合并功能，制作会议邀请函，并保存成新文档。

三、训练成果测评表

职业能力	评价内容		评价等级		
	学习目标	评价内容	优	良	差
专业能力	1. 能利用模板创建文档	能顺利找到自己需要的模板			
		能利用模板制作符合要求的文档			
	2. 能利用邮件合并功能制作批量文档	会建立主文档			
		会建立数据源文档			
		能合并主文档与数据源文档			
		能利用 word 发送邮件			

职业能力	评价内容		评价等级		
	学习目标	评价内容	优	良	差
专业能力	3. 会配置 Outlook 邮件管理软件	能配置邮箱管理软件 Outlook			
		了解 Outlook 的基本功能和应用			
方法能力	4. 收集、分析、组织、交流信息的能力				
	5. 自我学习、自我提高、学习掌握新技术的能力				
	6. 独立思考、分析问题、解决问题的能力				
	7. 运用科学技术的能力				
	8. 创新能力、综合运用知识的能力				
社会能力	9. 沟通交流、语言表达的能力				
	10. 与伙伴交往合作的能力				
	11. 工作态度、工作习惯				
	12. 计算机文化素养				
综合评价					

任务二　毕业论文的排版

任务情境

李红经过一年的企业实习，论文主体已经完成，剩下的是根据学院的论文格式要求，开始对自己的毕业论文进行排版。

任务分析

李红首先下载了论文的格式要求，参照格式要求，开始对自己的论文排版分解为以下 9 个小任务：

（1）设置页面和文档属性。

（2）设置标题样式和多级列表。

（3）添加题注和脚注。

（4）自动生成目录。

（5）插入分节符，把论文分为三个部分。

（6）利用插入域的方法添加论文正文的页眉。

（7）在页脚中添加页码并更新目录。

（8）毕业论文封面的设计。

（9）使用批注和修订。

想一想
同学们，我们使用 Word 最常用的用途就是对自己的论文进行排版，那么怎样排版才能更快更好呢？你准备好了吗？

相关知识

一、封面的设计

在工作和生活中，我们经常会遇到类似于论文封面中带下划线的内容。在下划线上输入内容，会出现下划线随内容的增加也逐渐变长，需要进行删除等操作，还有多个填表人输入的内容格式不统一的现象。如果设计者在设计时就能用直线来代替下划线，在文本框中设计好文字格式，那么既方便了填表人，又能让填完后的内容格式统一美观。

二、参考文献的字母标识方法与格式

（一）参考文献的字母标识规范

根据 GB3469–83《文献类型与文献载体代码》规定，以单字母方式标识各种参考文献类型如表 3–5 所示。

表 3–5 参考文献类型单字母标识

参考文献类型	专 注	论文集	报纸文章	期刊文章	学位论文	报 告
文献类型标识	M	C	N	J	D	R

对于专著、论文集中的析出文献，其文献类型标识建议采用单字母"A"；对于其他未说明的文献类型，建议采用单字母"Z"。

对于数据库（database）、计算机程序（computer program）及电子公告（electronic bulletin board）等电子文献类型的参考文献，建议以双字母作为标识，如表 3–6 所示。

表 3–6 参考文献类型双字母标识

电子参考文献类型	数据库	计算机程序	电子公告
电子文献类型标识	DB	CF	EB

对于非纸张型载体的电子文献，当被引用为参考文献时需在参考文献类型标识中同时标明其载体类型。本规范建议采用双字母表示电子文献载体类型：磁带（magnetic tape）——MT，磁盘（disk）——DK，光盘（CD-ROM）——CD，联机网络（online）——OL，并以下列格式表示包括了文献载体类型的参考文献类型标识：

［DB/OL］——联机网上数据库（database online）

［DB/MT］——磁带数据库（database on magnetic tape）

探究与实践

比一比

请各小组分组讨论，并完成各自的论文封面设计。

［M/CD］——光盘图书（monograph on CD-ROM）

［CP/DK］——磁盘软件（computer program on disk）

［J/OL］——网上期刊（serial online）

［EB/OL］——网上电子公告（electronic bulletin board online）

（二）常用参考文献的标识和格式

1. 期刊类

格式："序号"作者.篇名［J］.刊名，出版年份，（期号）：起止页码.

　　［1］王海粟.浅议会计信息披露模式[J].财政研究，2004（1）：56–58.

2. 专著类

格式："序号"作者.书名［M］.出版地：出版社，出版年份：起止页码.

　　［2］葛家澍，林志军.现代西方财务会计理论［M］.厦门：厦门大学出版社，2001：42.

3. 报纸类

格式："序号"作者.篇名［N］.报纸名，出版日期（版次）.

　　［3］李大伦.经济全球化的重要性［N］.光明日报，1998–12–27（3）.

4. 论文集类

格式："序号"作者.篇名［C］.出版地：出版者，出版年份：起始页码.

　　［4］伍蠡甫.西方文论选［C］.上海：上海译文出版社，1979：12–17.

5. 学位论文类

格式："序号"作者.篇名［D］.出版地：出版者，出版年份：起始页码.

　　［5］张筑生.微分半动力系统的不变集［D］.北京：北京大学，1983：1–7.

6. 网络文献类

格式："序号"作者（或主要责任者）.电子文献题名"文献类型或载体类型"，电子文献可获得的网址，发表或更新的日期，作者引用日期.

　　［6］王明亮.关于中国学术期刊标准化数据库系统工程的进展［EB/OL］.http://www.cajcd.edu.cn/pub/wml.txt/980810–2.html，1998–08–16/2009–9–5.

探究与实践

想一想

　　参考文献的标注本不是一件麻烦的事情，但是对参考文献编号后就成了一件麻烦的事情，产生的问题和图表公式编号的问题是一样的。手工维护这些编号是一件费力而且容易出错的事情，如何让Word自动维护这些编号？

三、论文中样式的应用与目录的生成

（一）样式

样式是 Word 提供的快速排版文档的重要功能，常用于较长文档的排版，如书稿、论文等，可以大大简化排版操作，提高工作效率。

在排版文档时，同一级别通常要设置成统一的格式，每设置一个标题都需要多次执行排版命令，那将增加很多机械性的工作，而Word 的样式功能就可以轻松解决这个难题。

所谓样式，就是由多个排版命令组合而成的集合，是系统自带或由用户定义的一系列排版格式的总和，包括字体、段落、大纲级别等。Word 2010 提供了多种内置样式，如标题样式、正文样式、页眉页脚样式等。相同格式的设定最好使用样式来实现。通过样式设置，可以轻松组织文档的大纲、提取文档的目录等。

在应用样式时，可以根据自己排版的情况使用 Word 内置的样式，可以修改样式，还可以自己创建样式。

（二）目录

目录能够帮助用户快速了解整个文档层次结构的内容。最简单的方法：应用标题样式标记了目录项后，利用"引用"选项卡"目录"组"自动目录 1"或选择"插入目录"，就可创建目录。对于长篇文档来说，目录是必不可少的。学生毕业论文的撰写、学生自己创办的系刊等一定会用到目录功能。

1. 目录的更新

在抽取目录后，内容还要不断修改等，页码也随着内容的修改不断发生变化，但不必担心，只要用鼠标点击目录页，会在目录页的右上角出现"更新目录"选项，点击"更新目录"打开"更新目录"对话框，选择"只更新页码"或者选择"更新整个目录"：如果选择"只更新页码"，那么在目录页就只会更新页码，不更新标题内容；如果标题也进行了修改，那么在选择时就要选择"更新整个目录"，在目录页就会标题内容和页码一块更新。

2. 删除目录

如果想删除目录页，点击目录页左上角的"目录"下拉箭头，选择"删除目录"即可。

四、分页符与分节符的用法

Word 在默认情况下，是不显示分页符和分节符的。如果要设置分页和分节，便于操作，那么最好的方法就是设置显示这些符号，方法：点击"文件"选项卡下的"选项"，打开"Word 选项"对话框，

探究与实践

试一试
　　给自己的入党申请书设计好格式，并将其存储为一种样式。

说一说
　　如果更改了内容，如何使得目录随之更改。

点击"显示"选择"显示所有格式标记"或者点击"开始"选项卡"段落"组中的 🖈 ，"显示/隐藏段落标记"按钮，即可显示所有标记。

（一）设置分页符

通常情况下，在编辑文档时，系统会将文档自动分页，用户也可以通过插入分页符在指定位置强制分页。分页符的功能属于人工强制分页，即在需要分页的位置插入一个分页符，将一页中的内容分别在两页中显示。如果要在文档中插入手动分页符来实现分页效果，可使用以下两种方法：

1. 把光标定位到需要分页的位置，点击"插入"选项卡"分页"。
2. 把光标定位到需要分页的位置，点击"页面设置"选项卡"分隔符"，选择"分页"。

除以上两种方法外，插入"空白页""封面"时也会产生分页符的标记。

（二）设置分节符

"节"是文档格式化的最大单位（或指一种排版格式的范围），分节符是一个"节"的结束符号。默认方式下，Word 将整个文档视为一"节"，故对文档的页面设置是应用于整篇文档的。若需要在一页之内或多页之间采用不同的版面布局，只需插入"分节符"将文档分成多个"节"，然后根据需要设置每"节"的格式即可。

分节符有 4 种形式，每种形式的分节符在应用中所起的作用不同。下面我们分别介绍 4 种分节符的用法。

1. "下一页"：Word 在当前光标处插入一个"下一页"分节符，光标会自动跳转到下一页，新节将从下一页开始。一般在设置不同的页眉、页脚时用"下一页"的分节符。

2. "连续"：在当前光标处插入一个"连续"的分节符，新节从当前页开始，与上一节同处于一页中。需要将一页中的某段文字分栏时，选中需要分栏的段落，将其分栏后，在分栏段落的前后将自动产生两个"连续"的分节符。

3. "偶数页"：在当前位置插入一个"偶数页"分节符，分节符后面的新节从偶数页开始编码，即自动跳过奇数页。比如：在第 2 页插入该分节符时，下一页不是第 3 页，而是第 4 页。

4. "奇数页"：在当前位置插入一个"奇数页"分节符，新节从下一个奇数页开始。比如：当在第 1 页插入该分节符时，下一页不是第 2 页，而是第 3 页。

插入"分节符"后，要使当前"节"的页面设置与其他"节"不同，只要在"页面设置"中，在"应用于"下拉列表框中，选择"本节"选项即可。

探究与实践

小贴士

（1）在页面视图下，分页符是一条黑灰色宽线，鼠标指向单击后，变成一条黑线。

（2）分页符最简单的插入方式是直接按下 Ctrl + Enter（回车键）。

（3）如何显示分页符？普通视图下或页面视图下单击常用工具栏里的显示/隐藏编辑标记。

小贴士

默认的情况下分节符是不显示的，单击"常用"工具栏上的"显示/隐藏编辑标记"按钮，如果是 Word 2010，则是点击"开始"，在"段落"组中，单击"显示/隐藏编辑标记"。

五、毕业论文页眉、页脚、页码的设计

1. 在实施过程中第 1 遍做下来，感觉很复杂，其实就是两种技术：一种是分节，只要把节分好，那么就成功了一半；另一种就是打断与上节的链接，不管是页眉还是页脚都是如此。

2. 我们的毕业论文一般要求双面打印，正文的页码都是外侧显示。外侧显示的方法有两种，一种就是在"论文的格式设计 .docx"实施步骤里面用的是内置的奇、偶页不同的方式，另一种就是"论文格式设计巩固提高 .docx"里面的用图文框的方式。

3. 设计页眉要考虑页脚，设计页脚要想到页码格式。

在设计长篇文档时，需要用到页眉、页脚、页码的设计。在设计之前，必须对文档的设计有一个通盘的考虑。比如你的文档需要有多个不同的页眉、页脚，就要在不同的页眉、页脚的地方插入一个分节符（下一页）；首页不需要用到页眉、页脚，那么在设计页眉、页脚时需要选中"首页不同"；页脚需要奇、偶页不同，那么在设计页眉时就要选中"奇偶页不同"的选项，不然的话，如果设计页眉没选中"奇偶页不同"的选项，到页脚用到时再选中，那么会导致页眉乱套，总的来说，在设计页眉时，页脚用到的格式要求也要一起提取选中，才能做到万无一失。需要不同的页码格式时，一定要先设计页码格式，再设计页脚格式，这样页码才不会乱，顺序不能颠倒。

4. 删除页眉、页脚或页码。

在设置页眉、页脚或页码出错时，可以对页眉、页脚或页码进行删除。以页眉为例，方法：选中页眉，点击"页眉页脚"组中的"页眉"，下方会出现"删除页眉"选项，点击"删除页眉"即可。删除页脚、页码与删除页眉方法相同，如果是图文框，选中图文框，直接删除即可。

📋 任务实施

打开"论文的格式设计 .docx"。

一、设置页面和文档属性

步骤 1：打开素材库中的"毕业论文（素材）.docx"文件，在"页面布局"选项卡中，单击"页面设置"组右下角的"页面设置"按钮，打开"页面设置"对话框，在"纸张"选项卡中纸张大小选择"A4"。

步骤 2：在"页边距"选项卡中，上、下、左、右页边距分别设置为 2.8cm、2.5cm、3.0cm、2.5cm，装订线为 0.5cm，装订线位

置为"左"，纸张方向为"纵向"。

步骤3：在"版式"选项卡中，选中页面和页脚"奇偶页不同"复选框，单击"确定"按钮，关闭"页面设置"对话框。

步骤4：选择"文件"–"信息"命令，单击窗口右侧窗格中的"属性"下拉按钮，在打开的下拉列表中选择"高级属性"选项，打开"毕业论文（素材）.docx属性"对话框，在"摘要"选项卡中，设置标题为"图书信息资料管理系统的研究与设计"（毕业论文题目），作者为"李红"，单位为"××职业学院"，单击"确定"按钮。

二、设置标题样式和多级列表

（一）设置标题样式

步骤1：在"视图"选项卡中，选中"显示"组中的"导航窗格"复选框，在窗口左侧将显示"导航"窗格。

步骤2：在"开始"选项卡中，右击"样式"组中的"标题1"样式，在弹出的快捷菜单中选择"修改"命令，如图3–70所示，打开"修改样式"对话框。

图3–70　修改"标题1"样式

步骤3：在"修改样式"对话框的"格式"区域中，设置格式为"黑体，三号，加粗，居中"，选中"自动更新"复选框，如图3–71所示。

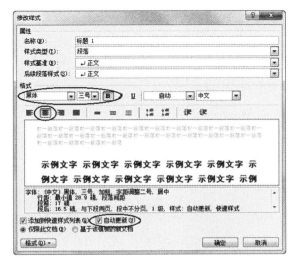

图3–71　"修改样式"对话框

步骤4：单击"修改样式"对话框左下角的"格式"下拉按钮，在打开的下拉列表中选择"段落"命令，如图3-72所示，打开"段落"对话框。

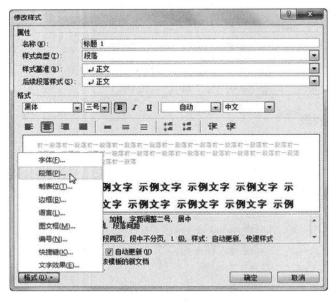

图3-72　"格式"下拉列表

步骤5：在"段落"对话框中，设置段落格式：段前、段后间距各为0.5行，"行距"为"单倍行距"，如图3-73所示，单击"确定"按钮，返回到"修改样式"对话框；再单击"确定"按钮，完成"标题1"样式的设置。

步骤6：使用相同的方法，修改"标题2"样式的格式为"黑体，小三号，加粗，左对齐，自动更新，段前、段后间距各0.5行，单倍行距"，"标题3"样式的格式为"黑体，四号，加粗，左对齐，自动更新，段前、段后间距各0.5行，单倍行距"。

说一说

　段前段后间距和行距有什么差别？

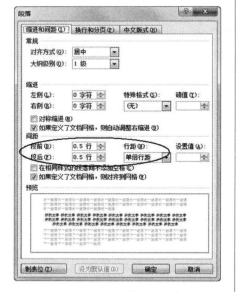

图3-73　"段落"对话框

（二）设置多级列表

步骤1：将光标置于"第1章　问题的定义"所在行中，在"开始"

选项卡中，单击"段落"组中的"多级列表"下拉按钮，在打开的下拉列表中选择"定义新的多级列表"选项，如图 3-74 所示。

步骤 2：在打开的"定义新多级列表"对话框中，选择左上角的级别"1"，并在"输入编号的格式"文本框中的"1"左、右两侧分别输入"第"和"章"，构成"第 1 章"的形式；单击左下角的"更多"按钮，将"将级别链接到样式"设置为"标题 1"，"编号之后"选择"空格"，如图 3-75 所示。

图 3-74 "多级列表"下拉列表

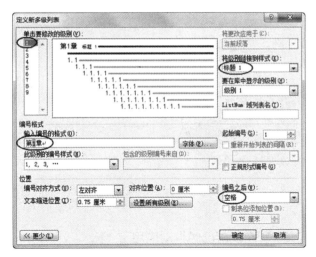

图 3-75 设置级别"1"的格式

步骤 3：在图 3-75 所示的界面中，选择左上角的级别"2"，此时"输入编号的格式"默认为"1.1"的形式，"将级别链接到样式"设置为"标题 2"，"对齐位置"选择"0 厘米"，"编号之后"选择"空格"，如图 3-76 所示。

步骤 4：在图 3-76 所示的界面中，选择左上角的级别"3"，此时"输入编号的格式"默认为"1.1.1"的形式，"将级别链接到样式"设置为"标题 3"，对齐位置为"0 厘米"，"编号之后"选择"空格"，如图 3-77 所示，单击"确定"按钮，完成多级列表的设置，此时"样式"组中的"标题 1""标题 2""标题 3"

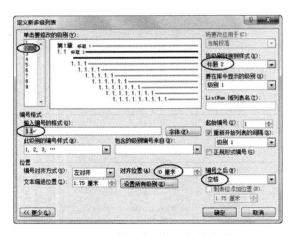

图 3-76 设置级别 "2" 的格式

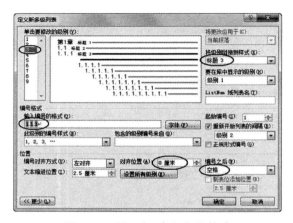

图 3-77 设置级别 "3" 的格式

探究与实践

试一试
    自己定义一个格式为 "A.a.(a)" 的多级列表，并使用它。

的样式按钮中出现了多级列表。

（三）应用标题样式

步骤 1："第 1 章　问题的定义"所在段落已经自动应用了"标题 1"样式，使用"格式刷"功能把"第 1 章　问题的定义"的格式复制到其他章标题（第 2 章至第 5 章），以及"致谢"和"参考文献"标题。

步骤 2：在第 2 章至第 5 章的标题中，删除多余的"第 × 章"形式的文字，如图 3-78 所示。

图 3-78 删除多余的文字

步骤 3：将光标置于"致谢"文字的左侧，按 2 次退格键，删除"第 6 章"字样。在"开始"选项卡的"段落"组中，单击"居中"按钮（此时，在窗口左侧的"导航"窗格中可以看到，前面原有各章的章编号消失）。单击快速访问工具栏中的"撤销"按钮，可还原前面各章的章编号。

步骤4：使用相同的方法，删除"参考文献"左侧的"第6章"字样。

步骤5：将光标置于"1.1 问题的提出"所在行中，单击"样式"组中的"标题2"按钮，使该二级标题应用"标题2"样式，然后使用"格式刷"功能把"1.1 问题的提出"的格式复制到其他所有二级标题中，最后删除多余的"X.Y"形式的文字。

步骤6：使用相同的方法，设置所有三级标题的样式为"标题3"，并删除多余的"X.Y.Z"形式的文字。此时，在窗口左侧的"导航"窗格中可以看到整个文档的结构。

说明：

（1）为了便于排版，本素材文件已将所有章名文件（包括"致谢"和"参考文献"）设置为红色，节名文本设置为绿色，小节名文本设置为蓝色。

（2）应用样式"标题1"成为一级标题。同理，应用样式"标题2""标题3"的分别成为二级标题、三级标题。

（3）整个窗口被分成两部分，左侧"导航"窗格显示整个文档的标题结构，右侧窗格显示文档内容。选择"导航"窗格中的某个标题，右侧窗格中会显示该标题下的内容，这样可实现快速定位。

（4）应用样式，实际上就是应用了一组格式。

（四）新建样式并应用于正文

步骤1：将光标置于正文中（不是在标题中），在"开始"选项卡中，单击"样式"组右下角的"样式"按钮，打开"样式"任务窗格，如图3-79所示。

步骤2：单击"样式"任务窗格左下角的"新建样式"按钮，打开"根据格式设置创建新样式"对话框，设置新样式名称为"正文01"，设置其格式为"宋体，五号，左对齐，1.5倍行距，自动更新"，如图3-80所示。

步骤3：在如图3-80所示的界面中，单击左下角的"格式"下拉按钮，在打开的下拉列表中选择"段落"命令，在打开的"段落"对话框中，设置段落格式为"首行缩进2个字符"。

图3-79 "样式"任务窗格

探究与实践

说一说
"首行缩进"和"悬挂缩进"有什么区别？

145

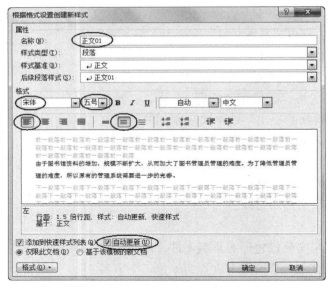

图3-80　"根据格式设置创建新样式"对话框

步骤4：单击"确定"按钮，返回到"根据格式设置创建新样式"对话框，单击"确定"按钮，完成样式"正文01"的新建，新建的样式名"正文01"会出现在"样式"任务窗格的样式列表中。

步骤5：把新建的样式"正文01"应用于所有正文中（不包括章名、节名、小节名、空行、图和图的标注等），最后关闭"样式"任务窗格。

三、添加题注和脚注

（一）添加题注

步骤1：将光标置于第1张图片下一行的题注前，如图3-81所示，在"引用"选项卡中，单击"题注"组中的"插入题注"按钮，打开"题注"对话框。

步骤2：在"题注"对话框中，单

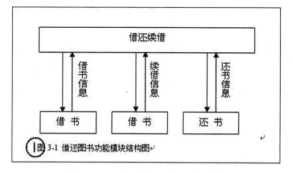

图3-81　将光标置于图题注前

击"新建标签"按钮，打开"新建标签"对话框，在"标签"文本框中输入文字"图"，如图3-82所示，再单击"确定"按钮，返回"题注"对话框。

图 3-82 新建标签"图"

步骤 3：在"题注"对话框中，选择刚才新建的标签"图"，再单击"编号"按钮，在打开的"题注编号"对话框中选中"包含章节号"复选框，如图 3-83 所示，再单击"确定"按钮，返回到"题注"对话框。此时，"题注"文本框中的内容由"图 1"变为"图 3-1"，如图 3-84 所示，再单击"确定"按钮，完成图片的题注的添加。

图 3-83 选中"包含章节号"

图 3-84 "题注"对话框

步骤 4：删除多余的文字"图 3-1"，删除后，在题注（"图 3-1"）和图片的说明文字（"借还图书功能模块结构图"）之间保留一个空格。

步骤 5：在"开始"选项卡中，单击"段落"组中的"居中"按钮，将图片的题注居中，选中该图片，也单击"居中"按钮，将图片也居中。

步骤 6：使用相同的方法，依次对文档中的其余 4 张图片添加题注（删除其中"图 X-Y"形式的多余文字），并将其余 4 张图片及其题注居中。

步骤 7：选中文档中第 1 张图片上一行中的"下图"两字，如图 3-85 所示，在"引用"选项卡中，单击"题注"组中的"交叉引用"按钮，打开"交叉引用"对话框。

图 3-85 选中"下图"两字

步骤 8：在"交叉引用"对话框中，"引用类型"选择"图"，"引用内容"选择"只有标签和编号"，在"引用哪一个题注"列表框中选择需要引用的题注（"图 3-1 借还图书功能模块结构图"），如图 3-86 所示，然后单击"插入"按钮，再单击"关闭"按钮，完成"下图"两字的交叉引用。

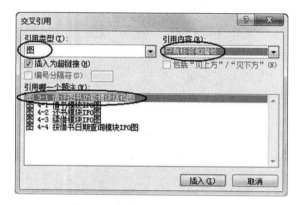

图 3-86 "交叉引用"对话框

步骤 9：使用相同的方法，依次对文档中的其余 4 张图片上一行中的"下图"两字进行交叉引用。

如果文档中有表格，可用类似的方法对其中的表格添加题注并进行交叉引用。

试一试
将添加的题注删除。

（二）添加脚注

下面在文档中首次出现"IPO"的地方添加脚注，脚注内容为"IPO 是指结构化设计中变换型结构的输入（Input）、加工（Process）、输出（Output）"。

步骤 1：选中文档中首次出现的"IPO"文字，如图 3-87 所示。

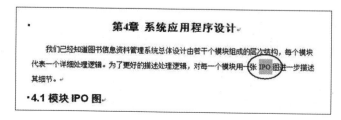

图 3-87 选中文档中首次出现的"IPO"

步骤 2：在"引用"选项卡中，单击"脚注"组中的"插入脚注"按钮，然后在页面底部"脚注"处输入脚注内容"IPO 是指结构化设计中变换型结构的输入（Input）、加工（Process）、输出（Output）"，如图 3-88 所示。

图 3-88　输入脚注内容

四、自动生成目录

（一）在每章前插入分页符

步骤 1：将光标置于第 1 章的标题文字"问题的定义"的左侧（不是上一行的空行中），在"插入"选项卡中，单击"页"组中的"分页"按钮，在"第 1 章"前插入了"分页符"。

步骤 2：选择"文件"－"选项"命令，打开"Word 选项"对话框，在左侧窗口中选择"显示"选项，在右侧窗格中选中"显示所有格式标记"复选框，如图 3-89 所示，单击"确定"按钮，可在文档

图 3-89　"Word 选项"对话框

中显示"分页符"（单虚线）。

步骤 3：使用相同的方法，在其余 4 章前及"致谢"和"参考文献"前，依次插入"分页符"，使它们另起一页显示。

（二）自动生成目录

步骤 1：将光标置于首页空白页中，输入"目录"两个字，然后按回车键，设置"目录"两个字的格式为"黑体、小二号、居中"。

步骤 2：将光标置于"目录"所在行的下一行空行中，在"引用"选项卡中，单击"目录"组中的"目录"下拉按钮，在打开的下拉列表中选择"插入目录"选项，如图 3-90 所示。

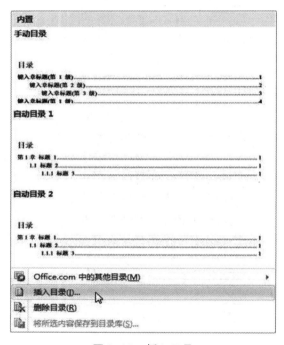

图 3-90　插入目录

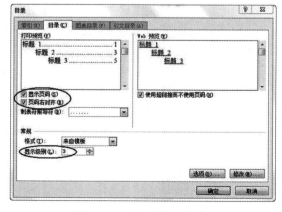

图 3-91　"目录"对话框

步骤 3：在打开的"目录"对话框中，选择"显示页码"和"页码右对齐"复选框，选择"显示级别"为 3，如图 3-91 所示，单击"确定"按钮，生成的目录如图 3-92 所示。

试一试

　　将论文中的 2.3 节删除，并更新目录。

探究与实践

目录

第 1 章 问题的定义........2
1.1 问题的提出........2
1.2 问题定义报告........2
第 2 章 可行性研究........3
2.1 现行系统存在问题的分析........3
2.2 解决方案........3
2.3 可行性研究报告........3
第 3 章 系统设计分析........4
3.1 应用需求分析........4
3.2 系统功能模块划分........4
3.2.1 借还图书操作管理........4
3.2.2 借阅查询........4
3.2.3 图书管理........5
3.2.4 读者管理........5
3.3 数据库设计........5
3.3.1 建立数据库........5
第 4 章 系统应用程序设计........6
4.1 模块 IPO 图........6
4.1.1 借书模块 IPO 图........6
4.1.2 还书模块 IPO 图........6
4.1.3 续借模块 IPO 图........6
4.1.4 按借书日期查询模块 IPO 图........7
4.2 系统设计........7
4.2.1 系统总体功能结构设计........7
4.3 数据库设计........7
4.3.1 设计原则........7
4.4 系统主要功能输出设计........7
4.4.1 用户密码认证窗体的的实现........7
第 5 章 结论........8
致谢........9
参考文献........10

图 3-92 论文目录

五、插入分节符，把论文分为三部分

为了在论文的不同部分设置不同的页面格式（如不同的页眉和页脚、不同的页码编号），在“第 1 章”前插入分节符，使目录、论文正文成为两个不同的节，再在“目录”前插入分节符，以便在目录前插入论文封面和摘要。这样，就把整个文档分为 3 节：封面和摘要（第 1 节）、目录（第 2 节）和论文正文（第 3 节）。在不同的节中，可设置不同的页眉和页脚。

图 3-93 插入“下一页”分节符

步骤 1：将光标置于第 1 章标题“问题的定义”的左侧，在“页面布局”选项卡中，单击“页

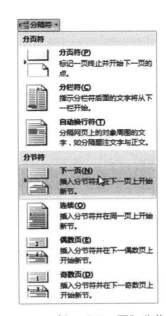

面设置"组中的"分隔符"下拉按钮,在打开的下拉列表中选择"下一页"分节符,如图3-93所示,从而插入"下一页"分节符。

步骤2:使用相同的方法,在"目录"前插入"下一页"分节符,在目录前会添加一空白页。

六、利用插入域的方法添加论文正文的页眉

(一)在正文奇数页的页眉中插入章标题

步骤1:将光标置于论文正文(第1节)第1页(奇数页)中,在"插入"选项卡中,单击"页眉和页脚"组中的"页眉"下拉按钮,在打开的下拉列表中选择"编辑页眉"选项,切换到"页眉和页脚"编辑状态,此时光标位于页眉中。

步骤2:在"页眉和页脚工具"的"设计"选项卡中,取消"导航"组中的"链接到前一条页眉"按钮的选中状态,如图3-94所示,确保"论文正文"节(第3节)奇数页页眉与"目录节"(第2节)奇数页页眉的链接断开,链接断开后,页眉右下角的文字"与上一节相同"会消失。

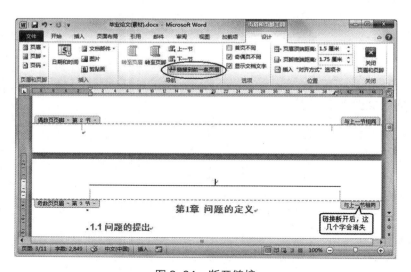

图3-94 断开链接

步骤3:在"设计"选项卡中,单击"插入"组中的"文档部件"下拉按钮,在打开的下拉列表中选择"域"选项,如图3-95所示。

步骤4:在打开的"域"对话框中,在"类别"下拉框中选择"链接和引用"选项,在"域名"列表框中选择"StyleRef"

图3-95 选择"域"选项

✎ 探究与实践

小贴士
　分节符显示双虚线,而分页符显示单虚线。

小贴士
　域就是引导Word在文档中自动插入文字、图形、页码或其他信息的一组代码。每个域都有一个唯一的名字,它具有的功能与Excel中的函数非常相似。

选项，在"样式名"列表框中选择"标题 1"选项，选中"插入段落编号"复选框，如图 3-96 所示，单击"确定"按钮，此时在奇数页页眉中插入章标题的编号"第 1 章"，再在其后插入一个空格。

探究与实践

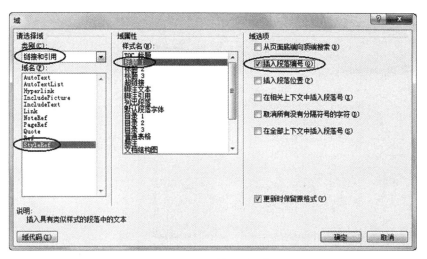

图 3-96 "域"对话框

步骤 5：使用相同的方法，在插入"域"，在打开的"域"对话框中，在"类别"下拉框中选择"链接和引用"选项，在"域名"列表框中选择"StyleRef"选项，在"样式名"列表框中选择"标题 1"选项，不要选中"插入段落编号"复选框，单击"确定"按钮，此时在章编号"第 1 章"后面插入了章标题"问题的定义"，如图 3-97 所示。

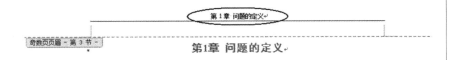

图 3-97 奇数页的页眉内容

（二）在正文偶数页的页眉中插入论文题目

步骤 1：将光标置于论文正文第 2 页（偶数页）的页眉中，在"设计"选项卡中，取消"导航"组中的"链接到前一条页眉"按钮的选中状态，确保"论文正文"节偶数页页眉与"目录"节偶数页页眉的链接断开。

步骤 2：在"设计"选项卡中，单击"插入"组中的"文档部件"下拉按钮，在打开的下拉列表中选择"域"选项，打开"域"对话框，在"类别"下拉框中选择"文档信息"选项，在"域名"列表框中选择"Title",如图3-98所示,再单击"确定"按钮,就可在偶数页页眉中插入已在任务1中设置好的文档标题(Title,即论文题目):"图书信息资料管理系统的研究与设计",如图3-99所示。

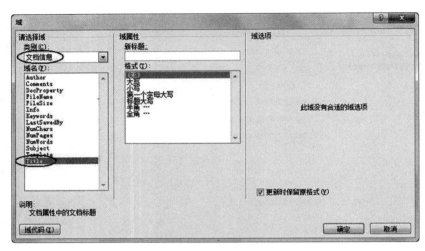

图3-98 "域"对话框

图3-99 偶数页的页眉内容

七、在页脚中添加页码并更新目录

在不同的节中,可设置不同的页眉和页脚。根据毕业论文排版要求,封面和摘要无页码,"目录"节的页码格式为"i, ii, iii, …","论文正文"节的页码格式为"1, 2, 3, …",页码位于页脚,并居中显示。因为在任务1中,已设置页眉和页脚"奇偶页不同",所以要对"论文正文"节和"目录"节的奇偶页的页脚分别进行设置。

步骤1:将光标置于"论文正文"(第3节)第1页(奇数页)的页脚中,在"设计"选项卡中,取消"导航"组中"链接到前一页眉"按钮的选中状态,确保"论文正文"节(第3节)奇数页页脚与"目录"节(第2节)奇数页页脚的链接断开,链接断开后,页脚右上角的文字"与上一节相同"会消失。

步骤2:单击"页眉和页脚"组中的"页码"下拉按钮,在打开的下拉列表中选择"设置页码格式"命令,如图3-100所示,打开"页码格式"对话框,选择编号格式为"1, 2, 3, …",选择"起

小贴士

链接断开后,页脚右上角的文字"与上一节相同"会消失。

图 3-100　设置页码格式

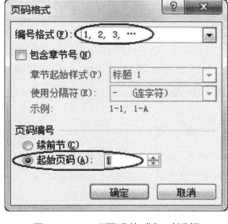

图 3-101　"页码格式"对话框

始页码"单选按钮,并设置起始页码为1,如图 3-101 所示,再单击"确定"按钮,完成页码格式设置。

步骤 3:选择"页眉和页脚"组中的"页码"下拉按钮,在打开的下拉列表中选择"当前位置"–"普通数字",即可在页脚中插入页码,最后设置页码居中显示。

至此,论文正文奇数页的页码已设置完成,下面设置论文正文偶数页的页码。

步骤 4:将光标置于"论文正文"(第 3 节)第 2 页(偶数页)的页脚中,同前面的操作方法一样,先取消"链接到前一页眉"按钮的选择状态,再插入页码(普通数字),并设置页码居中显示。

至此,论文正文奇数页和偶数页的页码均设置完成。

步骤 5:同"论文正文"节中的页码设置方法一样,可自行完成"目录"节的页码设置(页码格式为"i,ii,iii,…",居中显示)。

因为论文正文的页码已重复设置,原自动生成的目录内容(包括页码)应该更新。

步骤 6:右击"目录"页中的目录内容,在弹出的快捷菜单中选择"更新域"命令,打开"更新目录"对话框,如图 3-102 所示。根据需要,选择"只更新页码"或"更新整个目录"单选按钮,再单击"确定"按钮,即可更新目录内容。

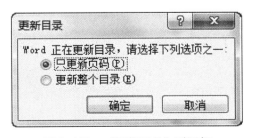

图 3-102　"更新目录"对话框

八、添加论文摘要和封面

毕业论文中已有目录和论文正文,下面添加论文摘要和封面。

步骤1:在目录页前的空白页中(第1节),输入论文摘要(含关键词),并根据需要设置相关格式,如图3-103所示。

摘　要

图书管理系统是典型的信息管理系统(MIS),其开发主要包含后台数据库的建立与维护和前端应用程序源码的开发两个方面。本文对数据库管理系统、VB应用程序源码设计、VB数据库技术进行了分析与应用,主要完成对图书管理系统的需求分析、功能模块划分、数据库模式分析,并由此设计了数据库结构与应用程序源码。

关键词: 图书;信息管理系统;数据库;Visual Basic

图3-103　论文摘要

步骤2:将光标置于文字"摘要"前,在"插入"选项卡中,单击"页"组中的"分页"按钮,在"摘要"前插入一新的空白页。

步骤3:在新插入的空白页中,插入学校要求的毕业论文封面。封面一般含有学校名称、论文题目、实习单位、实习岗位、专业班级、学生姓名、指导老师、日期等,如图3-104所示,根据实际情况填写封面上的相关内容。可以利用制表符来添加论文题目、实习单位、指导老师等内容。

××职业技术学院
毕业设计(论文)

(2021届)

题　　目＿＿＿＿＿＿＿
实习单位＿＿＿＿＿＿＿
实习岗位＿＿＿＿＿＿＿
专业班级＿＿＿＿＿＿＿
学生姓名＿＿＿＿＿＿＿
指导老师＿＿＿＿＿＿＿

＿＿年＿＿月＿＿日

图3-104　封面效果图

试一试
根据实际情况填写封面上的相关内容,可以利用制表符来添加论文题目、实习单位、指导老师等内容。

九、使用批注和修订

至此,毕业论文的排版已基本结束,通常情况下,学生会把已排版的论文提交给指导老师审阅,指导老师通过批注和修订对论文提出修改意见,再返回给学生,学生可接受或者拒绝老师添加的批注和修订。

（一）更改修订者的用户名

步骤1：在"审阅"选项卡中，单击"修订"组中的"修订"下拉按钮，在打开的下拉列表中选择"更改用户名"选项，如图3-105所示。

说明："修订"按钮分为两部分：上半部分为图形按钮，单击它则开始修订或取消修订；下半部分为下拉按钮，单击它则会打开下拉列表。

图3-105 "修订"下拉列表

步骤2：在打开的"Word选项"对话框中，在左侧窗格中选择"常规"选项，在右侧窗格的"用户名"文本框中输入修订者的用户名，如"黄老师"，在"缩写"文本框中输入用户名的缩写，如"Huang"，如图3-106所示，单击"确定"按钮。

图3-106 "Word选项"对话框

（二）使用批注和修订

步骤1：在"审阅"选项卡的"修订"组中，单击"显示以供审阅"下拉按钮，在打开的下拉列表中选择"最终：显示标记"选项，如图3-107所示，再单击"显示标记"下拉按钮，在打开的下拉列表中选择"批注框"–"在批注框中显示修订"选项，如图3-108所示。

图3-107 "显示以供审阅"下拉列表

探究与实践

试一试

打开修订选项页面，看看还可以进行哪些设置。

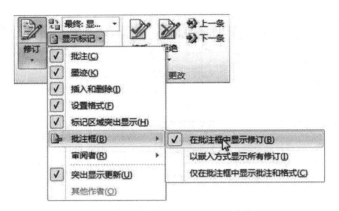

图 3-108   "显示标记"下拉列表

步骤2：单击"修订"组中的"修订"图形按钮，此时该图形按钮处于选择状态，表示可以开始修订。

步骤3：在"第1章"所在的页面中，在"项目"所在行中，删除"馆"字，并在本行行尾的句号前插入文字"系统的研究与设计"，此时在页面右侧的批注框中显示了"删除的内容：馆"，插入的文字"系统的研究与设计"在页面中红色显示，并添加了单下划线。

步骤4：使用相同的方法，把下一行的"更新"两字修改为"完善"两字，修订效果如图 3-109 所示。

图 3-109   使用修订

步骤5：选中本页面中第1次出现的"Basic6.0"文字，再单击"批注"组中的"新建批注"按钮，在页面右侧的"批注框"中输入批注信息"中间应该有一空格"，批注信息前面会自动加上"批注"两字以及批注者的缩写字和批注的编号。

步骤6：使用相同的方法，对第2次出现的"Basic6.0"文字添加相同的批注信息，批注效果如图 3-110 所示。

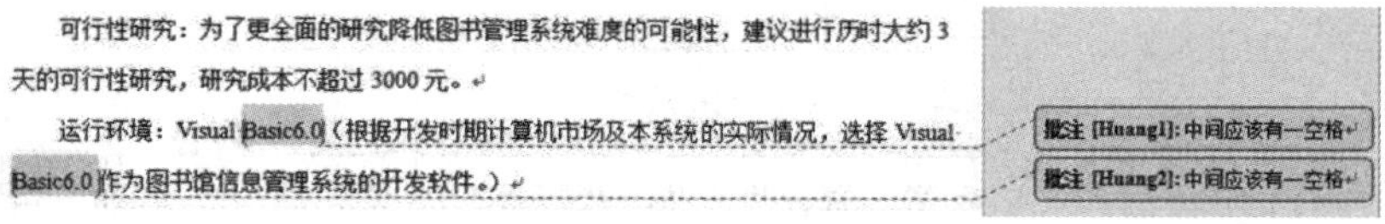

可行性研究：为了更全面的研究降低图书管理系统难度的可能性，建议进行历时大约3天的可行性研究，研究成本不超过 3000 元。

运行环境：Visual Basic6.0（根据开发时期计算机市场及本系统的实际情况，选择 Visual Basic6.0 作为图书馆信息管理系统的开发软件。）

批注 [Huang1]:中间应该有一空格

批注 [Huang2]:中间应该有一空格

图 3-110   添加批注

步骤7：在图 3-107 所示的界面中，选择其他不同的选项，注意查看文档的显示效果。

步骤8：在图 3-108 所示的界面中，选择其他不同的选项，注意查看文档的显示效果。

步骤9：单击"修订"组中的"审阅窗格"下拉按钮，在打开的下拉列表中选择"垂直审阅窗格"或"水平审阅窗格"选项，如图 3-111 所示，可在文档窗口中

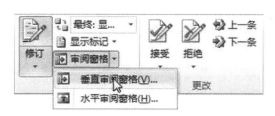

图 3-111　"显示以供审阅"下拉列表

显示"垂直审阅窗格"或"水平审阅窗格"，如图 3-112 所示。

图 3-112　垂直审阅窗格

步骤10：在图 3-105 所示的界面中，选择"修订选项"选项，打开"修订选项"对话框，如图 3-113 所示，在该对话框中，可自定义修订标记的颜色和颜色。

步骤11：单击"保护"组中的"限制编辑"按钮，将打开"限制格式和编辑"任务窗格，如图 3-114 所示，在该任务窗格中可设置对文档的格式和编辑的各种限制。

探究与实践

小贴士

在文档开始修订后，用户对文档进行修改后将显示标记，不同类型的修改所显示的标记也不同。例如，在默认情况下插入的内容将会有单下划线。事实上，用户可以自定义修订标记的样式和颜色，以便更好地区别标记。

小贴士

在"限制编辑"任务窗格中可设置对文档的格式和编辑的各种限制。

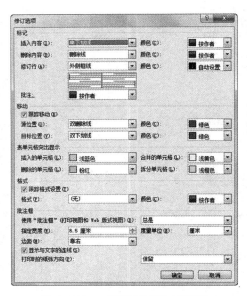

图 3-113 "修订选项"对话框

图 3-114 "限制格式和编辑"任务窗格

（三）接受或者拒绝批注和修订

老师对学生的论文进行批注和修订后，学生可根据实际情况，接受或拒绝老师的批注和修订。

步骤 1：将光标置于"审阅窗格"中的第 1 条修订处，单击"更改"组中的"接受"图形按钮，表示接受修订，修订内容会转化为常规文字。接受修订后，在"审阅窗格"中，光标会自动转到下一修订处。

如果单击"更改"组中的"拒绝"图形按钮，表示拒绝修订，保留原始文字。

批注不同于修订，当"接受"或"拒绝"批注时，文档内容本身不会发生变化，"接受"批注就是不理批注，批注本身还会保留，拒绝批注则是删除批注本身。根据"批注"中的建议或提示，手工修改文档内容。

步骤 2：在"审阅窗格"中，当光标移动第 1 个"批注"中时，根据"批注"内容（"中间应该有一空格"），在文档中第 1 次出现的"Basic6.0"中间插入一个空格，即把"Basic6.0"修改为"Basic 6.0"，然后单击"更改"组中的"拒绝"图形按钮，删除"批注"本身。

步骤 3：使用相同的方法，对另一个"批注"进行相同的处理。

说明："接受"或"拒绝"按钮均分为 2 部分，上半部分为图形按钮，单击它则表示"接受"或"拒绝"修订；下半部分为下拉按钮，单击它则会打开下拉列表，如图 3-115 所示。

试一试
使用相同的方法，"接受"或"拒绝"其他 3 处的修订。

160

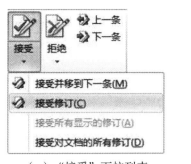

（a）"接受"下拉列表

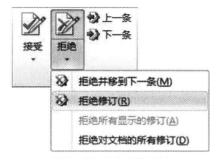

（b）"拒绝"下拉列表

图 3-115 "接受"和"拒绝"下拉列表

拓展训练与测评

一、拓展提高

（一）创建样式

Word 2010 允许用户自己创建新的样式，方法：

以创建论文正文样式为例，点击"开始"选项卡"样式"组，右下角的"样式"按钮，打开"样式"对话框，点击右下角的"新建样式"按钮，打开"新建样式"对话框，如图 3-116 所示。在"名称"框里输入样式名称，"样式基准"选择"无样式"，点击左下角的"格式"，定义字体格式和段落格式等。定义好后选择"添加到快速样式列表"，我们定义的"论文正文"样式就会添加到样式组，再用此格式时，选中正文直接点击样式组中"论文正文"样式即可。

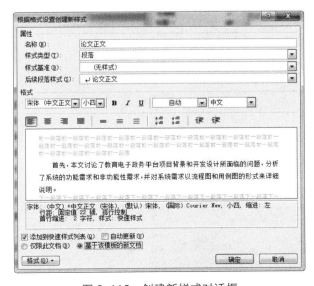

图 3-116 创建新样式对话框

小贴士

当不需要某个样式时，则可以在样式组中右击要删除的样式，选择从"快速样式库中删除"即可。

161

（二）页眉横线的删除与设计

如果文档中有些页面不需要显示页眉和页眉横线，可予以删除。下面就插入的空白页眉为例，介绍操作步骤：

1. 删除页眉横线

步骤1：在不需要页眉和页眉横线的页上插入一个"分节符（下一页）"，要和其他需要页眉和页眉横线的页分开，不影响其他页上的页眉和页眉横线。

步骤2：首先删除插入页眉后自动产生的"键入文字"字样，再选中横线上下的两个回车符，点击"开始"选项卡"段落"组"下框线"按钮 右面的下拉箭头，选择"无框线"即可，如图3-117所示。

图 3-117 删除页眉横线

2. 改变页眉上的横线样式

选中需要改变的页眉横线上的"回车符"，点击"段落"组中的"下框线"右侧的下拉箭头，选择"边框和底纹"，打开"边框和底纹"对话框，如图3-118所示。在"样式"里面选择一种样式，可改变颜色。在"预览"里面，点击两次"下框线"图标，点击"确

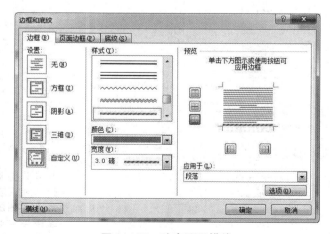

图 3-118 改变页眉横线

定"按钮，页眉横线的样式就改过来了。

（三）图文框与文本框

图文框和文本框是将文字、表格、图形精确定位的有力工具。在 Word 97 以前的版本中，图文框是实现图文混排的工具，Word 97 及以后的版本依然保留了它，还增加了功能更强的文本框。图文框和文本框如同容器，任何文档中的内容，如文本、表格、图形等，只要装入这个方框，就可以通过鼠标拖动放到页面的任何地方，还可以方便地进行放大、缩小、与正文环绕等编辑操作。

1. 图文框和文本框的区别

图文框和文本框从外观上来看，有明显的区别，如图 3-119、3-120 所示。点击图文框的边框时，图文框的周围会出现左斜线，而且有实心小方块；点击文本框时，文本框的周围没有斜线，而且周围是空心的圆心和方块。

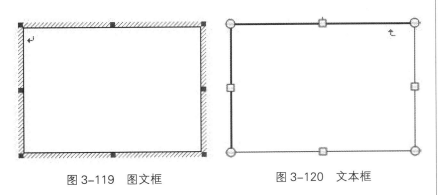

图 3-119 图文框　　　　图 3-120　文本框

2. 文本框的特点

文本框几乎继承了图文框的所有优点，并新加了图文框没有的许多特点，例如：

（1）通过链接各文本框可使文字从文档一个部分排至另一部分。

（2）可用文本框创建水印，包含能显示在文档打印层上的文字。

（3）可用新的"绘图"工具栏上的选项对文本框进行格式设置，如可设置三维效果、阴影、边框类型和颜色、填充颜色和背景等。

（4）可在更广泛的范围内选择环绕文字选项。

（5）可旋转和翻转文本框。

（6）可用"格式"菜单中的"文字方向"命令改变文本框中的文字方向。

（7）可将文本框分组并按组改变其分布和对齐方式。

（8）文本框不能随着文本框内容的增加而自动扩展。如果文本框中的内容超出文本框的方框，有些内容无法显示出来，要显示就

探究与实践

说一说
　图文框和文本框有什么区别？

必须改变文本框的大小。

（9）文本框具有图形的一些特点，如快捷菜单中有"组合""叠放次序"等命令，这些功能图文框则没有。

3.图文框的特点

图文框也有着文本框没有的功能。如果要放置包含批注、脚注、尾注或特定域的文字或图形，则必须使用图文框；可利用图文框设置页码，因图文框有自动编号的功能，而文本框则不能。

二、能力测评

毕业论文格式设计巩固提高：打开"项目 2.2.2"文件夹下的"毕业论文（素材）.docx"，进行字体与段落的格式化，其成果如"毕业论文（完成）.swf"所示。

三、训练成果测评表

职业能力	评价内容		评价等级		
	学习目标	评价内容	优	良	差
专业能力	1.能用文本框和直线设计封面	能熟练进行文本框与直线的绘制操作			
		能进行文本框的排版与对齐等设置			
	2.能进行参考文献的格式设置与录入方法	能按要求录入参考文献			
		会用尾注的方法录入参考文献			
		能替换尾注的编号格式			
	3.脚注与尾注	能进行尾注的插入与删除尾注横线			
		能进行脚注的插入与去掉序号上标方式			
	4.毕业论文样式的应用	能利用样式格式化标题			
		能修改样式			
		能创建样式			
	5.毕业论文目录的生成	会用内置的目录样式插入目录			
		会修改目录的显示等级			
	6.毕业论文页眉、页脚、页码的格式设计	会插入分节符			
		能通盘考虑页眉页脚的提取格式			
		会插入不同章节不同内容的页眉			
		会插入不同格式的页脚			
		会设置不同节的页码格式			
		会用图文框插入页码			
	7.毕业论文的页面设计与打印输出	会进行页面设置			
		会进行双面打印论文			

探究与实践

试一试

选中文本框，点右键，对文本框格式进行设置，使其更美观。

（续表）

职业能力	评价内容		评价等级		
	学习目标	评价内容	优	良	差
方法能力	8. 收集、分析、组织、交流信息的能力				
	9. 自我学习、自我提高、学习掌握新技术的能力				
	10. 独立思考、分析问题、解决问题的能力				
	11. 运用科学技术的能力				
	12. 创新能力、综合运用知识的能力				
社会能力	13. 沟通交流、语言表达的能力				
	14. 与伙伴交往合作的能力				
	15. 工作态度、工作习惯				
	16. 计算机文化素养				
综合评价					

项目四
使用电子表格处理人事信息

项目概述

枣信科技职业学院现有在校学生 10000 余名，教职工总数超过 900 人，其中包括教授与副教授共计 80 名，讲师 270 名，助理讲师 420 名。学院占地面积 800 余亩，建筑面积 20 万平方米。目前，学院配备了 130 多个实验、实训室及实习基地，教学仪器设备总值超过 3500 万元。图书馆资源丰富，藏有纸质图书 30 万册，电子图书 20 万册。学院设有 4 个校区，教职工队伍（包括部分教师）在这四个校区间流动，统一由枣信科技职业学院进行高效管理。为了进一步优化教师资源配置、提升服务质量，并充分发挥各校区优势，学院准备对教师人事信息实施全面管理。

子项目一　教师档案信息表制作

学习目标

● **能力目标：**

能够用设置工作表、单元格各部分格式的方法制作教师档案，设计教师档案表的表头字段。

能够用 Excel 2010 各种数据录入的方法快速录入教师档案的各种信息 / 数据，能够快速解决数据录入过程中遇到的问题。

能够用批注添加相片的方法，将教师相片信息添加到教师档案中。

能够用数据排序、数据筛选、分类汇总的方法，按照要求对教师信息进行排序、筛选、分类汇总。

● **知识目标：**

了解 Excel 的启动、退出，熟悉电子表格的功能、特点及应用。

掌握 Excel 窗口的各个组成部分，学会区分工作表和工作簿。

掌握创建和保存工作簿、输入文字和数据。

简单计算及基础操作。

熟练掌握 Excel 2010 文件管理、工作表更名、各种数据录入的方法。

掌握用填充柄填充各种类型序列的方法。

了解利用批注添加相片的方法。

掌握设置单元格、工作表各部分格式的方法。

掌握设置页面、打印选项的方法。

掌握数据排序、数据筛选、分类汇总的方法。

● **素质目标：**

能够积极主动地学习、探究与应用信息技术。

通过获取、加工、管理、表达与交流信息的过程，创新性地解决生活和学习中的各种实际问题。

了解与信息技术应用相关的法律、法规及安全维护常识。

📊 子项目情境

教师档案管理是教师人事信息管理的一部分，档案表会作为初始档案记载，进入个人人事档案，并附带身份证、学历证书、资格证书、健康证、暂住证和离职证明复印件。为进一步建设和健全社会信用体系建设，我国将逐步将个人诚信信息连同"失信"记录计入个人档案。

下面将本项目分成 3 个任务完成：

> 任务一　教师档案信息表的设计
> 任务二　教师档案信息表的美化
> 任务三　教师档案信息表的加工整理

任务一　教师档案信息表的设计

🔍 任务情境

用 Excel 2010 为枣信科技职业学院建立教师档案，包括"教师基本档案""教师信息统计""年龄工龄统计""信息图表"四个工作表。我们首先设计制作"教师基本档案"，具体步骤是在"教师基本档案"工作表中录入标题，合理设计教师基本档案的表头字段名，并录入相应信息和数据，设置合理的数字格式，添加每名教师的照片信息，需要 15 ~ 20 条记录信息。

✏️ **探究与实践**

比一比
　看谁录入的最快、最好。

167

任务样文如图 4-1 所示。

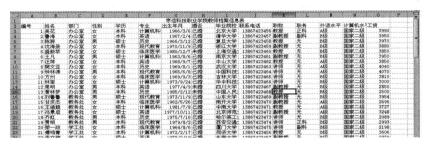

图 4-1 教师档案信息表样文

任务分析

（1）教师档案信息表的基本组成部分有"教师基本档案"的标题和数据表。

（2）教师基本档案的数据表结构如图 4-2 所示。在数据表中，第一行表头包括所有的字段名。

图 4-2 教师基本档案的组成部分及各部分名称

（3）在数据表中，字段值为文字、字符串，称为字符型数据，如姓名、性别、民族等；字段值为日期，称为日期型数据，如出生日期、工作日期等；字段值为数字，能进行四则运算，称为数值型数据。注意：还有另外一类数字，不进行四则运算，要将其定义为字符型数据，如电话号码、身份证号等。

（4）为了使基本档案表信息更完整、更丰富，基本档案表可包含相片信息。利用 Excel 技术实现这一任务，要求既不影响工作表中的数据，还可以随时看到每位教师的相片。

相关知识

一、Excel 界面简介

启动 Excel 后可看到它的主界面如图 4-3 所示。最上面的是标题栏，标题栏左边是 Excel 的图标，后面显示的是现在启动的应

图 4-3 Excel 主界面

用程序的名称，接着的连字符后面是当前打开的工作簿的名称；标题栏最右边的三个按钮分别是最小化、最大化/恢复按钮和关闭按钮，一般的 Windows 应用程序都有。

　　工具栏的下面就是 Excel 比较特殊的工具了。左边是名称框，可以在名称框里给一个或一组单元格定义一个名称，也可以从名称框中直接选择定义过的名称来选中相应的单元格。右边是编辑栏，选中单元格后可以在编辑栏中输入单元格的内容，如公式、文字、数据等。在编辑栏中单击准备输入时，名称框和编辑栏中间会出现图中所示三个按钮：左边的"✕"是"取消"按钮，它的作用是恢复到单元格输入以前的状态；中间的"✓"是"输入"按钮，就是确定输入栏中的内容为当前选定单元格的内容；"＝"是"编辑公式"按钮，单击"＝"按钮表示要在单元格中输入公式。

　　名称框下面灰色的小方块儿是"全选"按钮，单击它可以选中当前工作表的全部单元格。全选按钮右边的 A、B、C……是列标，单击列标可以选中相应的列。全选按钮下面的 1、2、3……是行标，单击行标可以选中相应的整行。中间最大的区域就是 Excel 的工作表区，也就是放置表格内容的地方。工作表区的右边和下面有两个 ▮，是翻动工作表查看内容用的。

　　在工作表区的下面，左边的部分用来管理工作簿中的工作表，如图 4-4 所示。我们把一个 Excel 的文档叫作工作簿，一个工作簿可以包含很多的工作表，Sheet1、

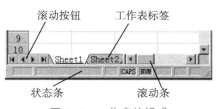

滚动按钮　　工作表标签

状态条　　　　滚动条

图 4-4　工作表的组成

✏ **探究与实践**

想一想

工作簿和工作表有什么差别？

Sheet2……都代表着一个工作表，这些工作表组成了一个工作簿，就好像账本，每一页是一个工作表，而一个账本就是一个工作簿了。Sheet1 等是工作表标签，上面显示的是每个表的名字，可以右键双击输入更改表名，单击之可以到相应的表中。四个带箭头的按钮是标签滚动按钮。单击向右的箭头可以让标签整个向右移动一个位置；单击带竖线的向右箭头，最后一个表的标签就显露了出来；单击向左的箭头，可让标签整个向左移动一个表；单击带竖线的向左的箭头，最左边的工作表就是 Sheet1 了。这样只是改变工作表标签的显示，当前编辑的工作表是没有改变的（图 4-4）。

　　界面的最下面是状态条。Excel 的状态条可以显示当前键盘的几个 Lock 键的状态。右边有一个"NUM"的标记，表示现在的 Num lock 是打开的，再按一下键盘上的"Num Lock"键，这个标

记就消失了，表示不再是 Num Lock 状态。按一下"Cap Lock"键，就显示出 CAPS，表示 Caps Lock 状态是打开的，再按一下 Cap Lock 键，它就会消失。

我们也可以移动菜单栏和工具栏的位置，用鼠标点住菜单栏前面的▐，如图 4-5 所示，拖动鼠标，菜单栏的位置就随鼠标移动，可以把它放在界面的任意位置。

有时我们不能看到全部的工具栏，此时单击工具栏右边的▶▶，会弹出一个面板，从面板中可以选择所需的功能按钮，如图 4-6 所示。

探究与实践

小贴士

Caps lock 是 Capitals lock 的简写，为大小写锁定键，键盘一个键位，为大小写切换之用。

图 4-5 改变菜单栏和工具栏的位置

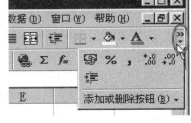

图 4-6 选择工具栏的功能按钮

二、选定操作区域

选定操作区域的方法有很多：如单击行标可以选中一行，单击列标可以选中整列，单击全选按钮（表格左上角的第一个格）可以选中整个工作表，单击任一单元格就可以将其选中。

如果要选择一些连续的单元格，就在要选择区域的开始单元格按下左键，拖动鼠标到最终的单元格就可以了。

日期	产品名称			
	M1	M2	M3	M4
6月1日	42	42	33	101
6月2日	54	30		102
6月3日		56	32	104
6月4日	46		40	110
6月5日	58	48	32	106
6月6日	50	51	41	
6月7日	34	45	41	175
6月8日		57		103

图 4-7 选定混合区域

如果要选定不连续的多个单元格，先按住 Ctrl 键，逐一选择单元格就可以了。

同样的方法可以选择连续的多行、多列，不连续的多行、多列，甚至行、列、单元格混合区域（图 4-7）。

想一想

怎样知道某一列、某一列行或某个单元格的名称？

三、定位的使用

使用定位通常是批量选择一定范围内符合一定条件的单元格，尤其是不连续的单元格。如果你在工作表中对一组单元格有一个名称定义的话，可以使用名称来选择单元格。如果把这一个部分单元格命名为"first"，然后打开"定位"对话框（快捷键 Ctrl + G），可以看到"定位"列表就出现了你命名的单元格。选择刚才设置的名称，单击"确定"按钮，可以直接选中命名的单元格。如果要结合定位条件，只需要在选择了区域名称后，单击"定位条件"按钮，设置定位条件就可以了。

四、复制、移动和删除

复制单元格的方法：选中要复制内容的单元格，单击工具栏上的"复制"按钮，然后选中要复制到的目标的单元格，单击工具栏上的"粘贴"按钮就可以了。

现在的 Office 2000 为我们提供了一个多次剪贴板，可以进行12 次剪贴操作：在工具栏上单击右键，从打开的菜单中选择"剪贴板"，剪贴板工具栏显示在了界面中。

要把复制的内容——复制到剪贴板中来，可进行复制操作，每复制一个就可以看到剪贴板中的标识就多了一个；再单击剪贴板工具栏上相应的条目，把该条目粘贴到相应的位置了。

有时我们会对表格或部分单元格的位置进行调整，此时用移动单元格是很方便的。选中要移动的单元格，把鼠标移动到选区的边上，鼠标变成左上的箭头，按下左键拖动，会看到一个虚框，这就表示移动的单元格到达的位置，在合适的位置松开左键，单元格就移动过来了。

如果单元格要移动的距离比较长，超过了一屏，拖动就很不方便了，这时可以使用剪切的功能：选中要移动的部分，单击工具栏上的"剪切"按钮，剪切的部分就被虚线包围了，选中要移动到的单元格，单击工具栏上的"粘贴"按钮，单元格的内容就移动过来了。

五、撤销和恢复

如果你对上次的操作情况不满意，可以单击工具栏上的"撤销"按钮，把操作撤销。

如果你不想撤销了，还可以马上恢复：单击工具栏上的"恢复"按钮。

要注意一点，"恢复"一定要紧跟在"撤销"操作的后面，否则"恢复"就失效了。再就是你可以使用多次撤销。单击工具栏上"撤销"按钮的下拉箭头，这里列出了可以撤销的全部操作，不过撤销和恢复操作是有次数限制的。

探究与实践

想一想
　　复制、粘贴的快捷键是什么？

想一想
　　撤销的快捷键是什么？

六、查找和替换

有这样一个表，我们要把其中的"可乐"替换成"可口可乐"，这时就用到查找和替换功能了。打开"编辑"菜单，单击"替换"命令，打开"替换"对话框，在上面的"查找内容"文本框中输入"可乐"，在下面的"替换值"输入框中输入"可口可乐"，然后单击"查找下一个"按钮，Excel 就会自动找到第一个，如果需要替换，就单击"替换"按钮。如果直接单击"全部替换"按钮，就可以把这里符合条件的全部字符替换掉了（图4-8）。

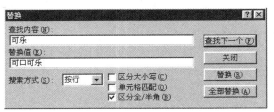

图 4-8　替换操作

现在你想看看"雪碧"都在哪些地方有，就打开"编辑"菜单，单击"查找"项，打开"查找"对话框，在"查找内容"框中输入"雪碧"，在下

图 4-9　查找操作

面"搜索范围"的下拉列表框中选择"值"一项，单击"查找下一个"按钮，就可以一个一个地找到使用"雪碧"的位置了（图4-9）。

小组探究
替换窗口中的"更多"按钮有什么作用？

七、在单元格中输入数据

我们在建立表格之前，应该先把表格的大概模样考虑清楚，比如表头有什么内容、标题行是什么内容等，在用 Excel 具体建立一个表格的时候先建立一个表头，再确定表的行标题和列标题的位置，最后填入数据。

首先把表头输入进去：单击选中 A1 单元格，输入文字，再从第三行开始输入表的行和列的标题，然后把不用计算的数据填进去。

输入的时候要注意合理地利用自动填充功能。先输入一个，然后把鼠标放到单元格右下角的方块上，看鼠标变成一个黑色

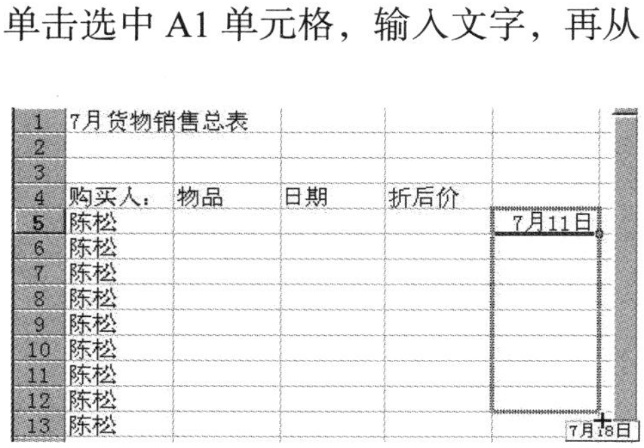

图 4-10　日期的填充

的十字时就按下左键向下拖动，到一定的数目就可以了。填充还有许多其他用法，例如输入"7-11"，回车，它就自动变成了一个日期，向下填充，日期会按照顺序变化（图4-10）。

探究与实践

按F2键可以直接在当前单元格中输入数据，其效果与双击单元格类似。

如果你不希望双击单元格可以输入数据，可以把这个设置去掉：打开"工具"菜单，选择"选项"命令，打开"选项"对话框，单击"编辑"选项卡，清除"单元格内部直接编辑"前的复选框，单击"确

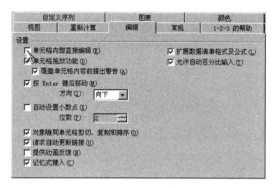

图4-11　"编辑"选项设置

定"按钮，这样就不能通过在单元格中双击来编辑单元格内容了，按F2也只能在编辑栏中进行编辑（图4-11）。

有时使用Excel进行一些资料的整理，需要在一个单元格中输入几段内容，按回车键的作用并不是在单元格中进行分段，按住Alt键按回车键才能在一个单元格中使用几个段落。

八、其他填充方式

用鼠标拖动进行填充时，可以向下进行填充，也可以向上、向左、向右进行填充，只要在填充时分别向上、左、右拖动鼠标就可以了。

除了使用鼠标拖动进行填充外，还可以使用菜单项进行填充，选中要填充的单元格，打开"编辑"菜单，单击"填充"项，从打开的子菜单中选择填充的方向，就可以了。

有时我们需要输入一些等比或等差数列，这时使用填充功能就很方便了。在上面输入"1"，下一个单元格输入"2"，然后从上到下选中这两个单元格，向下拖动第二个单元格右下角出现的黑色方块进行填充，可以看到所填充的就是一个等差数列了。

等比数列填充：首先在单元格中填入数列开始的数值，然后选中要填充数列的

比一比

看谁在最短的时间内完成"1、3、5……99"奇数列的数据输入。

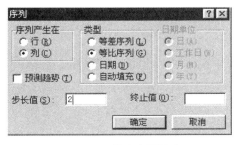

图4-12　等比序列填充

单元格，打开"编辑"菜单，单击"填充"项，选择"序列"命令，选择"等比序列"，步长值设置为"2"，单击"确定"按钮，就可以在选定的单元格中填入了等比数列，如图 4-12 所示。

使用菜单项打开的对话框来设置序列时，可以设置序列产生的方向是横向或竖向，也可以填充日期。如果要填充的日期的变化不是以日为单位，就要用到这里的日期填充；有时不知道要填充的内容到底有多少个单元格，比如一个等比数列，只知道要填充的开始值和终值，此时就可以先选择尽量多的单元格，在"序列"对话框中设置步长和终值，如图 4-13 所示。

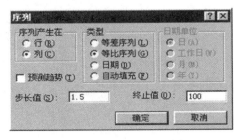

图 4-13　"终止值"选择

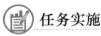　任务实施

一、建立"枣信科技职业学院教师档案"文件

（一）启动、退出 Excel 2010，新建文件，保存文件

步骤 1：启动 Excel 2010，按如图 4-14 所示操作流程完成 Excel 2010 的启动。

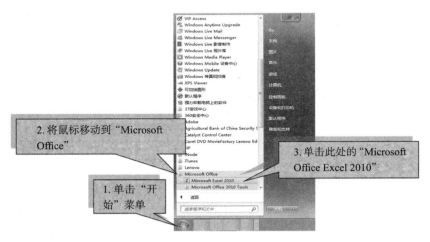

图 4-14　启动 Excel 2010 流程

新建工作簿 book1（或工作簿 1），打开 Excel 2010 窗口，如图 4-15 所示，并参照图中标示熟悉各部分组成。

步骤 2：保存为自己姓名的文件夹中，点击"文件"下的"另存为"，如图 4-16 所示。

活动单元格 快速访问工具栏 功能区 编辑栏 标题栏

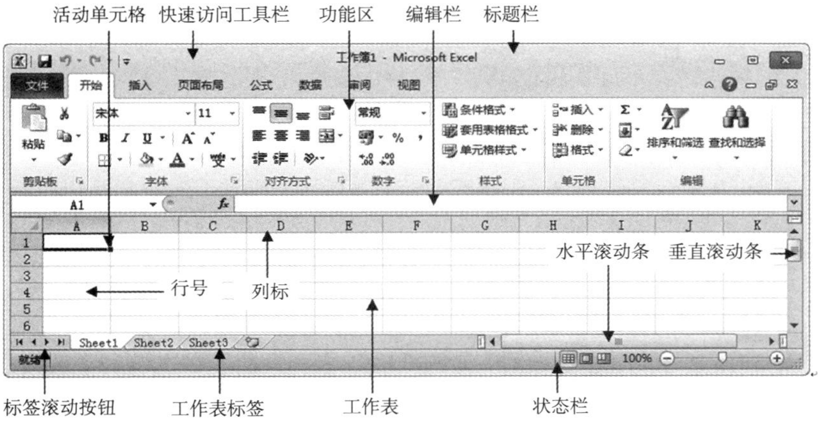

图 4-15 Excel 2010 窗口组成

水平滚动条 垂直滚动条

行号 列标

标签滚动按钮 工作表标签 工作表 状态栏

图 4-16 "另存为"操作界面

打开"另存为"对话框，如图 4-17 所示，选择"E:\计算机应用基础\Excel 项目文件夹"，并在文件名栏内输入文件名，将文件名命名为"枣信科技职业学院教师档案"，点击"保存"。

步骤 3：退出，单击 Excel 窗口标题栏右上角的"关闭"按钮，退出 Excel 2010。Excel 2010 的退出方法如图 4-18 所示。

图 4-17 "另存为"对话框

注：在退出 Excel 之前，当前正在编辑的 Excel 文件如果还没

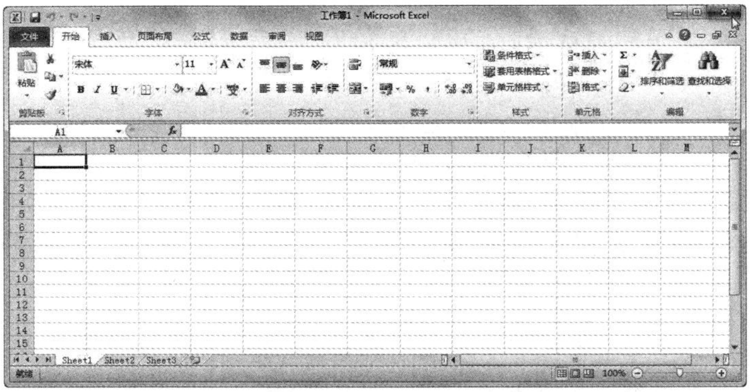

图 4-18 "关闭"按钮退出 Excel

有存盘，则退出时 Excel 会提示是否保存对 Excel 文件的更改。

（二）设置工作表

1. 重命名工作表

方法 1：双击需要更名的工作表标签 Sheet1，Sheet1 变黑显示，进入编辑状态，输入"教师基本档案"，如图 4-19 所示。

图 4-19 重命名工作表

方法 2：右击要重命名的工作表的标签 Sheet1，打开右键快捷菜单，从快捷菜单中选择"重命名"，按照如图 4-19 所示完成重命名工作表。

方法 3：如图 4-20 所示，单击需要重命名的工作表 Sheet3，在功能区"开始"选项卡的"单元格"组中单击"格式"按钮右

图 4-20 从"格式"按钮中重命名工作表

边的三角，从下拉菜单中选择"重命名工作表"，输入新的工作表的名称，按回车键确认。

2. 插入、删除工作表

系统默认的新建工作薄，包含的工作表数为 3 个，如果不够可以添加新的工作表。可按照如图 4-21 所示完成插入新工作表。

探究与实践

小窍门
　　按"Ctrl"键拖动工作表标签，可以快速完成对工作表的复制。

图 4-21　插入工作表

删除工作表：选中要删除的工作表，右击鼠标，选择"删除"命令，如图 4-22 所示，即可删除工作表。

小贴士
　　一个工作薄内最多可包含 255 个工作表，一个工作表内有65536 行和 256 列。

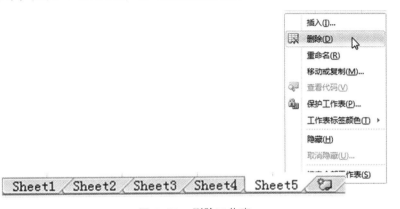

图 4-22　删除工作表

3. 为工作表标签设置颜色

选择要修改的工作表"教师基本档案"，右击鼠标，选择"工作表标签颜色"，从调色板中选择需要的颜色，如浅绿色，如图 4-23

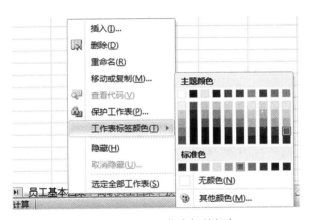

图 4-23　设置工作表标签颜色

177

所示。

4.改变工作表顺序位置

鼠标左键按住需要移动的工作表标签，标签左上方出现一个黑色三角形，如图 4-24 所示，左右移动鼠标，选好目标位置后，松口鼠标，工作表移动完成。

图 4-24　移动工作表位置

二、制作"枣信科技职业学院教师基本档案"信息表

（一）制作"教师基本档案"标题

步骤 1：在"教师基本档案"工作表中，单击 A1 单元格，输入标题"枣信科技职业学院教师档案信息表"，输入完回车确认，如图 4-25 所示。

图 4-25　输入标题信息

步骤 2：选择 A1 到 R1 单元格，如图 4-26 所示。

图 4-26　选取需要合并的单元格

步骤 3：选择"合并后居中"，如图 4-27 所示。

图 4-27　选择"合并单元格"按钮

合并居中后，效果显示如图 4-28 所示。

图 4-28 合并单元格的效果

（二）设计制作"教师基本档案"的表头

小窍门

可以使用"套用表格格式"按钮，使工作表更美观。

选择单元格 A2，输入"编号"，B2 输入"姓名"，C2 输入"部门"，D2 至 R2 依次输入编号"性别""学历""专业""出生年月""婚否""毕业院校""联系电话""职称""职务""外语水平""计算机水平""工资"，如图 4-29 所示。

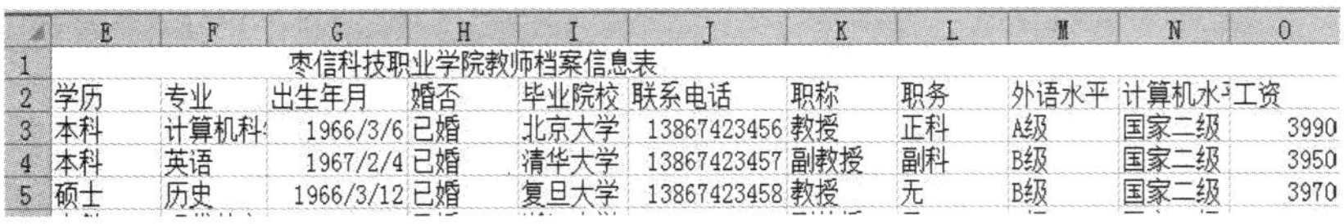

图 4-29 设置表头信息

（三）录入教师档案信息

1. 设置不同类型数据格式

步骤 1：设置"姓名"的文本格式，再输入姓名"李俊"，在"开始"选项卡中选择"数字"组的"常规"选项，如图 4-30 所示。

图 4-30 从"常规"选项卡进入"设置单元格格式"对话框

点击"其他数字格式"，弹出如图 4-31 所示"设置单元格格式"对话框，选择"文本"，点击"确定"。

在"部门""性别""学历""专业""婚否""毕业院校""联系电话""职称""职务""外语水平""计算机水平"对应单元格录入编号"1"的基本信息，如图 4-32 所示，对它们设置为文本格式。

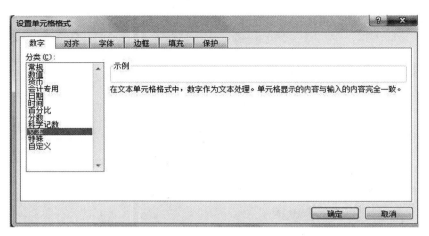

图 4-31 "设置单元格格式"对话框

图 4-32 录入第一条"文本"格式数据

步骤 2：设置"出生日期"为日期型格式。选择 G3 单元格，在"开始"选项卡的"数字"组选择"常规"，选择"日期"。在列表中有"长日期""短日期"两个选项，根据需要设置不同的日期格式，选择"短日期"，然后在单元格内录入"1969 年 5 月12"，系统默认为"1969/5/12"，如图 4-33 所示。

图 4-33 设置日期格式

步骤 3：设置"联系电话"为文本格式。选中 J3 单元格，单击"开始"选项卡中"常规"按钮右边的箭头，在列表中选择"文本"，电话号码就显示出来了。

注意：输入身份证、银行卡号等较长的数据，就会出现 1.11289E + 10 等数据形式，为了变回原来的号码，需要处理为文本型数据。

2. 使用填充柄

教师编号从"1"开始依次递增，按从上到下的顺序编排，实际上"编号"是一个等差数列，公差为 1。设置"编号"序列的自动填充：

试一试

在 A1 单元格中如何正确输入自己的身份证号。

步骤1：在A3单元格输入"1"，回车。

步骤2：选中A3单元格，在单元格边框右下角有个黑十字，叫"填充柄"，鼠标放在这里会变成十字，如图4-34所示。

图4-34 填充柄

步骤3：按住鼠标右键，向下拖动，到最后一名教师松手，选择"以序列形式自动填充"，编号序列会按递增的方式自动填充完成。

3.添加教师相片信息

步骤1：选中B3单元格，单击"审阅"选项卡中"批注"组的"新建批注"按钮，如图4-35所示。

	A	B	C	D	E	F	
1							
2	编号	姓名			学历	专业	出生
3	1	吴花			本科	计算机科	
4	2	鲁海			本科	英语	
5	3	陈骅			硕士	历史	1
6	4	沈海录			本科	现代教育	1
7	5	盛新苹	办公室	女	硕士	临床医学	
8	6	王贝	办公室		硕士	计算机和	

图4-35 新建批注

步骤2：右击批注编辑框的边框，在弹出的快捷菜单中选"设置批注格式"。

打开"设置批注格式"对话框，点击"大小"，设置高度为3.6厘米、宽度为2.5厘米。如图4-36所示。

图4-36 设置批注格式对话框

步骤3：点击"颜色与线条"选项卡，单击"颜色"框右边的箭头，在菜单中选择"填充效果"，单击"选择图片"按钮，并选择图片，如图4-37所示，点击"确定"。

按照同样的方法为所有的教师添加信息。

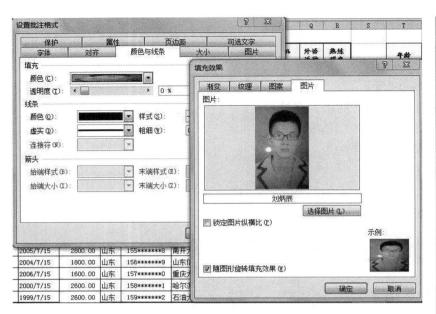

图 4-37　添加照片

探究与实践

比一比
　　加过批注后的单元格非选中状态时外观上有什么变化。

拓展训练与测评

一、拓展提高

1.窗口拆分

如果工作表中的表头字段很多，表头很长，超出一个屏幕的显示区域，在录入数据或查询时，看不到全部的字段；工作表如果记录内容很多，几十或几百条，也超出一个屏幕的显示区域，在录入数据或查询时，看下面的记录就看不到表头。以上这些都给录入数据和查询带来不方便。

解决上述问题的方法就是利用 Excel 的窗口拆分的功能。

方法 1：选择需要拆分窗口的单元格，单击"视图"选项卡"窗口"组中的"拆分"按钮。窗口即被拆分为 2 或 4 个窗口，如图 4-38 所示。

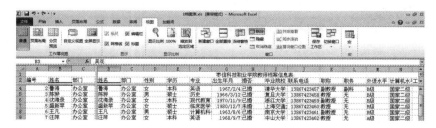

图 4-38　拆分为 4 个窗口的工作表

方法 2：在方法 1 的操作基础上，鼠标指向垂直滚动条上的拆分框，或指向水平滚动条的拆分框，当指针变成双箭头时，将拆分条拖动到工作表上要拆分窗口的位置，即可得到拆分的窗口。

拆分窗口的撤销：双击拆分条即可删除。

2. 隐藏列、行

若工作表的字段很多，无法比对两列不相邻的字段，这时把中间的列隐藏起来，对比或查询就很方便。Excel 提供了隐藏行、列的功能可以解决这个问题。

（1）隐藏列。

步骤 1：选中要隐藏的 C ~ L 列，如图 4-39 所示。

步骤 2：单击"开始"选项卡中"单元格"组的"格式"按钮右边的箭头，在下拉菜单中选择"隐藏和取消隐藏"→"隐藏列"命令，选中的 C ~ L 列就被隐藏。这样很快就可以查到所需的信息，而且不会出错，省时省力，方便、高效。

取消隐藏：选中要显示的列两边的相邻列，单击"开始"选项卡中"单元格"组的"格式"按钮右边的箭头，在菜单中选择"隐藏和取消隐藏"→"取消隐藏列"命令，被隐藏列就被显示出来。

＊ 探究与实践

试一试
　　将教师档案信息表中的"学历"列隐藏起来。

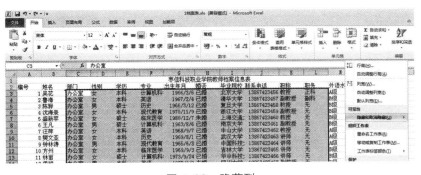

图 4-39　隐藏列

（2）隐藏行与取消隐藏行的方法同隐藏列与取消隐藏列的方法类似。

二、能力测评

经济与信息技术系的学生为自己班级建立学生档案，包括"基本档案""选修课名单""课外小组""住宿生"4 页工作表。请设计制作"基本档案"信息表，在"基本档案"工作表中录入标题，合理设计"基本档案"的表头字段名，并录入相应的信息和数据，设置合理的数据格式，为每位学生添加相片信息。

1. 学生"基本档案"的组成部分
学生"基本档案"由标题、数据表两部分组成。

比一比
　　看看谁完成的又快又好！

探究与实践

2. 学生“基本档案”的数据表结构

（1）行：

第一行：标题行。

第二行：表头，包括所有字段名。

第三至 *n* 行：记录。

（2）列：每一列为字段，列头是字段名，每条记录中的数据为字段值。

3. 数据类型

在数据表中录入字符型数据，如姓名、性别、民族等；日期型数据，如出生日期、入学日期；数值数据，如总分、助学金等，身份证号、电话号码等数值设置成字符型数据。

4. 档案表中相片

通过添加批注信息添加学生相片。

5. 训练任务成果

按照上述要求完成本训练任务，其效果如图 4-40 所示。

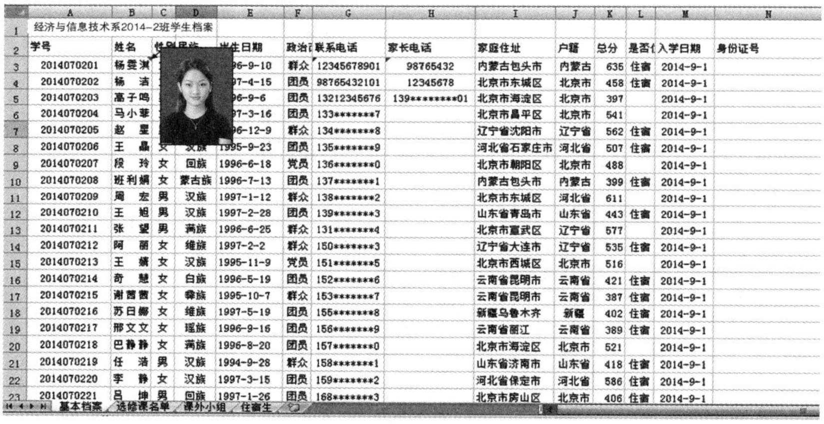

	A	B	C	D	E	F	G	H	I	J	K	L	M	N
1	经济与信息技术系2014-2班学生档案													
2	学号	姓名	性别	民族	出生日期	政治面	联系电话	家长电话	家庭住址	户籍	总分	是否住	入学日期	身份证号
3	2014070201	杨雯淇			96-9-10	群众	12345678901	98765432	内蒙古包头市	内蒙古	635	住宿	2014-9-1	
4	2014070202	杨　洁			97-4-15	团员	98765432101	12345678	北京市东城区	北京市	458	住宿	2014-9-1	
5	2014070203	高子鸣			96-9-6	团员	13212345676	139********01	北京市海淀区	北京市	397		2014-9-1	
6	2014070204	马小菲			97-3-16	团员	133*******7		北京市昌平区	北京市	541		2014-9-1	
7	2014070205	赵　星			96-12-9	群众	134*******8		辽宁省沈阳市	辽宁省	562	住宿	2014-9-1	
8	2014070206	王　晶	女	汉族	1995-9-23	团员	135*******9		河北省石家庄市	河北省	507	住宿	2014-9-1	
9	2014070207	段　玲	女	回族	1996-6-18	党员	136*******0		北京市朝阳区	北京市	488		2014-9-1	
10	2014070208	班利娟	女	蒙古族	1996-7-13	团员	137*******1		内蒙古包头市	内蒙古	399	住宿	2014-9-1	
11	2014070209	周　宏	男	汉族	1997-1-12	群众	138*******2		北京市东城区	河北省	611		2014-9-1	
12	2014070210	王　旭	男	汉族	1997-2-28	团员	139*******3		山东省青岛市	山东省	443	住宿	2014-9-1	
13	2014070211	张　望	男	满族	1996-6-25	群众	131*******4		北京市宣武区	辽宁省	577		2014-9-1	
14	2014070212	阿　丽	女	维族	1997-2-2	群众	150*******3		辽宁省大连市	辽宁省	535	住宿	2014-9-1	
15	2014070213	王　婧	女	汉族	1995-11-9	党员	151*******5		北京市西城区	北京市	516		2014-9-1	
16	2014070214	奇　慧	女	白族	1996-5-19	团员	152*******6		云南省昆明市	云南省	421	住宿	2014-9-1	
17	2014070215	谢茜茜	女	彝族	1995-10-7	群众	153*******7		云南省昆明市	云南省	387	住宿	2014-9-1	
18	2014070216	苏日娜	女	维族	1997-5-19	团员	155*******8		新疆乌鲁木齐	新疆	402	住宿	2014-9-1	
19	2014070217	邢文文	女	瑶族	1996-9-16	团员	156*******9		云南省丽江	云南省	389	住宿	2014-9-1	
20	2014070218	巴静静	女	满族	1996-8-20	团员	157*******0		北京市海淀区	北京市	521		2014-9-1	
21	2014070219	任　浩	男	汉族	1994-9-28	群众	158*******1		山东省济南市	山东省	418	住宿	2014-9-1	
22	2014070220	李　静	女	汉族	1997-3-15	团员	159*******2		河北省保定市	河北省	586	住宿	2014-9-1	
23	2014070221	吕　坤	男	回族	1997-1-26	团员	168*******3		北京市房山区	北京市	406	住宿	2014-9-1	

图 4-40　经济与信息技术系 2014-2 班学生基本档案

三、训练成果测评表

职业能力	评价内容				
	学习目标	评价内容	优	良	差
专业能力	1. 能进行 Excel 文件管理	文件保存、命名			
		文件另存、重命名			
		关闭文件			
	2. 能进行工作表操作	工作表标签更名			
		设置工作表标签颜色			

（续表）

职业能力	评价内容		优	良	差
	学习目标	评价内容			
专业能力	2.能进行工作表操作	插入新工作表			
		工作表移动位置			
	3.会设计档案表表头字段名	设计档案表表头各字段名			
	4.能准确快速录入数据	录入字符型数据、数值型数据			
		录入日期型数据			
		设置各类数据的数据格式：数字格式、日期格式、文本格式			
		错字数			
		录入时间			
	5.能进行行、列、单元格操作	能插入行、列、单元格			
		能删除行、列、单元格			
		能选定单元格、行、列、连续单元格区域、不连续单元格区域、整个工作表			
	6.能使用填充柄填充序列、复制文字	能使用填充柄填充数字序列			
		能使用填充柄复制日期、填充日期序列			
		能使用填充柄复制文字			
	7.能使用批注添加相片	能插入批注			
		能设置批注格式：添加批注背景——相片			
方法能力	8.收集、分析、组织、交流信息的能力				
	9.自我学习、自我提高、学习掌握新技术的能力				
	10.独立思考、分析问题、解决问题的能力				
	11.运用科学技术的能力				
	12.创新能力				
社会能力	13.沟通交流、语言表达的能力				
	14.与伙伴交往合作的能力				
	15.工作态度、工作习惯				
	16.计算机文化素养				
综合评价					

任务二　教师档案信息表的美化

任务情境

任务一为枣信科技职业学院建立了"教师基本档案"信息表，但只完成了数据的录入，还不符合报表的规范，需要对其进行规范设置及打印页面设置，即对任务一设计制作的"教师基本档案"进行美化操作。本任务为打开"枣信科技职业学院教师档案.xlsx"文件，操作"教师基本档案"工作表，使其标题居中，教师基本档案的表头、字段名、字体、字号设计，设置页面为学校名称，页脚内添加页码等。

任务样文如图 4-41 所示。

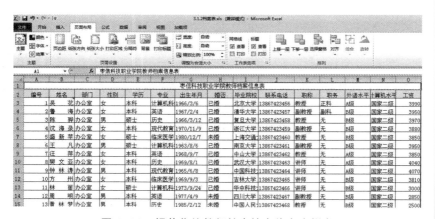

图 4-41　规范化的教师基本档案信息表样文

任务分析

一、文件操作

打开"枣信科技职业学院教师档案.xlsx"文件，选取"教师基本档案"工作表，并完成相关任务，包括档案表的美化及文件保存等。

二、设置工作表格式

（一）设置"教师基本档案"工作表的标题格式

要求：标题在数据表表宽的正中间，字号大一些，字体采用标题使用的字体，达到美观、醒目的效果。

比一比

看看谁的工作表设计得最科学、美观。

（二）设置数据表格式

数据表包括表头和字段值，表头行行高适当大一些，字段名的位置为水平垂直居中，字体字号比字段值醒目一些。表头中的字段名应完全显示，不能隐藏，如遇到列宽很窄、字段名字数多，字段名应字段换行，以显示完整。

（三）设置页面格式

根据数据表大小及数据信息设置合适的纸张类型、方向，以使数据字段能完整显示；从节约的角度考虑，参考打印机允许的最小页边距范围，数据表的页边距要适当（或尽量小），以尽量扩大数据表打印区域。

（四）设置页眉页脚

如果数据表中没有录入标题，在页眉中必须设置标题（如果数据表中有标题，页眉的内容与标题不能重复，可以设置页眉为单位名称＋部门名称形式）。如果数据表超过一页纸，必须设置页码，页码的位置根据常规要求和标准设置，便于标识和快速查询。

如果数据表超过一页，必须设置打印标题行或打印标题列，便于查阅数据。

 相关知识

一、打印预览

我们在打印工作表之前一般都会预览一下，这样可以防止打印出来的工作表不符合要求。单击工具栏上的"打印预览"按钮，就可以切换到"打印预览"窗口了，它的作用就是看一下打印出来的效果。现在看到的是整个页面的效果，单击"缩放"按钮，可以把显示的图形放大，看得清楚一些，再单击，又可以返回整个页面的视图形式。单击"打印"按钮可以将工作表打印出来，而单击"关闭"按钮则可以回到编辑状态。现在这个考核表在这一页中并不能完全打印出来，因此要用到页面设置功能。

二、页面设置

选择"文件"菜单，单击"页面设置"，可以打开"页面设置"对话框。要想解决刚才的问题有两种办法：一是可以选择一种宽度较大的纸，再就是把纸张横过来使用。

第一种方法，单击"纸张大小"下拉列表框，从弹出的列表中选择一种比较宽的纸型，单击"确定"按钮，这样就可以了（图4-42）。

小贴士
　　在打印前一定要进行"打印预览"，防止浪费纸张油墨。

探究与实践

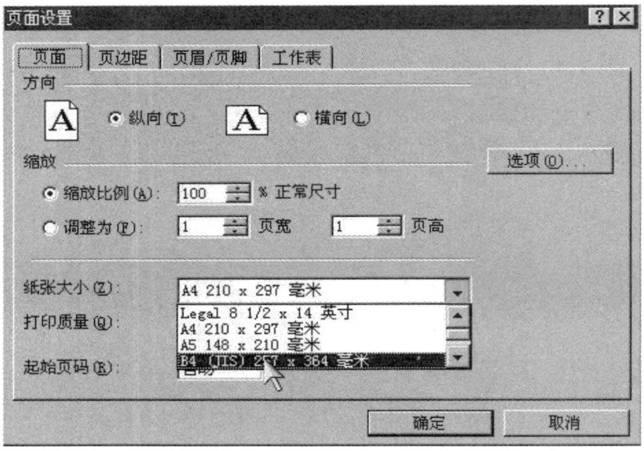

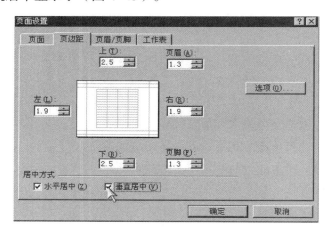

图 4–42　页面设置方法 1

可是平常用的纸一般都是 A4，很少有更宽的纸可以用，在这种情况下我们可以把纸张横过来打印：打开“页面设置”对话框，在“方向”栏中选择“横向”，将纸张设置合适大小（A4），然后单击“确定”按钮，整个工作表就都可以打印出来了。这个表可能不在纸张的中间，有些难看，需要设置页边距：打开“页面设置”对话框，单击“页边距”选项卡，选中“居中方式”一栏中“水平居中”和“垂直居中”前面的复选框，单击“确定”按钮，表格就居中显示了（图 4–43）。

图 4–43　页面设置方法 2

表格可能有一个问题，就是工作表经常与文字资料在一起，不希望用这种横向的表，可又没有纸可以换。在这种情况下，一是在分页预览视图中拖动分页符使一页符合我们的要求；再就是直接设置打印的比例。

试一试

设置打印选项，使得工作表按 75% 的比例打印。

设置打印比例很简单。打开“页面设置”对话框，先将纸张的

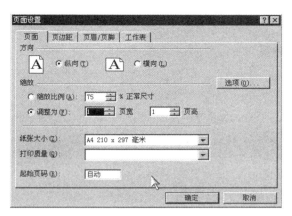

图 4-44 设置打印比例

方向设置回去（纵向），然后在"缩放"一栏的"缩放比例"输入框中输入80，单击"确定"按钮，从预览中可以看出来，已经可以全部打印出来了。我们可以让表格根据页边距自动调整：先单击"页边距"按钮，在这个视图中显示出页边距；打开"页面设置"对话框，将"缩放"一栏选择为"调整为1页宽、1页高"，然后单击"确定"按钮，图中的这个表就变成了紧贴页边距来放置了（图4-44）。

我们也可以通过调整页边距来调整表的位置：在预览视图中拖动这些标记调整页边距。还可以通过改变"页面设置"对话框中页边距的数值来实现。

给工作表设置页眉和页脚：打开"页面设置"对话框，单击"页眉/页脚"选项卡，单击"页眉"下拉列表框中的下拉箭头，选择页眉的形式，就给工作表设置好了一个页眉，从预览框中可以看到页眉的效果（图4-45）。

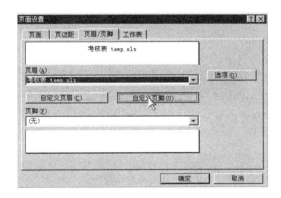

图 4-45 设置页眉和页脚

页脚也可以仿页眉的设置来选择，但我们这里还是自定义一个。单击"自定义页脚"按钮，打开"页脚"对话框，可以看到页脚的设置分为左、中、右三个部分。现在光标停留在左边的输入框中，输入"万事无忧"，选中输入的文字，单击"字体"按钮，打开"字体"对话框，把字体设置为隶书，单击"确定"按钮，回到"页脚"对话框；单击"右"输入框，输入"第页，共页"，然后把光标放到"第"字的后面，单击"页码"按钮，在这个地方插入当前页码，把光标定位到"共"字的后面，单击"总页码"按钮，在这里插入一个总页码，单击"确定"按钮回到"页面设置"对话框；单击"确定"按钮，就可以看

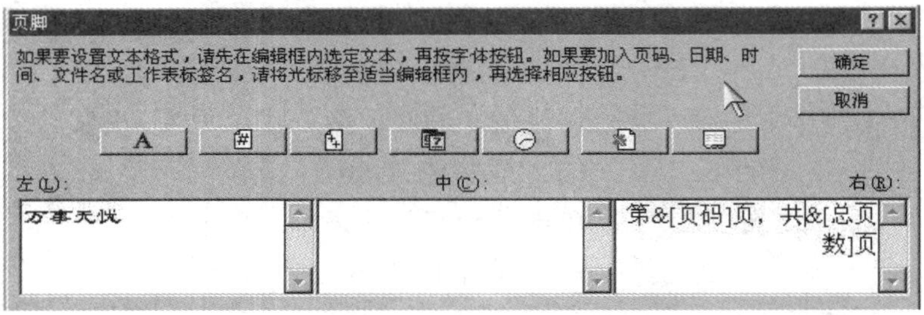

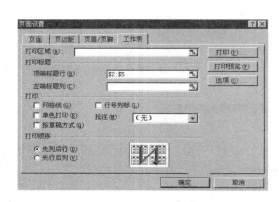

图 4-46　页眉页脚设置效果

到设置的页眉和页脚的效果了（图 4-46）。

单击"打印预览"按钮，可以看到只有第一页有表头，其他页都没有，这样打印出来的表看起来会很不方便。我们可以通过给工作表设置一个打印表头来解决这个问题。这个功能不能在预览视图中设置，单击"关闭"按钮回到正常的编辑视图，打开"文件"菜单，选择"页面设置"命令，打开"页面设置"对话框，单击"工作表"选项卡，单击"顶端标题行"中的拾取按钮，对话框变成了一个小的输入条，在工作表中选择数据上面的几行作为表头，单击输入框中的"返回"按钮，回到"页面设置"

图 4-47　设置表头

对话框，单击"确定"按钮。现在单击"打印预览"按钮，所有的页中就都标题了（图 4-47）。

三、设置打印区域

在计算数据时经常会用到一些辅助的单元格，我们把这些单元格作为一个转接点，又不好删除，此时可以设置一个打印区域，只打印有用的那一部分数据：选择要打印的部分，打开"文件"菜单，单击"打印区域"项（图 4-48），从子菜单中选择"设置打印区域"命令，在打印时就只能打印这些单元格了。

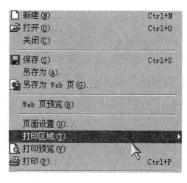

图 4-48　设置打印区域

小贴士

准确设置打印区域，否则默认的是打印当前工作表。

若单击"打印预览"按钮，可以看到打印出来的只有刚才选择的区域。

单击"关闭"按钮回到普通视图，选择"文件"菜单"打印区域"子菜单中的"取消打印区域"命令，就可以将设置的打印区域取消了。

四、打印选项

打开"文件"菜单，单击"打印"命令，就可以打开"打印"对话框了，在这里可以设置一次打印几份工作表：在对话框中"份数"栏的"打印份数"输入框中输入"3"，单击"确定"按钮，就可以一次打印三份工作表了。我们还可以设置其他一些选项：可以设置打印开始和结束的页码，即在"范围"一栏中选择"页"项，然后在后面填上开始和结束的页码就可以了；可以设置打印时是打印选定的工作表还是整个工作簿或者选定的区域（图4-49）。

探究与实践

试一试
　设置打印选项，只打印2、3、4页。

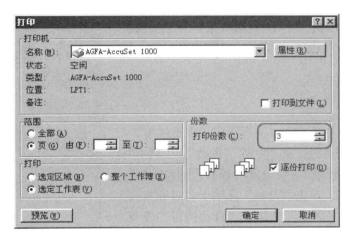

图4-49　打印选项设置

另外的一个用处：单击"取消"按钮回到编辑状态，选中全部的工作表，然后选中当前编辑的工作表的一部分，打开"打印"对话框，选择"打印"为"选定区域"，然后单击"预览"按钮，可以看到打印的是所有工作表中当前选择的部分。

任务实施

一、打开"枣信科技职业学院教师档案 .xlsx"

（1）启动 Excel 2010。

（2）选择"文件"选项卡中的"打开"命令，弹出"打开"对话框，选中待打开的 Excel 文件"枣信科技职业学院教师档案 .xlsx"，接着单击"打开"按钮即可打开 Excel 文件。

二、设置标题格式

（一）设置标题位置

选中标题所在行的数据列宽范围（A1∶N1），单击"开始"选项卡的"合并后居中"按钮、"垂直居中"按钮，如图4-50所示。

图4-50　标题居中设置

（二）设置标题文字属性

标题的字体可以采用楷体加粗、隶书、行楷或黑体等笔画较粗、字形美观、合适的字体，可设置深颜色，标题字号可选用14～16号。

三、设置数据表内的文字格式

（一）设置表头

表头字段名的位置：设置对齐方式为垂直居中、水平居中，对于列宽较窄、不能完全显示的字段名，如"性别""民族""工资""计算机水平""外语语种""熟练程度"，要设置对齐方式的自动换行。

步骤1：选中表头A2∶R2，单击"开始"选项卡"对齐方式"组中"垂直居中"按钮、"水平居中"按钮、"自动换行"按钮，如图4-51所示。

步骤2：设置表头文字属性（字体、字号、字形、颜色）。表头字段名的字体可以采用楷体加粗或宋体加粗，字号可选用11～13号，可设置深颜色。设置方法与标题设置方法相同，如图4-52所示，选楷体11号加粗、深黑色。

图4-51　表头字段名的对齐方式

图4-52　表头字段名的字体格式设置

步骤3：设置表头行高为自动调整行高，以便完全显示自动换行的字段名。设置方法：选中第2行，单击"开始"选项卡"单元格"组中的"格式"按钮右侧的箭头，在菜单中选择"自动调整行高"命令。

（二）设置字段值/记录的位置（对齐方式）

所有的字符（文本）型数据水平居中，如"编号""性别""学历""民族""职称""专业""户籍"等；数值型数据设置为"右对齐"，如"工资"；日期型数据设置为"左对齐"等。这样看起来美观。

"姓名"字段设置为"分散对齐"。如图4-53所示，选中所有名字B3：B22，单击"开始"选项卡"对齐方式"组的对话框启动器，打开"设置单元格格式"对话框，在"水平对齐"列表中选择"分散对齐"，单击"确定"按钮，完成设置。

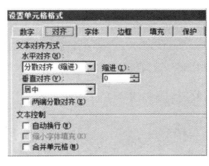

图4-53　设置"姓名"字段分散对齐

设置字段值/记录的文字属性（字体、字号），数据表中的字段值一般用宋体10～11号字。

（三）设置记录行合适的行高、列宽

1.行高设置

如图4-54所示，选中所有的记录行，第3行到第22行，单击"开始"选项卡"单元格"组的"格式"按钮右边的箭头，选中"行高"命令，在"行高"框中输入合适的数值：19。

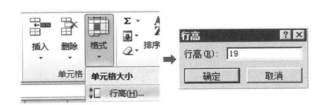

图4-54　设置记录行的行高

2.列宽设置

根据字段值的宽度合理调整列宽。选中要调整的列，单击"开始"选项卡"单元格"组的"格式"按钮右边的箭头，选中"列宽"命令，在"列宽"框中输入合适的数值。

注：行高与列宽的设置可以采用手动调整的方法。

四、设置数据表边框线格式

如图4-55所示，选中数据表区域A2：O102，单击"开始"选项卡"字体"组的"框线类型"按钮右边的箭头，选择"所有框

图 4-55　设置数据表的边框

线"命令 田，设置内边框；选择 ■，为外边框。

五、设置数据表底纹格式

选中需设置底纹的行、列或单元格 A2：O2，单击"开始"选项"字体"组的"填充颜色"按钮右边的箭头，在调色板中选择需要填充的颜色，如图 4-56 所示。

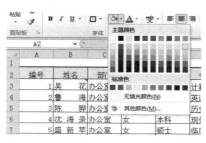

图 4-56　设置表头底纹颜色

六、设置页面格式

单击"页面布局"选项卡，在"页面设置"组中，单击"纸张大小"按钮的下箭头，在列表中选择"A4（21×29.7 厘米）"，如图 4-57 所示；单击"纸张方向"按钮的下箭头，在列表中选择"横向"；单击"页边距"按钮的下箭头，在列表中选择合适的页边距，包含页眉页脚距。

图 4-57　设置纸张大小

七、设置页眉和页脚

选择"视图"工具栏中的"页面布局"按钮，显示页面视图状态，如图 4-58 所示。

视图显示了页边距和页面区域，单击可添加页面，输入"枣信科技职业学院"。

在"页面布局"视图内，拖动滚动条到页面底部，如图 4-59 所示，

探究与实践

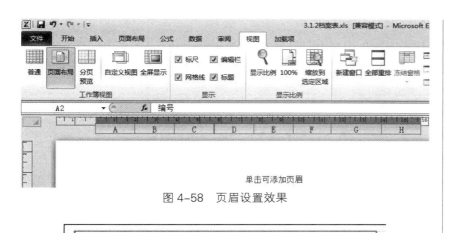

图 4–58　页眉设置效果

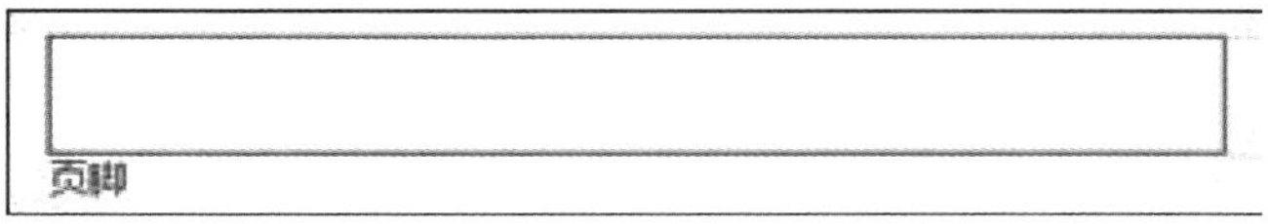

图 4–59　设置页脚

在页面底部显示下页边距和页脚区域“单击可添加页脚”，单击页脚区域，即可编辑页脚内容。

八、预览整体效果，调整页面布局

（一）设置分页符

如果数据表的记录超过一页纸，必须设置打印标题行或打印标题列，便于查阅数据。

先将数据表分页，16 行分为一页，单击第 17 行的单元格，选择“页面布局”选项卡“页面设置”按钮中“分隔符”按钮的下箭头，“插入分页符”命令，如图 4–60 所示。

图 4–60　插入分页符

在“文件”选项卡“打印”中显示如图 4–61 所示效果。

枣信科技职业学院

编号	姓名	部门	性别	学历	专业	出生年月	婚否	毕业院校	联系电话	职称	职务
1	吴　花	办公室	女	本科	计算机科	1966/3/6	已婚	北京大学	13867423456	教授	正科
2	鲁　海	办公室	女	本科	英语	1967/2/4	已婚	清华大学	13867423457	副教授	副科
3	陈　骅	办公室	男	硕士	历史	1966/3/12	已婚	复旦大学	13867423458	教授	无
4	沈 海 录	办公室	女	本科	现代教育	1970/11/9	已婚	浙江大学	13867423459	副教授	无
5	盛 新 苹	办公室	女	硕士	临床医学	1980/12/7	未婚	上海交通	13867423460	教授	无
6	王　凡	办公室	男	硕士	计算机科	1963/8/6	已婚	南京大学	13867423461	副教授	无
7	汪　萍	办公室	女	本科	英语	1968/9/7	已婚	中山大学	13867423462	教授	无

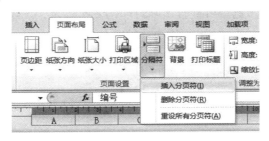

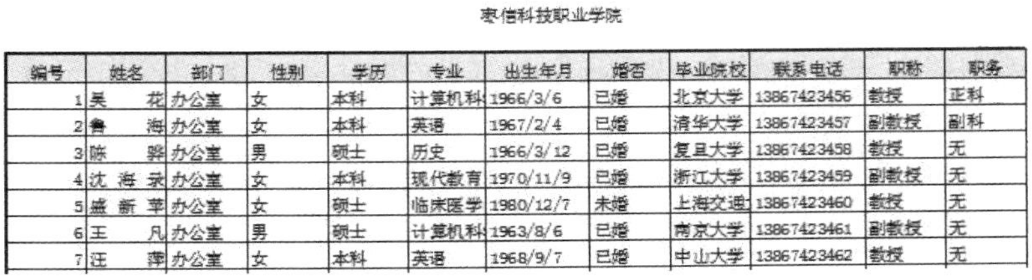

图 4–61　设置分页符后打印效果

（二）设置打印标题行

选择"页面设置"按钮组中的"打印标题"按钮，弹出对话框，填入数据，如图 4-62 所示。

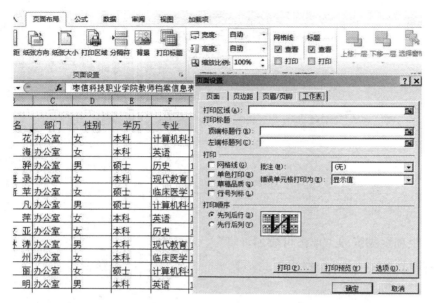

图 4-62　设置打印标题行

至此，"教师基本档案"工作表的基本格式设置全部完成，保存文件。

在"文件""打印预览"可检查实际打印的真实效果，发现问题及时修改调整。

拓展训练与测评

一、拓展提高

自动套用格式：

Excel 2010 预定义了多种表格格式，用户可以根据需要自动套用这些格式。

方法：选择需要设置表格格式的数据区域，单击"开始"选项卡中"样式"组的"套用表格格式"按钮，在众多的样式列表中选择合适的样式即可，如图 4-63 所示。

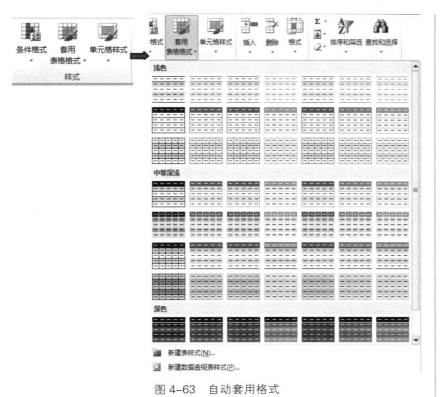

图 4-63　自动套用格式

探究与实践

说一说
　　系统中预存的表格"样式"是否美观？你最喜欢哪一个？

二、能力测评

　　任务一完成的工作簿"经济与信息技术系 2014-2 班档案 .xlsx"的建立，只完成了数据的录入，尚不符合报表的规范，需要对其进行规范设置及打印页面设置，即对任务一设计制作的"基本档案"工作表进行美化操作。现在需要打开"经济与信息技术系 2014-2 班档案 .xlsx"文件，操作"基本档案"工作表，使其标题居中，对表头字段名进行字体和字号设计，设置页面为学校名称、学期，页脚内添加页码等。

　　任务分析如下：

　　（1）"基本档案"工作表中标题格式设置。

　　要求：字体、字号及居中等设置，达到美观、醒目的效果。

　　（2）"基本档案"数据表的格式设置。

　　表头和字段值分别设置，表头信息设置规范、醒目，字段值整齐、规范，不同类型数据对齐方式不一样，应用分别设置。

　　数据表的表线，规范的表格线：外边框、内边框、分隔线都不一样，应分别设置。

　　在数据表中，为标记或查询方便，也为了清晰，可在需要的列或行适当设置相应颜色的底纹。

（3）设置页面格式。

设置纸张类型为 A4，页边距和方向根据内容适当设置，使数据完整显示。

（4）设置页眉页脚。

页眉为学校名称、学期，页脚设置页码。表头为打印标题行。

按照上述要求完成本训练任务，其效果如图 4–64 所示。

探究与实践

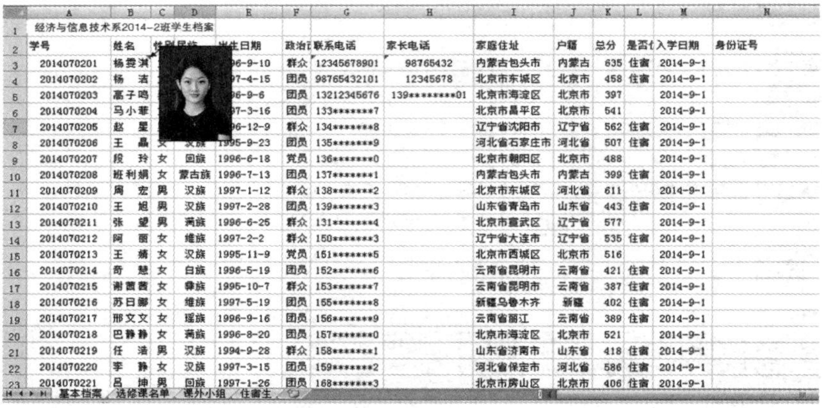

	A	B	C	D	E	F	G	H	I	J	K	L	M	N
1	经济与信息技术系2014-2班学生档案													
2	学号	姓名	性别	民族	出生日期	政治面	联系电话	家长电话	家庭住址	户籍	总分	是否住	入学日期	身份证号
3	2014070201	杨雯淇			96-9-10	群众	12345678901	98765432	内蒙古包头市	内蒙古	635	住宿	2014-9-1	
4	2014070202	杨　洁			97-4-15	团员	98765432101	12345678	北京市东城区	北京市	458	住宿	2014-9-1	
5	2014070203	高子鸣			96-9-6	团员	13212345676	139********01	北京市海淀区	北京市	397		2014-9-1	
6	2014070204	马小菲			97-3-16	团员	133*******7		北京市昌平区	北京市	541		2014-9-1	
7	2014070205	赵　星			96-12-9	群众	134*******8		辽宁省沈阳市	辽宁省	562	住宿	2014-9-1	
8	2014070206	王　晶	女	汉族	1995-9-23	团员	135*******9		河北省石家庄市	河北省	507	住宿	2014-9-1	
9	2014070207	段　玲	女	回族	1996-6-18	党员	136*******0		北京市朝阳区	北京市	488		2014-9-1	
10	2014070208	班利娟	女	蒙古族	1996-7-13	团员	137*******1		内蒙古包头市	内蒙古	399	住宿	2014-9-1	
11	2014070209	周　宏	男	汉族	1997-1-12	群众	138*******2		北京市东城区	河北省	611		2014-9-1	
12	2014070210	王　旭	男	汉族	1997-2-28	团员	139*******3		山东省青岛市	山东省	443	住宿	2014-9-1	
13	2014070211	张　望	男	满族	1996-6-25	群众	131*******4		北京市宣武区	辽宁省	577		2014-9-1	
14	2014070212	阿　丽	女	维族	1997-2-2	群众	150*******3		辽宁省大连市	辽宁省	535	住宿	2014-9-1	
15	2014070213	王　婧	女	汉族	1995-11-9	党员	151*******5		北京市西城区	北京市	516		2014-9-1	
16	2014070214	奇　慧	女	白族	1996-5-19	团员	152*******6		云南省昆明市	云南省	421	住宿	2014-9-1	
17	2014070215	谢茜茜	女	彝族	1995-10-7	群众	153*******7		云南省昆明市	云南省	387	住宿	2014-9-1	
18	2014070216	苏日娜	女	维族	1997-5-19	团员	155*******8		新疆乌鲁木齐	新疆	402	住宿	2014-9-1	
19	2014070217	邢文文	女	瑶族	1996-9-16	团员	156*******9		云南省丽江	云南省	389	住宿	2014-9-1	
20	2014070218	巴静静	女	满族	1996-8-20	团员	157*******0		北京市海淀区	北京市	521		2014-9-1	
21	2014070219	任　洁	男	汉族	1994-9-28	群众	158*******1		山东省济南市	山东省	418	住宿	2014-9-1	
22	2014070220	李　静	女	汉族	1997-3-15	团员	159*******2		河北省保定市	河北省	586	住宿	2014-9-1	
23	2014070221	吕　坤	男	回族	1997-1-26	团员	168*******3		北京市房山区	北京市	406	住宿	2014-9-1	

图 4–64　美化后的经济与信息技术系 2014–2 班学生基本档案

三、训练成果测评表

职业能力	评价内容		评价等级		
	学习目标	评价内容	优	良	差
专业能力	1. 能进行 Excel 文件管理	文件打开、保存文件、关闭文件			
	2. 能设置标题格式	标题位置 - 对齐方式：合并居中、垂直居中			
		标题文字属性：字体、字号、字形、颜色			
		表头行的行高			
	3. 能设置数据表内文字格式	表头对齐方式及字体			
		字段值对齐方式及字体			
		合适的行高和列宽			
	4. 能设置数据表边框线格式	外边框			
		内边框			
		分隔线			
	5. 能设置数据表底纹格式	表头、行、列适当的底纹格式			

（续表）

职业能力	评价内容		评价等级		
	学习目标	评价内容	优	良	差
专业能力	6. 能设置页面格式	设置纸型、页边距、页眉距、页脚距			
		添加页眉，设置页眉格式			
		添加页脚、插入页码、设置页码格式			
		设置打印标题行			
方法能力	7. 自我学习、自我提高、学习掌握新技术的能力				
	8. 独立思考、分析问题、解决问题的能力				
	9. 运用科学技术的能力				
	10. 创新能力				
社会能力	11. 沟通交流、语言表达的能力				
	12. 与伙伴交往合作的能力				
	13. 工作态度、工作习惯				
	14. 计算机文化素养				
综合评价					

任务三 教师档案信息表的加工整理

任务情境

为更好地管理教师档案，帮助枣信科技职业学院各级管理者查询教师信息、调配教师，充分发挥每个教师的专业特长，现根据实际需要对建立的枣信科技职业学院基本教师档案信息表进行查找、分析、统计、计算、显示统计、显示计算结果等操作。这就需要应用 Excel 2010 的数据排序、筛选、分类汇总等信息加工整理功能。

任务分析

打开美化后的"枣信科技职业学院教师档案 .xlsx"的"教师基本档案"工作表，按要求完成本任务：

（1）按要求对数据进行排序操作，并总结排序规律，如按工资降序排序来分析工资分布情况。

（2）按要求对数据进行筛选，并能使用筛选条件。如按照学历进行筛选，可以查看统计不同学历人员数量，分析教师学历分布。

（3）按要求对数据进行分类汇总，并能够记录汇总结果。

工作表中有字符型、数值型、日期型等不同类型的数据，每种类型数据的排序规律各不相同，每种类型数据筛选条件和写法也不一样，数据分类汇总的目的和方式也不完全一样，按照任务要求和不同的操作步骤完成本任务。

相关知识

一、排序

排序是指根据用户需要，让数据按照一定的条件和规律进行排列，如按多少、大小、先后等进行排列。可分为两种情况（"升序"或"降序"）按单一条件排序。操作步骤：选定需要排序的数据列中的任意单元格，直接点击"数据"菜单的"排序与筛选"模块中"升序"或"降序"按钮即可完成。

复杂条件排序分为"主要关键字""次要关键字"，其中可以有若干"次要关键字"。先按"主要关键字"排序，当"主要关键字"数据相同时再按"次要关键字"排序，当"次要关键字"数据仍相同时再按下一个"次要关键字"排序，依次类推。操作方法：执行"数据"→"排序与筛选"→"排序"按钮启动排序对话框，根据要求设置"列""排序依据""次序"。注意：排序条件的添加、删除与复制，排序方向与方法的更改，设置"有""无"标题行。

数据升序和降序判断的原则：

（1）数字优先。按 1～9 为升序，从最小的负数到最大的正数进行排序。

（2）日期。按折合天数的数值排序，即从最远日期到最近日期为升序。

（3）文本字符。先排符号文本，接着排英文字符，最后中文字符。

（4）逻辑值按其字符串拼写排序，先"FALSE"再"TRUE"为升序。

（5）公式按其计算结果排序。

（6）空格始终排在最后。

二、筛选

筛选是根据用户的要求，在工作表中筛选出符合条件的数据。

筛选分为两种情况：一是自动筛选，二是高级筛选。

自动筛选：利用表格数据字段名设置筛选条件，进行筛选显示记录，但只能针对一个字段进行筛选。执行"数据→筛选→自动筛

探究与实践

选"命令，工作表的列字段上出现筛选标记，用户可以在筛选标记下选择合适的条件。当没有合适的条件时，可以通过"自定义""自动筛选方式"对话框来自定义条件，但只能设置两个条件。自动筛选的取消，可以再次执行"数据→筛选→自动筛选"命令。

高级筛选：对数据列表中的多个字段进行复杂条件的筛选。操作步骤：首先，创建筛选条件区，条件区由表头和数据区构成。其次，进行高级筛选的设置。执行"数据"→"筛选"→"高级筛选"，打开高级对话框；在"方式"中选择筛选的结果显示的位置，在"列表区域"选定参与筛选的数据区域，在"条件区域"选定筛选条件区。如果在"方式"中选定的是"在原有区域显示筛选结果"，就直接点击"确定"；如选定"将筛选结果复制到其他位置"，则需在"复制到"设置框中设定结果显示的单元格区域，再单击"确定"。

三、分类汇总

分类汇总是将工作表中的某项数据分类并统计计算，如求和、求平均值、计数等。

分类汇总的前提条件：先排序后汇总，即必须先按分类字段进行排序，针对排序后数据记录进行分类汇总。

创建操作步骤：执行"数据"选项卡选择"分类汇总"启动"分类汇总"对话框，选定"分类字段"名，设置分类方式，设置"选定汇总项"，选择其他汇总选项，单击"确定"，出现汇总结果。

想一想

进行分类汇总前，需要先进行什么操作？

四、使用方法

分类汇总结果中，左上角出现三个分级显示按钮，单击"一级分级显示"按钮只显示总计结果，单击"二级分级显示"按钮显示二级分类汇总结果，单击"三级分级显示"按钮显示三级分类汇总结果。

任务实施

一、"教师基本档案"数据排序

（一）单字段排序：将"工资"降序排序

步骤1：打开"数据"选项卡，有"排序"按钮，排序分为升序和降序，如图4-65所示。

步骤2：单击O2单元格，单击"降序"按钮，得到工资从高到低的排序结果，如图4-66所示。

小贴士

数据排序也需要对所选区域是否包含标题进行设置。

图4-65　"排序"按钮

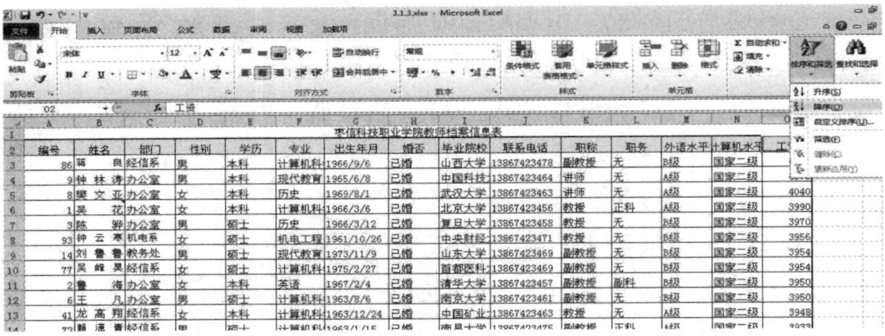

图 4-66 按"工资"排序

（二）双字段排序：先按"性别"升序排序，再按"工资"降序排序

步骤 1：单击"排序"按钮，打开排序对话框，设置第一个排序要求，"性别"升序，如图 4-67 所示。

图 4-67 设置"性别"升序

步骤 2：单击"添加条件"按钮，对话框显示"次要关键字"，设置"工资"降序，如图 4-68 所示。

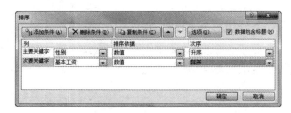

图 4-68 设置次关键字

设置好之后，点击"确定"。

二、"教师基本档案"数据筛选

（1）单字段筛选：筛选出学历是硕士的记录。

在"数据"菜单中选择"数字筛选"命令，进入数据自动筛选状态，单击学历 E2 单元格的下拉菜单，如图 4-69 所示，选择硕士。

（2）双字段数据筛选：学历是硕士、工资大于等于 3000 的数据记录。

图 4-69　设置自动筛选

步骤1：筛选点击"学历"下拉菜单，选择"硕士"。

步骤2：单击工资的下拉菜单，选择"数据筛选""大于或等于"，如图4-70所示。

步骤3：单击"确定"，弹出"自定义筛选方式"对话框，输入"3000"。

步骤4：单击"确定"按钮，数据记录显示如图4-71所示。

探究与实践

试一试
　再筛选出学历是硕士，工资大于3000、小于3500的教师员工。

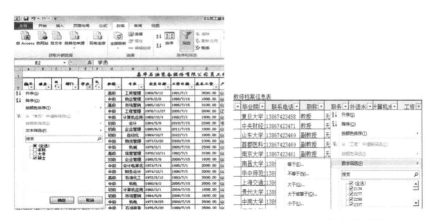

图 4-70　设置自动筛选　　　　图 4-71　双字段筛选结果

三、"教师基本档案"的数据分类汇总

按"性别"分类，统计男、女教师的人数。

步骤1：按"性别"升序排序。

步骤2：单击"数据"选项卡"分类汇总"对话框，分别在"分类字段"选择"性别"，"汇总方式"选择"计数"，"选定汇总项"选择"性别"，如图4-72所示。

步骤3：单击"确定"，即可完

图 4-72　"分类汇总"对话框

成分类汇总。

探究与实践

拓展训练与测评

一、拓展提高

高级筛选的操作方法：

高级筛选和自动筛选一样，也是用来筛选数据表的。高级筛选不显示字段的下拉列表，而是在数据表单独的条件区域中输入筛选条件，系统会根据条件区域中的条件进行筛选。

案例：筛选学历为硕士的男职工记录。

操作方法：在数据表的空白处输入筛选条件，如图4-73所示。

设置好筛选条件后，单击"数据"选项卡"排序和筛选"组的"高级筛选"按钮，打开"高级筛选"对话框，如图4-74所示，在对话框的"列表区域"选择整个数据表区域A2：R22，在"条件区域"选择刚刚输入设好的条件区域W3：X4，单击"确定"按钮，筛选结果如图4-75所示。

问一问
　　"A2：R22"中的"："是什么意思？

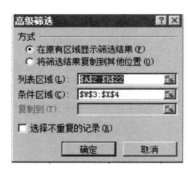

图4-73　筛选条件　　图4-74　"高级筛选"对话框

图4-75　高级筛选"男硕士"结果

二、能力测评

打开美化后的"经济与信息技术系2014-2班学生档案.xlsx"文件，操作"基本档案"工作表，按照要求对数据进行排序，并总结排序规律；按要求对数据进行筛选，并能应用不同的筛选条件，按要求对数据进行分类汇总，并分析、记录汇总结果。

（1）分别按照入学总分、性别、出生日期等字段进行排序操作，使用不同类型数据排序方法，总结排序规律，分析相关数据。

（2）对不同类型数据使用不同的筛选条件，对筛选统计学生各类情况，如分析学生成绩分布情况。

（3）按照某种规律对数据进行自动分类，并对同类型数据进行各种统计、计算，显示统计、计算的结果，并记录汇总结果。

学生按照上述要求完成本任务，其效果如图4-76所示。

经济与信息技术系2014-2班学生档案

学号	姓名	性别	民族	出生日期	政治面貌	联系电话	家长电话	家庭住址	户籍	总分	是否住宿	入学日期	身份证号
2014070201	杨雯淇	女	蒙古族	1996-9-10	群众	12345678901	98765432	内蒙古包头市	内蒙古	635	住宿	2014-9-1	
2014070202	杨洁	女	汉族	1997-4-15	团员	98765432101	12345678	北京市东城区	北京市	458	住宿	2014-9-1	
2014070203	高子鸣	男	汉族	1996-9-6	团员	13212345676	139*******01	北京市海淀区	北京市	397		2014-9-1	
2014070204	马小菲	女	回族	1997-3-16	团员	133*******7		北京市昌平区	北京市	541		2014-9-1	
2014070205	赵星	男	汉族	1996-12-9	群众	134*******8		辽宁省沈阳市	辽宁省	562	住宿	2014-9-1	
2014070206	王晶	女	汉族	1995-9-23	团员	135*******9		河北省石家庄市	河北省	507	住宿	2014-9-1	
2014070207	段玲	女	汉族	1996-6-18	党员	136*******4		北京市朝阳区	北京市	488		2014-9-1	
2014070208	班利娟	女	蒙古族	1996-7-13	团员	137*******1		内蒙古包头市	内蒙古	399	住宿	2014-9-1	
2014070209	周宏	男	汉族	1997-1-12	群众	138*******2		北京市东城区	河北省	611		2014-9-1	
2014070210	王旭	男	汉族	1997-2-28	团员	139*******3		山东省青岛市	辽宁省	443	住宿	2014-9-1	
2014070211	张望	男	满族	1996-6-25	群众	131*******4		北京市宣武区	辽宁省	577		2014-9-1	
2014070212	阿丽	女	维族	1997-2-2	群众	150*******3		辽宁省大连市	辽宁省	535	住宿	2014-9-1	
2014070213	王娟	女	汉族	1995-11-9	党员	151*******5		北京市西城区	北京市	516		2014-9-1	
2014070214	奇慧	女	白族	1996-5-19	团员	152*******6		云南省昆明市	云南省	421	住宿	2014-9-1	
2014070215	谢茜茜	女	彝族	1995-10-7	群众	153*******7		云南省昆明市	云南省	387	住宿	2014-9-1	
2014070216	苏日娜	女	维族	1997-5-19	团员	155*******8		新疆乌鲁木齐	新疆	402	住宿	2014-9-1	
2014070217	邢文文	女	瑶族	1996-9-16	团员	156*******9		云南省丽江	云南省	389	住宿	2014-9-1	
2014070218	巴静静	女	满族	1996-8-20	团员	157*******0		北京市海淀区	北京市	521		2014-9-1	
2014070219	任浩	男	汉族	1994-9-28	群众	158*******1		山东省济南市	山东省	418	住宿	2014-9-1	
2014070220	李静	女	汉族	1997-3-15	团员	159*******2		河北省保定市	河北省	586	住宿	2014-9-1	
2014070221	吕坤	男	回族	1997-1-26	团员	168*******3		北京市房山区	北京市	406	住宿	2014-9-1	
2014070222	郝曼波	女	满族	1996-10-8	群众	168*******4		北京市朝阳区	北京市	568	住宿	2014-9-1	
2014070223	赵颖	女	汉族	1997-4-11	团员	168*******5		北京市通州区	山东省	570	住宿	2014-9-1	

图4-76　学生基本档案信息加工样表

三、训练成果测评表

职业能力	评价内容			评价等级		
	学习目标	评价内容		优	良	差
专业能力	1. 能进行 Excel 文件管理	文件打开、保存文件、关闭文件				
	2. 能够对数据进行排序	单字段排序	数字排序操作、规律			
			文字排序操作、规律			
			日期排序操作、规律			
		双字段排序				

（续表）

职业能力	评价内容			评价等级		
	学习目标	评价内容		优	良	差
专业能力	3. 能够对数据进行筛选	单字段筛选	数值型数据筛选			
			会写条件表达式			
			数值区间筛选：与、或条件			
			字符型数据筛选			
			日期型数据筛选			
		双字段筛选				
	4. 能够对数据进行分类汇总	会分类统计个数				
		会分类计算				
		会操作分类汇总控制区的各按钮				
方法能力	5. 运用数学和基本技巧的能力					
	6. 自我学习、自我提高、学习掌握新技术的能力					
	7. 独立思考、分析问题、解决问题的能力					
	8. 归纳总结能力					
社会能力	9. 沟通交流、语言表达的能力					
	10. 与伙伴交往合作的能力					
	11. 工作态度、工作习惯					
	12. 计算机文化素养					
综合评价						

子项目二　教师工资表数据处理

📈 学习目标

● 能力目标：

能够用 Excel 2010 信息录入工具设计制作教师工资表。

能够用 Excel 2010 设置单元格、工作表各部分格式的方法制作教师工资表，设计教师工资表各部分的格式。

能够用数学计算公式、数学计算公式转换为 Excel 2010 公式表达式的方法及 SUM 等函数完成教师工资表的数据计算，包括应发工资、公积金、工资税、实发工资等项目，并完成平均工资、最高工资、最低工资等项的统计分析。

能够用设置条件格式的方法设置工资表的条件格式。

能够用 FREQUENCY 函数统计各级别工资的人数。

能够用工作表的保护方法对职工工资表进行保护。

能够用排序方法和统计函数统计绩效工资部分，分析教师的贡献。

● **知识目标：**

掌握公式的输入、显示、引用、计算和隐藏。

掌握运算符的表示方式，能够运用公式进行常规的 Excel 数据计算。

掌握 Excel 中的几种常用函数。

学会使用四则运算的公式计算。

掌握 Excel 2010 中解决数学问题的思路和实施步骤、方法。

掌握复制公式的方法、设置数据格式的方法。

掌握函数的数学含义、语法格式、使用方法。

掌握设置条件格式的方法。

掌握工作表的保护方法。

掌握 FREQUENCY 函数的使用方法。

掌握绝对地址引用的目的和操作方法。

掌握高级筛选的方法。

● **素质目标：**

积极主动地学习、探究与应用信息技术。

通过获取、加工、管理、表达与交流信息的过程，创新性地解决生活和学习中的各种实际问题。

了解与信息技术应用相关的法律、法规及安全维护常识。

 子项目情境

教师工资表是教师人事信息管理的组成部分，也是学校财务管理的基本表，利用 Excel 2010 函数及公式计算方法等数据运算功能，完成枣信科技职业学院教师工资表的设计制作。除了基本的数据管理、格式设置外，体会利用 Excel 2010 解决各种数学问题，并完成教师工作表数据计算、汇总和简单的统计分析。本子项目分成 2 个任务完成：

任务一　教师工资表的设计及美化

任务二　教师工资表的数据统计

探究与实践

207

探究与实践

任务一　教师工资表的设计及美化

任务情境

用 Excel 2010 建立“教师工资表.xlsx”文件，为枣信科技职业学院一分校设计制作“2014 年 5 月”教师工资表，在工资表中录入标题及各部分数据，设置数据表各部分格式及页面格式等。

该任务使用的样文如图 4–77 所示。

枣信科技职业学院1分校

2014年5月8日

编号	姓名	基本工资	奖金	岗位工资	病事假	应发工资	公积金	失业险	报税总额	应纳税	实发工资
001	李小力	2200	800	2000							
002	张燕萍	2100	600	1800	-200						
003	周国华	1800	700	2100							
004	周小铭	1970	650	2500							
005	冯菲菲	2150	500	2100	-140						
006	刘国旗	2660	450	2000							
007	伍少飞	3010	520	1800	-300						
008	钱娟娟	2890	610	1900	-50						
009	吴光耀	2680	800	2000							
010	沈文丽	3020	960	1900	-20						
011	李　俊	3200	1000	2100							
012	黄　锦	2990	1000	2000	-60						
013	李贞慧	2730	1020	2300							
014	景东升	2000	1500	2600	-100						
015	郑　奕	2610	1300	2000							
016	刘　彤	2340	720	2100							
017	王立新	2700	700	2030	-150						
018	李　伟	2200	800	2190	-90						
019	赵任荣	2660	900	2000							
020	贾　森	2750	800	2000	-30						
	合计										

制表人：　　审核：　　主管领导：

2014年5月工资　Sheet2　Sheet3

图 4–77　教师工资表设计及美化样表

任务分析

（1）工资表的组成：此工资表由标题、日期、数据表、制表人四部分组成。其中，只有数据表有表格线。

（2）工资表中“编号”字段值是文本格式，单元格左上角的绿色小三角是文本格式的标记。需要先将单元格设置为文本格式，然后录入以零开头的数字，可以填充文本格式的数字序列。

（3）工资表中“病事假”的数值，可以是负数，直接录入负数。

（4）工资表中“应发工资”之后的所有字段不能录入数据，要根据已知数据计算得到。

以上分析的是工资表的基本组成部分、数据表和字段值的特殊情况，根据上述内容，完成枣信科技职业学院一分校教师工资表设计与制作任务。

相关知识

一、数据表格式设置

格式设置的目的就是使表格更规范，看起来更有条理、更清楚。

（1）合并后的单元格还可以分开：打开"单元格格式"对话框，单击"对齐"选项卡，把"合并单元格"前面的复选框清除，单击"确定"按钮，单元格就分开了。

（2）可以把"进度"栏中的数字都设置为百分数的形式：选中这些单元格，单击工具栏上的"百分比样式"按钮，这些单元格中的数字就变成了百分比的样式。

（3）也可以把表示货币的数字改成小数点后面有两位小数：选中要设置的单元格，打开"格式"菜单，选择"单元格"命令，打开"单元格格式"对话框，单击"数字"选项卡，选择"分类"列表中的"自

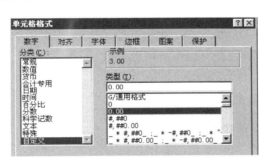

图 4-78　设置数字样式

定义"，从右边的"类型"列表中选择"0.00"，单击"确定"按钮，数字的样式就设置好了（图 4-78）。

（4）可以把这些数字直接设置为货币形式：单击工具栏上的"货币样式"按钮，在所有选中的数字前面就都出现了一个"￥"符号。

二、数据表的美化

（1）边框设置：如果不给工作表设置边框，打印出来的表是没有边框的。这里先把边框设置好：选中要设置的单元格，单击工具栏上"边框"按钮的下拉箭头，从弹出面板中选择"所有框线"按钮单击，边框就设置好了（图 4-79）。

接着给标题行设置一个好看一点的底色和文字颜色：选中第一行的单元格，单击"填充颜色"按钮的下拉箭头，选择"宝石蓝"，将单元格的底色设置为宝石蓝的颜色（图 4-80）。

（2）颜色设置：单击"字体颜色"按钮的下拉箭头，选择"紫色"，这样单元格的底色和文字颜色就设置好了（图 4-81）。

试一试
给"教师档案表"的工资列中的所有数据加上人民币货币符号。

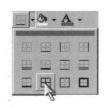

图 4-79　设置边框　　　图 4-80　给标题行设置颜色　　　图 4-81　设置颜色

（3）设置背景：打开"格式"菜单，单击"工作表"项，选择"背景"命令单击，弹出"工作表背景"对话框，从对话框中选择图片文件，单击"插入"按钮，背景就设置好了。不过这个背景是不能被打印出来的，只有在编辑时才能看见。

如果又不想要背景了，就打开"格式"菜单中的"工作表"子菜单，选择其中的"删除背景"命令就可以了。

 任务实施

一、教师工资表文件建立

步骤 1：启动 Excel 2010。

步骤 2：新建工作簿 book1。

步骤 3：点击"文件"下的"另存为"，保存在文件夹中。

步骤 4：文件名命为"教师工资表"，点击"保存"。

步骤 5：工作表标签更名为"14 年 5 月工资"。

二、工资表设计及制作

步骤 1：按样文设计，依次录入数据。

步骤 2：设置标题格式：合并居中、垂直居中，楷体、16 号、加粗，行高 30。

步骤 3：设置表头格式：楷体、12 号、加粗，水平、垂直居中，行高 33。

步骤 4：日期格式：宋体、12 号，合并单元格，左对齐。

步骤 5：数据表文字格式。字段值格式："编号"水平居中，"姓名"水平分散对齐，其他数值保持默认的水平右对齐，所有字段行高 17，"合计"行高 18。

步骤 6：数据表边框线格式：内边框 0.5 磅细线，外框 1.5 磅粗线，分隔线 0.5 磅细双线。

步骤 7：A4 纸，横向，页边距选"普通"，数据表在页面水平方向居中，页脚插入页码。

拓展训练与测评

在 Excel 2010 中建立经济与信息技术系 2014–2 班学生成绩单工作簿（文件），该工作簿包含"学期总评""统计分析""优秀学生名单""补考名单""成绩图表"等 5 个工作表。

请设计制作"学期总评"工作表，在表中录入标题及各科成绩，并设置成绩表各部分格式及页面格式。

（1）"学期总评"表的组成：此成绩表由标题、数据表两部分组成。其中，只有数据表有表格线。

（2）成绩单中各科成绩是已知的，需录入数据，"总分"和"名次"是计算结果，"总分"是名次统计的依据。

（3）设置"学期总评"表的表头、标题行及数据的格式。

（4）表格线样式：外框和内部表格线粗细不一样，外框线要比内框线粗，表头与数据间以及已知数据与计算结果间的表格线是双线。

以上分析的是"学期总评"表的基本组成部分、数据表和边框线的特殊情况，根据上述内容，完成经济与信息技术系 2014–2 班学生成绩单的设计与制作任务，其效果如图 4–82 所示。

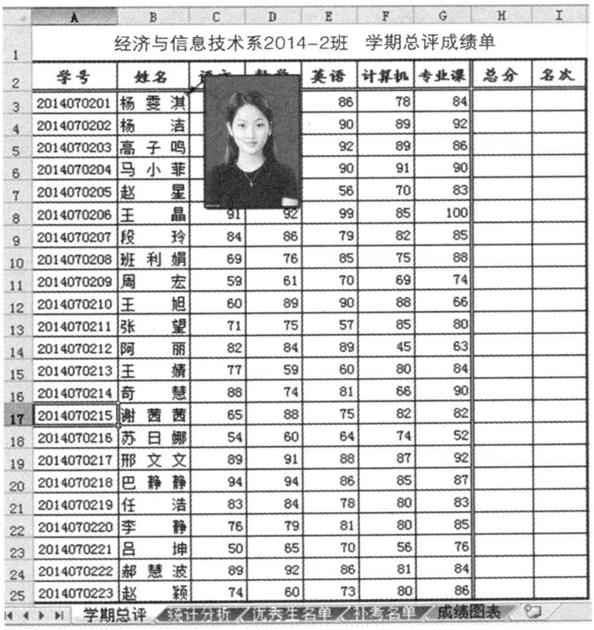

探究与实践

比一比
看看谁的表格设计得最科学、美观。

图 4–82　经济与信息技术系 2014–2 班学期总评成绩单

训练成果测评表

职业能力	评价内容		评价等级		
	学习目标	评价内容	优	良	差
专业能力	1. 能管理 Excel 文件	另存、命名文件，随时保存文件			
	2. 能够准确、快速录入数据	工作表更名			
		录入各种类型数据			
		填充序列			
		错字数			
		录入时间			
	3. 设置工作表各部分格式	设置标题格式			
		设置数据表表头格式			
		设置数据表字段值格式			
		设置数据表边框底纹格式			
		设置页面、边框、打印标题行格式			
		设置页眉页脚、插入页码			
方法能力	4. 收集、分析、组织、交流信息的能力				
	5. 运用数学及基本技巧的能力				
	6. 自我学习、自我提高、学习掌握新技术的能力				
	7. 独立思考、分析问题、解决问题的能力				
	8. 运用科学技术的能力				
社会能力	9. 沟通交流、语言表达的能力				
	10. 质量监察、质量控制能力				
	11. 与伙伴交往合作的能力				
	12. 工作态度、工作习惯				
	13. 计算机文化素养				
综合评价					

任务二　教师工资表的数据统计

　　数据的运算、管理、分析都可以借助 Excel 2010 的强大计算功能来进行，使工作精确、高效、快速、省力。本任务将通过"工资表的公式计算"学习 Excel 2010 的重要功能——公式计算功能和函数。学会此项技能，可以在 Excel 2010 中进行数据的各种运算，胜任数据处理工作，解决各种数学问题。

任务情境

打开"教师工资表 .xlsx"，利用 Excel 2010 的公式计算工资表中的"应发工资""公积金""失业险""报税总额""应纳税""实发工资""合计"等项目，设置数据格式，对工资表进行保护设置等。

完成本任务使用的样文如图 4-83 和图 4-84 所示。

编号	姓名	基本工资	奖金	岗位工资	病事假	应发工资	公积金	失业险	报税总额	应纳税	实发工资
				枣信科技职业学院1分校							
											2014年5月8日
001	李小力	2200	800	2000	0	5000	600.00	25.00	875.00	26.25	4348.75
002	张燕萍	2100	600	1800	-200	4300	516.00	21.50	262.50	7.88	3754.63
003	周国华	1800	700	2100	0	4600	552.00	23.00	525.00	15.75	4009.25
004	周小铭	1970	650	2500	0	5120	614.40	25.60	980.00	29.40	4450.60
005	冯菲菲	2150	500	2100	-140	4610	553.20	23.05	533.75	16.01	4017.74
006	刘国旗	2660	450	2000	0	5110	613.20	25.55	971.25	29.14	4442.11
007	伍少飞	3010	520	1800	-300	5030	603.60	25.15	901.25	27.04	4374.21
008	钱娟娟	2890	610	1900	-50	5350	642.00	26.75	1181.25	35.44	4645.81
009	吴光耀	2680	800	2000	0	5480	657.60	27.40	1295.00	38.85	4756.15
010	沈文丽	3020	960	1900	-20	5860	703.20	29.30	1627.50	57.75	5069.75
011	李俊	3200	1000	2100	0	6300	756.00	31.50	2012.50	96.25	5416.25
012	黄锦	2990	1000	2000	-60	5930	711.60	29.65	1688.75	63.88	5124.88
013	李贞慧	2730	1020	2300	0	6050	726.00	30.25	1793.75	74.38	5219.38
014	景东升	2000	1500	2600	-100	6000	720.00	30.00	1750.00	70.00	5180.00
015	郑奕	2610	1300	2000	0	5910	709.20	29.55	1671.25	62.13	5109.13
016	刘彤	2340	720	2100	0	5160	619.20	25.80	1015.00	30.45	4484.55
017	王立新	2700	700	2030	-150	5280	633.60	26.40	1120.00	33.60	4586.40
018	李伟	2200	800	2190	-90	5100	612.00	25.50	962.50	28.88	4433.63
019	赵任荣	2660	900	2000	0	5560	667.20	27.80	1365.00	40.95	4824.05
020	贾森	2750	800	2000	-30	5520	662.40	27.60	1330.00	39.90	4790.10
	合计	50660	16330	41420	-1140	107270	12872.4	536.35	23861.25	823.9	93037.35
制表人：						审核：			主管领导：		

▎◀ ▶ ▶▎ 2014年5月工资 ╱ Sheet2 ╱ Sheet3 ╱

图 4-83　教师工资表的数据统计分析样表（1）

	基本工资	奖金	岗位工资	病事假	应发工资	公积金	失业险	报税总额	应纳税	实发工资
					员工工资统计分析表					
平均工资	2533	816.5	2071	-57	5363.50	643.62	26.82	1193.06	41.20	4651.87
最高工资	3200	1500	2600	0	6300.00	756.00	31.50	2012.50	96.25	5416.25
最低工资	1800	450	1800	-300	4300.00	516.00	21.50	262.50	7.88	3754.63
员工人数	20	20	20	20	20	20	20	20	20	20
0~3999	20	20	20	20		20	20	20	20	1
4000~4999	0	0	0	0	3	0	0	0	0	13
5000~5999	0	0	0	0	14	0	0	0	0	6
6000~6999	0	0	0	0	3	0	0	0	0	0
7000	0	0	0	0	0	0	0	0	0	0

图 4-84　教师工资表的数据统计分析样表（2）

任务分析

工资表中的具体项目根据枣信科技职业学院的薪酬制度而制定，本任务将工资表的结构简化为工资、奖金、岗位工资、病事假、应发工资、公积金、失业险、报税总额、应纳税、实发工资等项目，其中的"报税总额"是为了计算"应纳税"而设计的。这些项目中，工资、奖金、岗位工资、病事假是已知数据，其余的需要计算，各

213

项目含义如下：

（1）应发工资是理论上的所有收入，应发工资＝基本工资＋奖金＋岗位工资＋病事假（负数，扣除）。

（2）公积金是按比例从应发工资中扣除，放入另外的个人公积金账户中，公积金＝应发工资 × 公积金比例。

（3）失业险也是按比例从应发工资中扣除，失业险＝应发工资 × 失业险比例。

（4）应纳税是公民依法向国家缴纳的个人收入所得税。按照国家税法的要求，职工工资的所得税需要缴纳的金额由学校在发放工资时予以扣除，代替上交给国家税务机关。应纳税是收入所得额在征税点以上部分根据不同比例分段扣除，2018 年 10 月 1 日起起征点为 5000 元。

应纳税所得额（报税总额）＝收入所得额－个人所得税起征点＝应发工资－（各项保险＋公积金）－ 5000

"应纳税"缴税标准如表 4–1 所示。

探究与实践

小贴士
通过"+""–""*""/"等数学运算符号完成的数据计算，称为公式法。

表 4–1 工资适用个人所得税税率及速算扣除数

级　数	全月应纳税所得额	税率（%）	速算扣除数
1	不超过 3000 元的	3	0
2	超过 3000 元至 12000 元的部分	10	210
3	超过 12000 元至 25000 元的部分	20	1410
4	超过 25000 元至 35000 元的部分	25	2660
5	超过 35000 元至 55000 元的部分	30	4410
6	超过 55000 元至 80000 元的部分	35	7160
7	超过 80000 元的部分	45	15160

应缴个人所得税（应纳税）＝全月应纳税所得额 × 适用税率－速算扣除数

（5）实发工资就是从应发工资中扣除所有扣款剩余的部分。

实发工资＝应发工资－公积金－失业险－应纳税

明确了这些数据关系，才能准确应用 Excel 2010 中的公式和函数，保证数据运算的精确。数据计算是严谨的，不能马虎，绝不能出错，操作者要有很强的责任心。

下面按照工作过程完成工资表中数据的计算和格式的设置。

相关知识

一、数据表中函数的使用

（一）SUM 函数的使用

SUM 函数用于计算单个或多个参数的总和。此函数的语法格式为 SUM（number1，number2，……）。number1，number2，……为需要求和的参数。此公式既可用于数值、逻辑值间的求和，也用单元引用进行求和。其中空白单元格、文本或错误值将被忽略。

如：SUM（TURE，1，2）的返回值为 4。

（二）AVERAGE 函数的使用

此函数可以对所有参数计算平均值。它的语法格式为 AVERAGE（number1，number2，……）。number1，number2，…… 是需要计算平均值的参数。此函数的参数应该是数字或包含数字的单元格的引用。

例：表格中 A1 到 A4 单元格中的数据分别为 20，25，35，20，则函数 AVERAGE（A1：A4，50）的返回值应为 30。

（三）MAX 和 MIN 函数的使用

MAX（MIN）函数将返回一组值中的最大值（最小值）。其语法格式为 MAX（MIN）（number1，number2，……）。number1，number2，……是要从中找出最大值（最小值）的数字参数。

要说明的是：

可以将参数指定为数字、空白单元格、逻辑值或数字的文本表达式。如果参数为错误值或不能转换成数字的文本，将产生错误。

如果参数为数组或引用，则只有数组或引用中的数字参加计算，数组或引用中的空白单元格、逻辑值或文本将被忽略。如果逻辑值和文本不能忽略，可以使用函数 MAXA 来代替。

如果参数不包含数字，函数 MAX 返回 0。

（四）SUMIF 函数的使用

此函数可以对符合指定条件的单元格求和。语法格式为 SUMIF（range，criteria，sum_range）。其中，range 是用于条件判断的单元格区域；criteria 为确定哪些单元格将被相加求和的条件，其形式可以为数字、表达式或文本。例如，条件可以表示为 32、"32" "＞32" 或 "apples"。sum_range 是需要求和的实际单元格。

例：在 A1：A4 单元格中的数据分别是 20、25、35、40，而在 B1：B4 单元格中的数据分别是 150、200、350、600，则函数

SUMIF（A1：A4，"＞20"，B1：B4）＝1150。只有 A2：A4 单元格中的数据满足条件，所以只对 B2：B4 中的数据进行求和。

（五）SUBTOAL 函数的使用

此函数返回数据清单或数据库中的分类汇总。通常，使用"数据"菜单中的"分类汇总"命令可以容易地创建带有分类汇总的数据清单。一旦创建了分类汇总，就可以通过编辑 SUBTOTAL 函数对该数据清单进行修改了。

SUBTOAL 函数的语法为 SUBTOTAL（function_num，ref1，ref2，……）。function_num 为 1 ~ 11 之间的数字，指定使用何种函数在数据清单中进行分类汇总计算。function_num 指定的函数如下表所示：

function_num	指定的函数
1	AVERAGE 函数，计算平均值
2	COUNT 函数，计算数值的个数
3	COUNTA 函数，计算空白的个数
4	MAX 函数，计算最大值
5	MIN 函数，计算最小值
6	PRODUCT 函数，计算乘积
7	STDEV 函数，计算样本的标准偏差
8	STDEVP 函数，计算总体的标准偏差
9	SUM 函数，计算总各
10	VAR 函数，计算样本方差
11	VARP 函数，计算总体方差

（六）MODE 函数的使用

MODE 函数将返回在某一数组区域中出现频率最多的数值，是一个位置测量函数。此函数的语法格式为 MODE（number1，number2，……）。number1，number2，……是用于众数计算的参数，也可以使用单一数组（数组区域的引用）来代替由逗号分隔的参数。此函数中的参数可以是数字，或者是包含数字的名称、数组或引用。如果数组或引用参数包含文本、逻辑值或空白单元格，则这些值将被忽略，但包含零值的单元格将计算在内。如果数据集合不含有重复的数据，则 MODE 数返回错误值 N/A。

例如：表格中 A2 到 A7 单元格中的数据分别为 10、2、56、2、15、2，则函数 MODE（A2：A7）返回的数值为 2。

（七）INT 函数和 TRUNC 函数的使用

INT 函数将返回实数向下取整后的整数值。它的语法格式为 INT（number），其中的 number 是需要进行取整的实数。例如 INT（8.6）的返回值为 8，而 INT（−8.6）的返回值为 −9。

TRUNC 函数是将数字的小数部分截去，返回数字的整数部分。它的语法格式为 TRUNC（number，number_digits）。number 为需要截尾取整的数字，number_digits 为指定取整精度的数字，默认为 0。例如函数 TRUNC（8.5）的返回值是 8，而 TRUNC（−8.5）的返回值为 −8。

虽然这两个函数是取整函数，但是它们的算法是不一样的。INT 函数返回比给定参数小且最接近参数的整数，而 TRUNC 函数则直接返回去掉小数部分的整数。

（八）IF 函数的使用

IF 函数执行真假判断，然后根据逻辑计算的真假值，返回不同结果。可以使用函数 IF 对数值和公式进行条件检测。它的语法格式为 IF（logical_test，value_if_ture，value_if_false）。其中 logical_test 表示计算结果为 TRUE 或 FALSE 的任意值或表达式。例如，A10 = 100 就是一个逻辑表达式，如果单元格 A10 中的值等于 100，表达式即为 TRUE，否则为 FALSE。本参数可使用任何比较运算符。

此函数用法与 LOUTS123 相同，在此不再赘述。

二、公式的技巧和窍门

（一）创建公式的方法

（1）启用 Excel 应用程序，选定要输入公式的单元格，并且输入"＝"。

（2）在公式中输入一个包含数据单元格的引用。在引用单元格过程中，可以使用单个单元格引用、单元格区域、单元格或区域的名称，如直接输入 A2。

（3）输入一个运算符和另一个单元格的引用。在本例中接着输入"*A3 ＋ A4"。这时在编辑栏中可以看到输入的公式为"A2*A3 ＋ A4"。

（4）按 Enter 键。公式的结果将出现在选定的单元格中。

（二）公式的命名方法

为了便于以后使用，可以为经常使用的公式命名。具体操作如下：

（1）执行"插入"菜单中的"名称"命令，选择"定义"。

（2）在对话框中的"在当前工作簿中的名称"文本框中输入"引

探究与实践

想一想
　　函数由哪两部分组成的？

小窍门
　　除此法外，用户也可直接使用单击需要的单元格来代替输入对它们的引用，但是用户还必须输入运算过程中的运算符。

用",然后单击"引用位置"右端的折叠按钮,在表格中选取一个存有公式的单元格。再次单击折叠窗口中此按钮,回到"定义名称"对话框。

(3)单击"添加"按钮,再单击"确定"按钮,完成为公式命名的操作。

如果想使用此公式,可以直接在单元格中输入其名称即可。

(三)隐藏公式

在工作表中,如果用户不想让他人看到使用的公式,可以将其隐藏起来。如果公式被隐藏后选定此单元格,此单元格使用的公式就不会出现在编辑栏中。具体操作如下:

(1)打开一个工作表,选定要隐藏公式的单元格区域。

(2)执行"格式"菜单中的"单元格"命令,打开"单元格格式"对话框。

(3)单击此对话框中的"保护"选项卡。

(4)单击此对话框中的"隐藏"复选框,然后单击"确定"按钮。

(5)执行"工具"菜单的"保护"命令,从它的子菜单中选择"保护工作表"命令,打开"保护工作表"对话框。

(6)在此对话框中的"密码"文本框中输入用户要设置的口令,然后单击"确定"按钮,出现"确认密码"对话框。

(7)输入确认密码,点"确定"。

这时所隐藏的区域将不再显示公式。

任务实施

一、使用加法公式计算"实发工资"

应发工资=基本工资+奖金+岗位工资+病事假(负数,扣除),转化为 Excel 公式,如李俊的应发工资,G4 = C4 + D4 + E4 + F4。

步骤 1:选中 G4 单元格,输入"= C4 + D4 + E4 + F4",如图 4-85 所示。

图 4-85 输入李俊"应发工资"的公式

步骤 2：在单元格左侧有 3 个按钮，✖表示撤销，✔表示确认，ƒ表示插入函数，点击"确认"按钮，显示结果如图 4-86 所示。

编号	姓名	基本工资	奖金	岗位工资	病事假	应发工资
001	李　俊	2200	800	2000		5000

图 4-86 李俊应发工资 G4 的计算结果

步骤 3：使用填充柄对其他教师填充应发工资，选中已输入正确公式的单元格 G4。

步骤 4：鼠标放在单元格 G4 右下角的"填充柄"，鼠标变为黑十字。

步骤 5：按住鼠标左键，向下拖动鼠标，直到最后一个需要计算工资的单元格为止，如图 4-87 所示。

试一试

选中 D5 单元格，看看编辑栏中的公式发生了什么变化。

编号	姓名	基本工资	奖金	岗位工资	病事假	应发工资
001	李　俊	2200	800	2000		5000
002	张　萍	2100	600	1800	-200	4300
003	王国华	1800	700	2100		4600
004	孙小铭	1970	650	2500		5120
005	冯菲菲	2150	500	2100	-140	4610
006	刘国旗	2660	450	2000		5110
007	王少飞	3010	520	1800	-300	5030
008	钱　晓	2890	610	1900	-50	5350
009	吴光耀	2680	800	2000		5480
010	沈文丽	3020	960	1900	-20	5860
011	李　俊	3200	1000	2100		6300
012	黄　锦	2990	1000	2000	-60	5930
013	李贞慧	2730	1020	2300		6050
014	景东升	2000	1500	2600	-100	6000
015	郑　奕	2610	1300	2000		5910
016	刘　彤	2340	720	2100		5160
017	王立新	2700	700	2030	-150	5280
018	李　伟	2200	800	2190	-90	5100
019	赵任荣	2660	900	2000		5560
020	贾　森	2750	800	2000	-30	5520

图 4-87 计算"应发工资"结果

二、使用乘法公式计算"公积金"和"失业险"

"公积金"计算：

步骤 1：设置单元格格式为数字格式，数字小数 2 位。

步骤 2：公积金＝应发工资 × 公积金比例（公积金比例 12%）转化为 Excel 表达式，如李俊的公积金为 H4 ＝ G4*0.12。单击 H4，输入"＝ G4*0.12"。

步骤 3：点击"输入"按钮或按"回车"键确认。

小贴士

公式中所有的符号输入必须使用半角字符。

步骤4：使用填充柄对其他教师进行填充，显示数据如图3-88所示。

"失业险"计算方法同上。

探究与实践

	A	B	C	D	E	F	G	H
	编号	姓名	基本工资	奖金	岗位工资	病事假	应发工资	公积金
4	001	李 俊	2200	800	2000		5000	600.00
5	002	张 萍	2100	600	1800	-200	4300	516.00
6	003	王国华	1800	700	2100		4600	552.00
7	004	孙小铭	1970	650	2500		5120	614.40
8	005	冯菲菲	2150	500	2100	-140	4610	553.20
9	006	刘国旗	2660	450	2000		5110	613.20
10	007	王少飞	3010	520	1800	-300	5030	603.60
11	008	钱 晓	2890	610	1900	-50	5350	642.00
12	009	吴光耀	2680	800	2000		5480	657.60
13	010	沈文丽	3020	960	1900	-20	5860	703.20
14	011	李 俊	3200	1000	2100		6300	756.00
15	012	黄 锦	2990	1000	2000	-60	5930	711.60
16	013	李贞慧	2730	1020	2300		6050	726.00
17	014	景东升	2000	1500	2600	-100	6000	720.00
18	015	郑 奕	2610	1300	2000		5910	709.20
19	016	刘 彤	2340	720	2100		5160	619.20
20	017	王立新	2700	700	2030	-150	5280	633.60
21	018	李 伟	2200	800	2190	-90	5100	612.00
22	019	赵任荣	2660	900	2000		5560	667.20
23	020	贾 森	2750	800	2000	-30	5520	662.40

H4 f_x =G4*0.12

图4-88 "公积金"计算公式及结果

三、减法公式计算"报税总额"

步骤1：设置单元格格式为数字格式，数字小数2位。

步骤2：报税总额＝应发工资－公积金－失业险－3500，转化为Excel表达式，如李俊的报税总额为J4＝G4－H4－I4－3500。单击J4，输入"＝G4－H4－I4－3500"。

步骤3：点击"输入"或按"回车"键确认。

步骤4：使用填充柄对其他教师进行填充，显示数据如图4-89所示。

试一试
选中其他教师的报税总额单元格，看看使用填充后编辑栏中的公式有什么变化。

	A	B	C	D	E	F	G	H	I	J
	编号	姓名	基本工资	奖金	岗位工资	病事假	应发工资	公积金	失业险	报税总额
4	001	李 俊	2200	800	2000		5000	600.00	25.00	875.00
5	002	张 萍	2100	600	1800	-200	4300	516.00	21.50	262.50
6	003	王国华	1800	700	2100		4600	552.00	23.00	525.00
7	004	孙小铭	1970	650	2500		5120	614.40	25.60	980.00
8	005	冯菲菲	2150	500	2100	-140	4610	553.20	23.05	533.75
9	006	刘国旗	2660	450	2000		5110	613.20	25.55	971.25
10	007	王少飞	3010	520	1800	-300	5030	603.60	25.15	901.25
11	008	钱 晓	2890	610	1900	-50	5350	642.00	26.75	1181.25
12	009	吴光耀	2680	800	2000		5480	657.60	27.40	1295.00
13	010	沈文丽	3020	960	1900	-20	5860	703.20	29.30	1627.50
14	011	李 俊	3200	1000	2100		6300	756.00	31.50	2012.50
15	012	黄 锦	2990	1000	2000	-60	5930	711.60	29.65	1688.75
16	013	李贞慧	2730	1020	2300		6050	726.00	30.25	1793.75
17	014	景东升	2000	1500	2600	-100	6000	720.00	30.00	1750.00
18	015	郑 奕	2610	1300	2000		5910	709.20	29.55	1671.25
19	016	刘 彤	2340	720	2100		5160	619.20	25.80	1015.00
20	017	王立新	2700	700	2030	-150	5280	633.60	26.40	1120.00
21	018	李 伟	2200	800	2190	-90	5100	612.00	25.50	962.50
22	019	赵任荣	2660	900	2000		5560	667.20	27.80	1365.00
23	020	贾 森	2750	800	2000	-30	5520	662.40	27.60	1330.00

J4 f_x =G4-H4-I4-3500

图4-89 "报税总额"计算公式及结果

四、条件判断函数 IF（ ）分段计算

探究与实践

小贴士
　　多个"IF"函数可以嵌套使用。

步骤1：选中K4单元格，将函数表达式"＝IF（J4 ＜ ＝ 0，0，IF（J4 ＜ ＝ 1500，J4*0.03，IF（J4 ＜ ＝ 4500，J4*0.1 － 105，IF（J4 ＜ ＝ 9000，J4*0.2 － 555，IF（J4 ＜ ＝ 35000，J4*0.25 － 1005，J4*0.3 － 2775 ）））））"录入到 K4 编辑栏，如图 4-90 所示，回车确认。

步骤2：使用填充柄对其他教师进行填充。

K4		fx	=IF(J4<=0,0,IF(J4<=1500,J4*0.03,IF(J4<=4500,J4*0.1-105,IF(J9<=9000,J4*0.2-555,IF(J4<=35000,J4*0.25-1005,J4*0.3-2775))))))									
A	B	C	D	E	F	G	H	I	J	K	L
编号	姓名	基本工资	奖金	岗位工资	病事假	应发工资	公积金	失业险	报税总额	应纳税	实发工资
001	李　俊	2200	800	2000		5000	600.00	25.00	875.00	26.25	
002	张　萍	2100	600	1800	-200	4300	516.00	21.50	262.50	7.88	
003	王国华	1800	700	2100		4600	552.00	23.00	525.00	15.75	

图 4-90　利用条件判断语句 IF（ ）分段计算"应纳税"公式及结果

五、使用减法公式计算"实发工资"

步骤1：设置单元格格式为数字格式，数字小数 2 位。

步骤2：实发工资＝应发工资－公积金－失业险－应纳税，转化为 Excel 表达式，如李俊的实发工资为 L4＝G4 － H4 － I4 － K4。单击 L4，输入"＝ G4 － H4 － I4 － K4"。

步骤3：点击"输入"或按"回车"键确认。

步骤4：使用填充柄对其他教师进行填充，显示数据如图 4-91 所示。

L4		fx	＝G4-H4-I4-K4								
A	B	C	D	E	F	G	H	I	J	K	L
编号	姓名	基本工资	奖金	岗位工资	病事假	应发工资	公积金	失业险	报税总额	应纳税	实发工资
001	李　俊	2200	800	2000		5000	600.00	25.00	875.00	26.25	4348.75

图 4-91　"实发工资"计算公式及结果

六、利用求和函数 SUM（ ）计算"合计"

步骤1：选中 L4 单元格，单击"公式"选项卡中"自动求和"按钮，如图 4-92 所示。

步骤2：在编辑栏中出现求和函数 ＝ SUM（L4：L23），如图 4-93 所示。L4：L23 表示从 L4 到 L23 为止的连续区域。

图 4-92　自动求和按钮

图 4-93 计算应发工资"合计"的求和函数

步骤 3：回车确认，结果显示如图 4-94 所示。

| 合计 | | | | | | | | | | | 93037.35 |

图 4-94 计算应发工资"合计"的结果

七、利用 Excel 2010 常用函数分析教师工资信息

（一）利用求平均函数 AVERAGE（ ）计算教师平均实发工资

步骤 1：B27 单元格输入"平均工资"。

步骤 2：单击 L27 单元格，选择"公式"选项卡中"平均值"按钮，如图 4-95 所示。

	SUM ▼ × ✓ ƒx	=AVERAGE(L4:L25)									
	A	B	C	D	E	F	G	H	I	J	K	L
4	001	李 俊	2200	800	2000		5000	600.00	25.00	875.00	26.25	4348.75
5	002	张 萍	2100	600	1800	-200	4300	516.00	21.50	262.50	7.88	3754.63
6	003	王国华	1800	700	2100		4600	552.00	23.00	525.00	15.75	4009.25
7	004	孙小格	1970	650	2500		5120	614.40	25.60	980.00	29.40	4450.60
8	005	冯菲菲	2150	500	2100	-140	4610	553.20	23.05	533.75	16.01	4017.74
9	006	刘国旗	2660	450	2000		5110	613.20	25.55	971.25	29.14	4442.11
10	007	王少飞	3010	520	1800	-300	5030	603.60	25.15	901.25	27.04	4374.21
11	008	钱 晓	2890	610	1900	-50	5350	642.00	26.75	1181.25	35.44	4645.81
12	009	吴光耀	2680	500	2000		5480	657.60	27.40	1295.00	38.85	4756.15
13	010	沈文丽	3020	960	1900	-20	5860	703.20	29.30	1627.50	57.75	5069.75
14	011	李 俊	3200	1000	2100		6300	756.00	31.50	2012.50	96.25	5416.25
15	012	黄 锦	2990	1000	2000	-60	5930	711.60	29.65	1688.75	63.88	5124.88
16	013	李贞慧	2730	1020	2300		6050	726.00	30.25	1793.75	74.38	5219.38
17	014	景东升	2000	1500	2600	-100	6000	720.00	30.00	1750.00	70.00	5180.00
18	015	郑 奕	2610	1300	2000		5910	709.20	29.55	1671.25	62.13	5109.13
19	016	刘 彤	2340	720	2100		5160	619.20	25.80	1015.00	30.45	4484.55
20	017	王立新	2700	700	2030	-150	5280	633.60	26.40	1120.00	33.60	4586.40
21	018	李 伟	2200	800	2190	-90	5100	612.00	25.50	962.50	28.88	4433.63
22	019	赵任荣	2660	900	2000		5560	667.20	27.80	1365.00	40.95	4824.05
23	020	贾 森	2750	800	2000	-30	5520	662.40	27.60	1330.00	39.90	4790.10
24		合计										93037.35
25			制表人:			审核:			主管领导:			
26												=AVERAGE(L4:L25)

图 4-95 计算平均实发工资的函数

步骤 3：在函数的参数区域选择或输入 L3：L23，回车确认，如图 4-96 所示。

| 平均工资 | | | | | | | | | | | 8860.70 |

图 4-96 计算平均工资结果

（二）利用最大值函数 MAX（ ）和最小值函数 MIN（ ）分析教师最高工资和最低工资

最大值函数：MAX（ ）返回一组数值中最大的值。

最小值函数：MIN（）返回一组数值中最小的值。

方法同上。

（三）利用计数函数 COUNT（）统计教师人数

步骤 1：B27 单元格输入"员工人数"。

步骤 2：单击 L27 单元格，选择"公式"选项卡中"计数"按钮，如图 4-97 所示。

	A	B	C	D	E	F	G	H	I	J	K	L	M
												SUM	=COUNT(L4:L25)
4	001	李 俊	2200	800	2000		5000	600.00	25.00	875.00	26.25	4348.75	
5	002	张 萍	2100	600	1800	-200	4300	516.00	21.50	262.50	7.88	3754.63	
6	003	王国华	1800	700	2100		4600	552.00	23.00	525.00	15.75	4009.25	
7	004	孙小格	1970	650	2500		5120	614.40	25.60	980.00	29.40	4450.60	
8	005	冯菲菲	2150	500	2100	-140	4610	553.20	23.05	533.75	16.01	4017.74	
9	006	刘国旗	2660	450	2000		5110	613.20	25.55	971.25	29.14	4442.11	
10	007	王少飞	3010	520	1800	-300	5030	603.60	25.15	901.25	27.04	4374.21	
11	008	钱 晓	2890	610	1900	-50	5350	642.00	26.75	1181.25	35.44	4645.81	
12	009	吴光耀	2680	800	2000		5480	657.60	27.40	1295.00	38.85	4756.15	
13	010	沈文丽	3020	960	1900	-20	5860	703.20	29.30	1627.50	57.75	5069.75	
14	011	李 俊	3200	1000	2100		6300	756.00	31.50	2012.50	96.25	5416.25	
15	012	黄 锦	2990	1000	2000	-60	5930	711.60	29.65	1688.75	63.88	5124.88	
16	013	李贞慧	2730	1020	2300		6050	726.00	30.25	1793.75	74.38	5219.38	
17	014	暴东升	2000	1500	2600	-100	6000	720.00	30.00	1750.00	70.00	5180.00	
18	015	郑 奕	2610	1300	2000		5910	709.20	29.55	1671.25	62.13	5109.13	
19	016	刘 彤	2340	720	2100		5160	619.20	25.80	1015.00	30.45	4484.55	
20	017	王立新	2700	700	2030	-150	5280	633.60	26.40	1120.00	33.60	4586.40	
21	018	李 伟	2200	800	2190	-90	5100	612.00	25.50	962.50	28.88	4433.63	
22	019	赵任荣	2660	900	2000		5560	667.20	27.80	1365.00	40.95	4824.05	
23	020	贾 森	2750	800	2000	-30	5520	662.40	27.60	1330.00	39.90	4790.10	
24		合计										93037.35	
25		制表人：					审核：			主管领导：			
26		员工人数										=COUNT(L4:L25)	
27												COUNT(value1, [value2], ...	

图 4-97 统计教师人数的函数

步骤 3：在函数的参数区域选择或输入 L3：L23，回车确认，如图 4-98 所示。

员工人数			20.00

图 4-98 统计教师人数结果

（四）使用频率分布函数 FREQUENCY（）统计各段工资人数

FREQUENCY（）函数以一列垂直数组的形式，返回某个区域中数据的频率分布。

步骤 1：在 N4：P8 输入数据，如图 4-99 所示。

步骤 2：选中 P4：P8 单元格区域，点击 fx，选择 FREQUENCY 函数，在 Data_array 区域选择 L4：L23，在 Bins_array 区域选择 N4：N8，如图 4-100 所示。

步骤 3：同时按下 Ctrl ＋ Shift ＋ Enter 组合键，得到实发工资各段人数的统计结果。

N	O	P
	实发工资统计分析	
3000	0-3000	
4000	3001-4000	
5000	4001-5000	
6000	5001-6000	
10000	6001-10000	

图 4-99 分析统计表的格式

探究与实践

小贴士

"MAX""MIN"函数也需要指定求最大值最小值的数据区域。

小贴士

频率分布是统计学中重要的函数，可以反映被观察对象总体的平均水平。

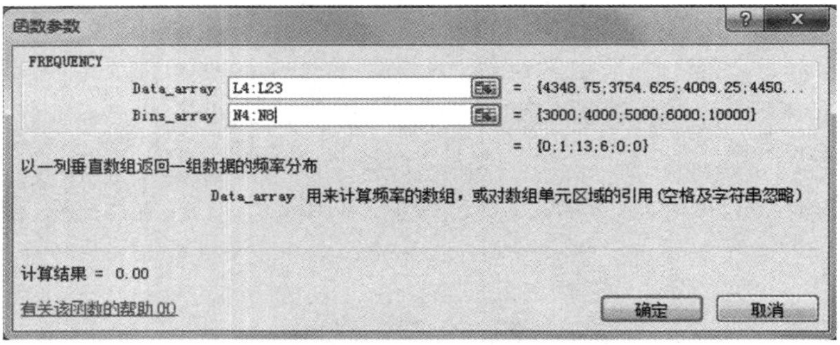

图 4-100　FREQUENCY 函数参数设置

（五）使用排名次函数 RANK（ ）统计薪水高低

RANK（ ）函数，返回某个数字在一列数字列表中相对于其他数值的大小排名。

步骤 1：在 M3 单元格输入"名次"。

步骤 2：单击 M4 单元格，单击"公式"选项卡中"自动求和"按钮右边的下拉菜单，选择"其他函数"，打开"插入函数"对话框，在"类别"中选择"统计"，选择 RANK 函数，如图 4-101 所示。

图 4-101　"插入函数"对话框

步骤 3：点击"确定"，弹出如图 4-102 所示"函数参数"设置对话框，在 Number 输入 L4，Ref 输入 L4：I23。

步骤 4：点击"确定"，显示结果如图 4-103 所示。

步骤 5：用此方法填充其他教师工资名次。

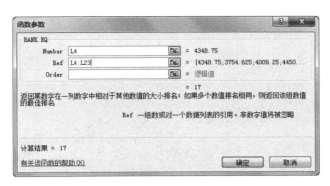

图 4-102 "函数参数"设置对话框

图 4-103 教师工资名次统计结果

八、保护工作表

步骤 1：单击"审阅"选项卡"更改"组的"保护工作表"按钮，在"保护工作表"对话框中设置相应数据，如图 4-104 所示。

小贴士

保护工作表是用来锁定工作表中的内容。被保护了的工作表只能被查看，不能被修改。

探究与实践

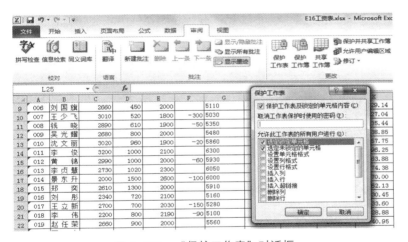

图 4-104 "保护工作表"对话框

步骤 2：取消工作表保护，单击"审阅"选项卡"更改"组的"撤销工作表保护"按钮，设置相应数据，如图 4-105 所示。

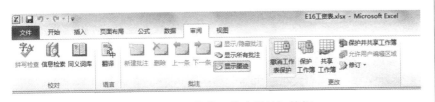

图 4-105 "撤销工作表保护"按钮

拓展训练与测评

一、拓展提高

条件判断函数 IF（ ）的使用：

1. 函数格式

格式：IF（Logica_test，Value_if_true，Value_if_false）。

Logica_tes 表示条件表达式，此参数可使用任何比较运算符。

Value_if_true 是条件为真（满足条件）时返回的值，Value_if_true 可以是公式表达式。

Value_if_false 是条件为假（不满足条件）时返回的值，Value_if_false 可以是其他公式。

各参数之间用逗号分隔。

2. 函数的功能

根据指定的条件，计算结果为真或假，返回不同的结果。可以使用 IF 函数对数值和公式的执行条件进行检测。

3. 主要事项

（1）最多可以使用 64 个 IF 函数作为 Value_if_true 和 Value_if_false 参数进行嵌套。

（2）在计算参数 Value_if_true 和 Value_if_false 时，IF 会返回相关语句执行的返回值。

（3）如果函数 IF 的参数包含数组，则在执行 IF 语句时，数组中的每一个元素都将计算。

4. 案例

在教师工资表中，计算"应纳税"时，用到了 IF 函数。如图 4-106 所示为第一个教师的工资信息。

G	H	I	J	K
应发工资	公积金	失业险	报税总额	应纳税
5000	600.00	25.00	875.00	

图 4-106　教师工资部分信息

函数应用方法：根据"报税总额"所属的范围及对应的税率，分段计算应纳税额。向 K4 单元格输入的公式：＝IF（J4＜=0，0，IF（J4＜=1500，J4*0.03，IF（J4＜=4500，J4*0.1－105，IF（J4＜=9000，J4*0.2－555，IF（J4＜=35000，J4*0.25－1005，J4*0.3－2775）)))))。

说明：

J4 <= 0，为真，则 K4 = 0：报税总额小于或等于 0，工资不足 3500，不缴税；

J4 <= 1500，为真，则 K4 = J4*0.03：报税总额小于 1500，按报税总额的 3% 的额税率纳税；

J4 <= 4500，为真，则 K4 = J4*0.1 - 105：报税总额在 1500 ~ 4500 之间，应按报税总额的 10% 的额税率扣除速算数 105 纳税。以此类推。

分析图 3-83 所示案例 IF 函数表达式：J4 = 875，0 < J4 <= 1500

$$K4 = IF（J4 < 0,\ 0,\ J4*0.03）$$

判断报税总额的条件　　　　不满足条件时的值

满足条件时值

此时，J4 = 875，0 < J4 <= 1500 是不满足小于等于 0 但满足小于 1500 的条件，如果 J4 大于 1500 就需要用下一层嵌套的 IF 函数进行判断。

多层嵌套、分段按照不同税率计算应纳税的 IF 函数表达式如上面所示，对每个教师都使用，因此可以复制函数，准确计算应纳税，并且函数计算结果也能自动更新。

二、能力测评

打开文件"学生成绩单 .xlsx"中的"学期总评"工作表，利用 Excel 2010 提供的函数计算"学期总评"成绩单中的总分、平均分等，并对各科成绩进行统计分析，如计算各科平均分、最高分、最低分、考试人数等项目，并完成成绩单和成绩分析表的格式设置任务。

函数为 Excel 2010 提供了强大的数据处理的功能，包括"数学和三角函数""文本函数""逻辑函数""财务函数""日期和时间函数"等，利用这些函数完成数据的加工、处理、分析，为日常工作提供所需的数据。本任务利用这些函数完成各个项目的计算。

具体要求：

（一）基本训练项目

（1）求和函数 SUM（）计算总分。

（2）求平均函数 AVERAGE（）计算平均分。

（3）求最大值函数 MAX（）计算最高分。

（4）求最小值函数 MIN（）计算最低分。

小窍门

当忘记函数名称时，可以使用公式菜单下的插入子函数菜单，里面有关于函数的说明。

227

（5）利用计数函数 COUNT（）统计考试人数。

（6）利用频率分布函数 FREQUENCY（）统计各分数段人数。

（二）拓展训练项目

（1）使用排名次函数 RANK（）统计名次。

（2）使用除法公式计算优秀率和及格率。

（3）使用高级筛选功能筛选出优秀学生名单和补考学生名单。

（4）使用选择性粘贴生成学生成绩统计分析表。

（三）训练任务成果

学生按照上述要求完成本训练任务，其成果如图 4-107 和图 4-108 所示。

学号	姓名	语文	数学	英语	计算机	专业课	总分	名次
				经济信息技术系2014-2班 学期总评成绩单				
2014070201	杨 雯 淇	87	78	86	78	84	413	9
2014070202	杨 洁	92	85	90	89	92	448	3
2014070203	高 子 鸣	89	100	92	89	86	456	2
2014070204	马 小 菲	76	84	90	91	90	431	7
2014070205	赵 星	64	78	56	70	83	351	20
2014070206	王 晶	91	92	99	85	100	467	1
2014070207	段 玲	84	86	79	82	85	416	8
2014070208	班 利 娟	69	76	85	75	88	393	13
2014070209	周 宏	59	61	70	69	74	333	21
2014070210	王 旭	60	89	88	88	66	393	13
2014070211	张 望	71	75	57	85	80	368	17
2014070212	阿 丽	82	84	89	45	63	363	18
2014070213	王 嫱	77	59	60	80	84	360	19
2014070214	奇 慧	88	74	81	66	90	399	12
2014070215	谢 茜 茜	65	88	75	82	82	392	15
2014070216	苏 日 娜	54	60	64	74	52	304	23
2014070217	邢 文 文	89	91	88	87	92	447	4
2014070218	巴 静 静	94	94	86	85	87	446	5
2014070219	任 浩	83	84	78	80	83	408	10
2014070220	李 静	76	79	81	80	85	401	11
2014070221	吕 坤	50	65	70	56	76	317	22
2014070222	郝 慧 波	89	92	86	81	84	432	6
2014070223	赵 颖	74	60	73	80	86	373	16

学期总评 统计分析 优秀生名单 补考名单 成绩图表

图 4-107　学生成绩单的数据统计分析样本（1）

各科成绩统计分析

		语文	数学	英语	计算机	专业课
	平均分	76.65	79.74	79.35	78.13	82.26
	最高分	94	100	99	91	100
	最低分	50	59	56	45	52
	考试人数	23	23	23	23	23
59	0~59	3	1	2	2	1
74	60~74	6	5	5	4	3
84	75~84	6	8	5	9	8
99	85~99	8	8	11	8	10
100	100	0	1	0	0	1
	优秀率	34.78%	39.13%	47.83%	34.78%	47.83%
	及格率	86.96%	95.65%	91.30%	91.30%	95.65%
	补考人数	3	1	2	2	1

图 4-108　学生成绩单的数据统计分析样本（2）

三、训练成果测评表

职业能力	评价内容		评价等级		
	学习目标	评价内容	优	良	差
专业能力	1. 能管理 Excel 文件	另存、命名文件，随时保存文件			
	2. 能够利用公式计算工资表中的各项数据	各数据的算法分析			
		转换为 Excel 公式表达式：四则运算			
		加法公式计算"应发工资"			
		正确输入公式			
		复制公式，并检查核对			
		乘法公式计算"公积金""失业险"			
		设置单元格的数字格式，2 位小数			
		减法公式计算"报税总额"			
		条件判断函数 IF（）分段计算"应纳税"			
		减法公式计算"应发工资"			
	3. 能够利用求和函数 SUM（）计算合计	能将"合计"连加运算正确转换为 Excel 求和函数			
		能调用求和函数 SUM（）计算"合计"并检查			
		能复制函数，并核对			
	4. 能够利用常用函数计算、统计、分析员工工资信息	能利用求和函数计算"应发工资"			
		能利用平均值函数 AVERAGE 计算平均工资			
		能利用最大值函数 MAX 计算"最高工资"			
		能利用最小值函数 MIN 计算"最低工资"			
		能使用计数函数 COUNT 计算"员工人数"			
		能使用频率分布函数 FREQUENCY 统计各段工资人数			
		使用排名次函数 RANK 统计薪水获得高低			
	5. 能对工作表进行保护	能设置工作表保护			
		能撤销工作表保护			
方法能力	6. 收集、分析、组织、交流信息的能力				
	7. 运用数学及基本技巧的能力				
	8. 自我学习、自我提高、学习掌握新技术的能力				
	9. 独立思考、分析问题、解决问题的能力				
	10. 运用科学技术的能力				

（续表）

职业能力	评价内容		评价等级		
	学习目标	评价内容	优	良	差
社会能力	11. 沟通交流、语言表达的能力				
	12. 质量监察、质量控制的能力				
	13. 与伙伴交往合作的能力				
	14. 工作态度、工作习惯				
	15. 计算机文化素养				
	综合评价				

子项目三　教师信息综合分析

 学习目标

● **能力目标：**

能够利用图表的绘制方法制作各种类型的教师信息图表。

● **知识目标：**

掌握图表的绘制方法。

掌握图表的编辑、格式设置的方法。

● **素质目标：**

积极主动地学习、探究与应用信息技术。

通过获取、加工、管理、表达与交流信息的过程，创新性地解决生活和学习中的各种问题。

了解与信息技术应用相关的法律、法规及安全维护常识。

 任务情境

教师信息综合统计分析旨在全面分析教师人事信息，包括年龄结构、职称结构、工资结构及技术水平等，从而为学校人事管理决策提供有力支持。利用 Excel 2010 图表和透视功能，可以完成枣信科技职业学院教师人事信息统一管理，并完成员工分布结构的综合统计分析。

以图表的形式进行数据分析会更加清晰、直观。本任务以"教师档案表"和"教师工资表"的数据为依据，绘制各种图表，并设置图表格式以满足需求。

打开文件"教师档案表 .xlsx"和"教师工资表 .xlsx"两个文件，

在"信息图表"和"工资统计分析"两个工作表中绘制以下图表，并按照样文效果设置图表各部分格式："员工工资统计分析图"雷达图，"员工工资分布图"折线图，"员工学历分布图"饼图，"员工职称分布图""员工年龄分布统计""员工年龄统计""员工工龄统计""员工工龄分布"柱状图。

本任务完成样文效果如图 4-109 和图 4-110 所示。

探究与实践

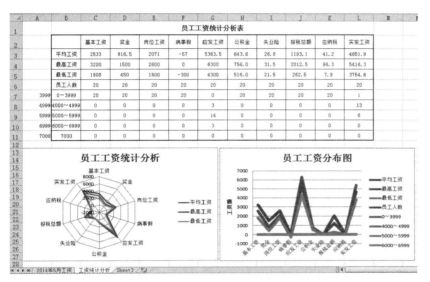

图 4-109　教师工资分析

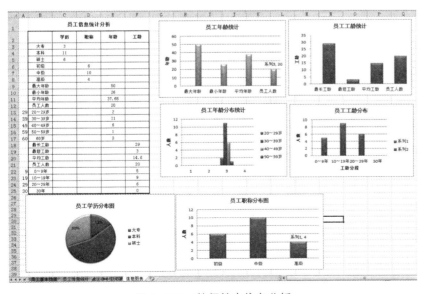

图 4-110　教师基本信息分析

任务分析

一、图表的概念

将工作表中的数据用图的形式表示出来，这就是图表。图表的类型很多，每一种类型又有若干子类型。

二、图表的组成部分

图表由图表的标题、垂直（值）轴、水平（类型）轴、绘图区和图例五部分组成，如图4-111所示。

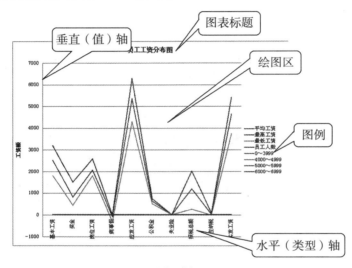

图 4-111　图表组成部分

图表标题在图表的顶端，用来说明图表的名称、种类或性质。

绘图区是图表中数据的图形显示，包括网格线和数据图示。

垂直轴用来区分数据的大小，包括垂直轴标题和刻度值。

水平轴用来区分数据的类型，包括水平轴标题和分类名称。

图例用来区分数据各系列的彩色小方块和名称。

图表的组成部分，有的是在图表绘制过程中自动生成的，如绘图区、图例、垂直轴、水平轴等；有的是在图表绘制完成后需要添加或设置的，如图表标题、垂直轴标题、水平轴标题、类别名称等，所有的组成部分都可以在图表绘制完成后进行修改或格式设置。

分析图表和数据表之间的关系，并且在图表绘制过程中要注意正确选择数据区域，对图表的各个区域分别进行格式设置。

 **相关知识**

Excel 2000 中文版提供了大量图表类型，可以根据表格的数据很快地建立一个既美观又实用的图表，让用户清楚地看到数字所代表的意义。

一、创建图表

（一）使用"图表"工具栏创建简单的图表

打开"图表"工具栏："视图"—"工具栏"—"图表"。

（二）使用"图表向导"创建图表

使用图表向导能够创建更为丰富的图表。

启动"图表向导"有两种方式：单击常用工具栏中的"图表向导"快捷按钮。

（三）选择"插入"—"图表"命令

怎样使用"图表向导"创建图表？

（1）建立一个工作表。

（2）选择图表所包含的数据单元。

（3）单击"常用"工具栏中的"图表向导"按钮，弹出"图表向导—4 步骤之 1—图表类型"对话框。

（4）在对话框中打开"标准类型"选项卡，即可选择想要的图表类型。

注意：如果用户需要重新选择数据区域，可单击"数据区域"文本框右边的按钮，回到工作表重新选定区域。

二、编辑图表

（一）更改图表类型

（1）选择需要更改类型的图表。

（2）选择"图表"—"图表类型"命令，弹出"图表类型"对话框。

（3）选择"图表类型"列表框中的"条形图"选项，在"子图表类型"列表框中选择"三维簇状条形图"选项。

（4）单击"确定"按钮完成更改。

（二）更改数据系列产生方式

图表中的数据系列既可以在列产生，也可以在行产生。有时更改系列产生方式可以使图表更加直观。

1. 数据系列在行

（1）选定要更改的图表。

小贴士

　　当不知道如何选择系列时，可以分别选择试一试，通过查看预览图确定。

（2）选择"视图"—"工具栏"—"图表"命令。

（3）单击"图表"工具栏中的"按行"按钮。

2. 数据系列在列

（1）选定要更改的图表。

（2）选择"图表"—"数据源"命令，弹出"数据源"对话框。

（3）在对话框中单击"数据区域"选项卡，然后根据需要选中"系列产生在"选项组中的"行"或"列"单选按钮。

（三）添加或删除数据系列

用户向已经建立了图表的工作表中添加了数据系列后，当然希望图表能把添加的数据系列显示出来。下面说明如何向图表中添加数据系列。

1. 添加数据系列

（1）先定要添加的数据系列图表。

（2）选择"图表"—"数据源"命令，弹出"源数据"对话框。

（3）打开"系列"选项卡。

（4）单击"添加"按钮，然后在"名称"文本框中输入新的数据字段名。

（5）单击"值"文本框右侧的"数据范围"按钮。

（6）在工作表中选定要添加的数据系列，再单击"返回"按钮，返回到"系列"选项卡。

（7）单击"确定"按钮完成添加，新的数据系列就添加到图表中了。

2. 复制数据系列

用复制的方法向图表中添加数据系列是最简便的方法，具体步骤如下：

（1）选择要添加的数据所在的单元格区域。

（2）选择"编辑"—"复制"命令。

（3）单击要添加数据的图表。

（4）选择"编辑"—"粘贴"命令。

3. 删除数据系列

如果仅删除图表中的数据系列，单击图表中要删除的数据系列，然后按 delete 键；如果要把工作表中的某个数据系列与图表中的数据系列一起删除，选定工作表中的数据系列所在的单元格区域，然后按 delete 键。

注意：在添加数据系列时，如果工作表中有要添加的数据系列的名称和数值，最好使用单元格引用，以免在修改数据之后图表不自动更新。

在更改图表类型和更改数据产生系列方式，以及修改图表数据源时，如果不选中图表，则"图表"菜单不会出现。

（四）设置各种图表选项

如果用户需要设置或修改图表的标题、坐标轴、图例、数据标志等选项，请按下面的步骤进行：

（1）选择需要设置选项的图表。

（2）选择"图表"—"图表选项"命令。

（3）在弹出的"图表选项"对话框中选择需要设置相应选项的选项卡。

（4）根据图表进行设置即可。

（五）向图表中添加文本

1.添加文本框

（1）选中要添加文本的图表。

（2）选择"视图"—"工具栏"—"绘图"命令，打开"绘图"工具栏。

（3）单击"绘图"工具栏中的"文本框"按钮。

（4）在文本框内输入文字。

2.调整文本框

（1）选中要更改的图表文本。

（2）选择"格式"—"图表"—"图表区格式"对话框。

（3）在对话框中根据需要设置字体的格式。

三、图表类型

Excel XP 提供了 14 种内部图表类型，每一种图表类型还有好几种子类型，用户还可以自定义图表，所以图表类型是十分丰富的。下面介绍几种最常见的图表类型及其适用范围。

（一）柱形图和条形图

柱形图，如果以时间作为数据系列，可以鲜明地表达数据随时间的涨落变化。

条形图用来描述各项数据之间的差别情况。

（二）折线图

折线图以等间隔显示数据和变化趋势。如果用户想表示某些数据随时间的变化趋势，可选择折线图。

（三）面积图

面积图强调幅度随时间的变化情况。百分比面积图还可以反映部分与整体之间的关系。

探究与实践

小贴士
　　文本框的位置也可以拖动改动。

（四）饼图和圆环图

饼图十分适合表示数据系列中每一项占该系列总值的百分比。圆环图的作用类似饼图，但它可以显示多个数据系列，每个圆环代表一个数据系列。

（五）XY 散点图

XY 散点图可展示两个变量之间的相关性。

（六）三维图

三维图包括三维柱形图、三维条形图、三维柱形圆柱图、三维柱形圆锥图和三维柱形棱锥图等类型。三维图有立体感，但如果角度位置不对反而会弄巧成拙，所以用户要知道怎样调整三维图。

调整三维图可以使用菜单命令，也可以使用鼠标拖动。使用菜单命令如下：

（1）选中要调整的三维命令。

（2）选择"图表"—"设置三维视图命令"，弹出"设置三维视图格式"对话框。

（3）根据需要进行设置即可。

（七）自定义图

除了标准型以外，Excel XP 还提供了几十种内部自定义图表类型让用户选择。

四、设置图表格式

（一）设置图表区和绘图区格式

1. 怎样设置图表区

（1）选中整个图表。

（2）选择"格式"—"图表"命令，弹出"图表区格式"对话框。

（3）在该对话框中，可以在"图案"—"字体"—"属性"三个选项卡中对图表格式进行设置。

2. 怎样设置绘图区格式

选择"格式"—"绘图区"，弹出"绘图区格式"对话框。

提示：选中图表区或绘图区后，直接单击鼠标左键或单击鼠标右键，设置图表区和绘图区的格式。

（二）设置图表数据系列的次序

在图表区中选择要设置的数据系列，选择"格式"—"数据系列"命令。

提示：可以直接双击要改变的数据系列，就可以打开"数据系列格式"对话框了。

探究与实践

（三）格式化图例

在图表区中选择要格式化的图例，选择“格式”—“图例”命令，打开“图例格式”对话框，即可进行设置。

任务实施

准备工作：将保存的“教师档案表 .xlsx”和“教师工资表 .xlsx”文件打开。在“教师基本档案”工作表中按照要统计的教师学历、职称、年龄、工龄等信息，完成教师信息统计并制作“教师信息统计分析表”，将“教师信息统计分析表”部分复制并选择性粘贴到“教师信息统计”和“信息图表”两个工作表中；将“教师工资表 .xlsx”中新建“工资统计分析”工作表，并将“2014 年 5 月工资”工作表中的“员工工资统计分析表”内容部分复制到该工作表中。

上述准备的工作表作为绘制图表的数据源，按照下面工作流程开始操作。

一、绘制“员工工资统计分析”雷达图

步骤 1：打开任务二制作的“员工工资统计分析表”，如图 4–112 所示。

	A	B	C	D	E	F	G	H	I	J	K	L	M
26													
27								员工工资统计分析表					
28				基本工资	奖金	岗位工资	病事假	应发工资	公积金	失业险	报税总额	应纳税	实发工资
29			平均工资	2533	816.5	2071	-57	5363.50	643.62	26.82	1193.06	41.20	4651.87
30			最高工资	3200	1500	2600	0	6300.00	756.00	31.50	2012.50	96.25	5416.25
31			最低工资	1800	450	1800	-300	4300.00	516.00	21.50	262.50	7.88	3754.63
32			员工人数	20	20	20	20	20	20	20	20	20	20
33		3999	0～3999	20	20	20	20	0	20	20	20	20	1
34		4999	4000～4999	0	0	0	0	3	0	0	0	0	13
35		5999	5000～5999	0	0	0	0	14	0	0	0	0	6
36		6999	6000～6999	0	0	0	0	3	0	0	0	0	0
37		7000	7000	0	0	0	0	0	0	0	0	0	0

图 4–112　教师工资分析统计表

步骤 2：选择分析表中的数据区域 C28：M31，如图 4–113 所示。

	基本工资	奖金	岗位工资	病事假	应发工资	公积金	失业险	报税总额	应纳税	实发工资
平均工资	2533	816.5	2071	-57	5363.50	643.62	26.82	1193.06	41.20	4651.87
最高工资	3200	1500	2600	0	6300.00	756.00	31.50	2012.50	96.25	5416.25
最低工资	1800	450	1800	-300	4300.00	516.00	21.50	262.50	7.88	3754.63
员工人数	20	20	20	20	20	20	20	20	20	20
0～3999	20	20	20	20	0	20	20	20	20	1
4000～4999	0	0	0	0	3	0	0	0	0	13
5000～5999	0	0	0	0	14	0	0	0	0	6
6000～6999	0	0	0	0	3	0	0	0	0	0
7000	0	0	0	0	0	0	0	0	0	0

图 4–113　选取绘图雷达图的数据区域

步骤3：单击"插入"选项卡，在"图表"中选择"其他图表"，选中"雷达图"，显示如图4-114所示。

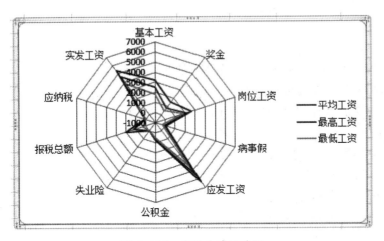

图 4-114　自动生成雷达图

步骤4：添加图表标题，设置图表标题格式，选中折线图表，点击"布局"选项卡中"图表标题"，选择"图表上方"按钮，如图4-115所示，生成带图表标题的雷达图，如图4-116所示。修改标题为"员工工资统计分析"。

试一试
　　把生成的雷达图换成三维图。

图 4-115　插入图表标题

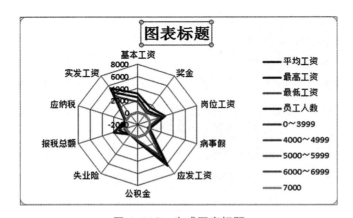

图 4-116　生成图表标题

探究与实践

二、绘制“员工工资分布”折线图

步骤 1：选择“员工工资统计分析表”中的数据区域 C28：M31，如图 4–117 所示。

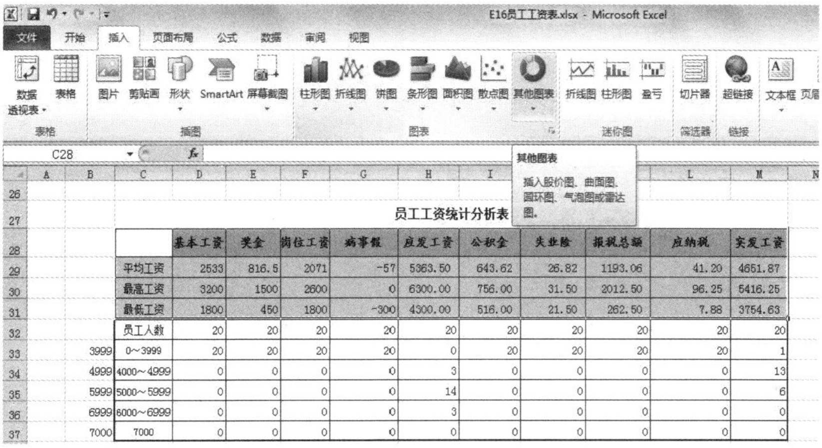

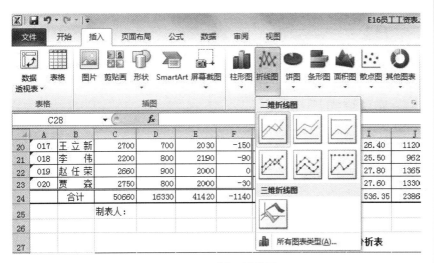

图 4–117　选取制作折线图的数据区域

步骤 2：单击“插入”选项卡，在“图表”组选中“折线图”的第 1 种，如图 4–118 所示。

图 4–118　插入折线图

步骤 3：选好折线图，移动到数据表下方，如图 4–119 所示。

步骤 4：添加图表标题，设置图表标题格式，选中折线图表，点击“布局”选项卡中“图表标题”，选择“图表上方”按钮，在图表区上方出现“图表标题”编辑框，输入“员工工资分布图”。

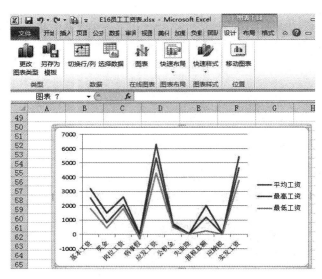

图 4-119　移动图表

探究与实践

步骤 5：添加垂直轴标题，选择"坐标轴标题"下的"主要纵坐标轴标题"旋转过的标题，输入"工资额"，如图 4-120 所示。

试一试

　　将生成折线图的图例去掉。

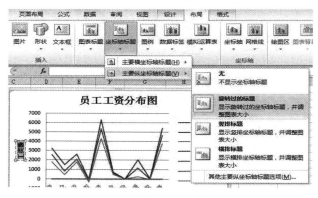

图 4-120　添加垂直坐标轴标题

步骤 6：改变绘图区大小，选中绘图区适当扩大，使图表更清晰，如图 4-121 所示。

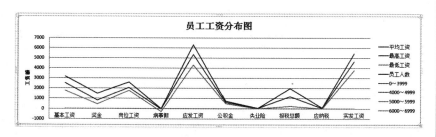

图 4-121　折线图的效果

三、绘制"员工工资分析"柱状图

步骤1：选择"员工工资统计分析表"中的数据区域 B2：L5。

步骤2：单击"插入"选项卡，在"图表"组选中"柱状图"的第1种簇状柱状图，自动生成饼图，如图4-122所示。

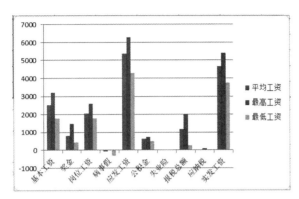

图 4-122 自动生成簇状柱状图

步骤3：添加图表标题，设置图表标题格式，选中图表，点击"布局"选项卡中"图表标题"，选择"图表上方"按钮，在图表区上方出现"图表标题"编辑框，输入"员工工资分析图"，如图4-123所示。

步骤4：选中绘图区的图形，单击"设计"选项卡中"图表样式"的"样式26"，效果见图4-123。

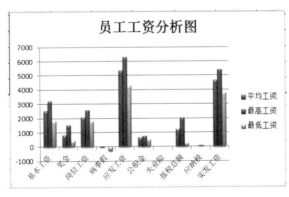

图 4-123 簇状柱状图效果图

四、绘制"员工学历分布"饼图

打开"员工学历表.xlsx"文件，选择准备好的"信息图表"工作表，完成下列操作：

步骤1：选择"员工信息统计分析表"中学历字段的数据区域B3：C5。

步骤2：单击"插入"选项卡，在"图表"组选中"饼图"的第1种，自动生成饼图。

步骤3：选择饼图，单击"设计"选项卡中"图表布局"的"布局6"。

步骤4：选中绘图区的图形，单击"设计"选项卡中"图表样式"的"样式26"。

步骤5：编辑图表标题，输入"员工学历分布图"，如图4-125所示。

操作流程如图4-124所示，操作效果如图4-125所示。

探究与实践

试一试
　给生成的饼图更改一下样式。

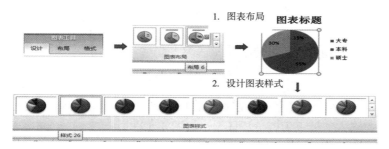

图4-124　饼图效果设计流程

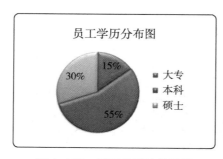

图4-125　饼图的设计效果图

拓展训练与测评

训练任务要求：

本训练任务以"各科成绩统计分析"数据表为例，绘制所需图表，设置图表各部分格式，并会使用图表功能区，以直观、形象的形式分析学生各科成绩、及格率、优秀率等。

打开文件"学生成绩单 .xlsx"，在成绩图表中绘制以下图表，按照要求设置图表各部分格式：各科成绩平均分、最高分、最低分雷达图，"各科成绩人数分布"簇状柱状图，"各科成绩优秀率、及格率"折线图，"数学成绩各分数段人数分布"柱饼图。

探究与实践

分析图表和数据表之间的关系，在图表绘制过程中要注意正确选择数据区域，对图表的各个区域分别进行格式设置。练习其他类型图表的绘制过程，以及使用各类图表进行数据分析。

学生按照上述要求完成本训练任务，其效果如图 4-126 所示。

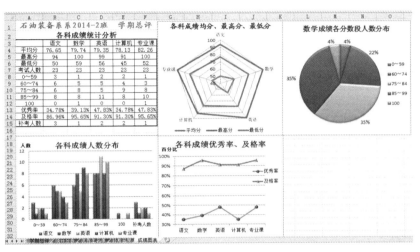

图 4-126　学生成绩分析图样图

训练成果测评表

职业能力	评价内容		评价等级		
	学习目标	评价内容	优	良	差
专业能力	1. 能管理 Excel 文件	另存、命名文件，随时保存文件			
	2. 能够利用常用函数计算、统计、分析员工学历、职称、年龄、工龄等信息	能利用条件计数函数 COUNTIF 计算各"学历""职称"人数			
		能利用平均值函数 AVERAGE 计算"平均年龄""平均工龄"			
		能利用最大值函数 MAX 计算"最大年龄"、最长工龄			
		能利用最小值函数 MIN 计算"最小年龄""最小工龄"			
		能使用计数函数 COUNT 计算"员工人数"			
		能使用频率分布函数 FREQUENCY 统计各段年龄人数、各段工龄人数			
	3. 会选择性粘贴	选择性粘贴生成"员工信息统计"表和"工资统计分析"工作表			

职业能力	评价内容			评价等级		
	学习目标	评价内容		优	良	差
专业能力	4. 能够绘制图表，并能设置图表各部分格式	绘制雷达图	正确选择数据区域			
			插入雷达图			
		设置雷达图各部分格式	移动图表位置，调整图表大小			
			添加图表标题，设置标题格式			
			添加坐标轴标题，设置坐标轴的格式			
			设置图例位置			
			设置图表中各系列的格式/样式			
		绘制折线图				
		设置折线图各部分格式				
		绘制饼图				
		设置饼图各部分格式				
		绘制柱状图				
		设置柱状图各部分格式				
方法能力	5. 收集、分析、组织、交流信息的能力					
	6. 运用数学及基本技巧的能力					
	7. 自我学习、自我提高、学习掌握新技术的能力					
	8. 独立思考、分析问题、解决问题的能力					
	9. 运用科学技术的能力					
社会能力	10. 沟通交流、语言表达的能力					
	11. 质量监察、质量控制的能力					
	12. 与伙伴交往合作的能力.					
	13. 工作态度、工作习惯					
	14. 计算机文化素养					
综合评价						

项目五
制作职业生涯规划演示文稿

项目概述

大学一年级时，如果对自己的职业做出适当规划，既有助于自身的成长和事业成功，还能服务于国家发展，为实现中华民族伟大复兴贡献自己的一份力量。

为了更好地规划大学生活和未来的职业，你需要制作一份职业生涯规划书，并通过 PowerPoint 2010 软件进行制作、展示和演讲。

PowerPoint 是 Office 系列办公软件中另一个重要组件，是一款专业的演示文稿制作工具，它可以制作各种用途的演示文稿，如讲义、课件、公司宣传、产品介绍等。制作者可以在演示文稿中设置各种引人入胜的视觉、听觉效果。

学习目标

● 能力目标：

扩展信息收集的能力及利用计算机加工整理各种信息资源的能力。

具备利用各种媒介完成学习任务的能力。

具备较强的实践和创新能力。

通过对幻灯片的设计制作过程,提高语言表达能力与审美意识。

培养对完成实际任务的整体把握能力。

提高使用计算机制作演示文稿的能力。

● 知识目标：

熟练掌握演示文稿的创建、保存方法。

熟练掌握新幻灯片的插入、删除、复制及顺序调整的方法。

理解并掌握幻灯片版式的设置、主题的应用、颜色的修改方法。

掌握在演示文稿中插入和编辑文字、图片、剪贴画、自选图形、

探究与实践

想一想

每个同学的近期规划是什么？

同学们所接触到的 PowerPoint 制作的幻灯片还可以用到什么地方？

245

SmartArt、图表、艺术字、文本框、背景音乐等对象的方法。

　　掌握使用各种动画技巧设计幻灯片的动态演示效果的操作方法。

　　掌握动作、超链接的插入及编辑方法。

　　掌握幻灯片切换的添加及参数设置方法。

　　掌握演示文稿的放映及打包方法。

　　掌握打印和发布演示文稿的基本操作方法。

● 素质目标：

　　培养学生团结协作的精神。

　　掌握职业规划理念和职业规划的基本方法，树立正确的成才观和就业观，增强社会责任感。

任务一　职业生涯规划内容的设计

任务情境

　　如果要做好职业生涯的规划，首先要清晰地认识自己，充分了解自己的性格、兴趣、优势、劣势，才能为自己规划出一条适合自己的职业道路。职业生涯规划主要内容包括自我分析、职业分析及对自己职业的预期规划等。本任务将职业生涯规划设置成不同的幻灯片，任务样文如图 5-1 所示。

想一想
　　如果每个同学都要完成职业生涯规划，那么你打算从哪几个方面进行展示？

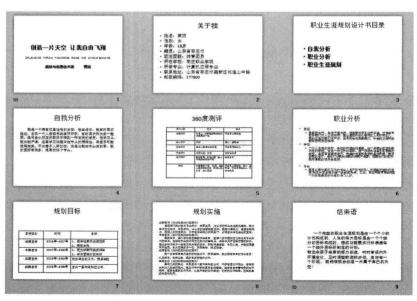

图 5-1　幻灯片整体情况

**任务分析**

演示文稿是由一张或若干张幻灯片组成的，每张幻灯片一般包括幻灯片标题（用来表明主题）和若干文本条目（用来论述主题）两部分。另外，还可以包括图片、图形、图标、表格等其他对论述主题有帮助的内容。

接到任务后，你需要通过查阅资料、分析、设计，完成下面的工作：

（1）创建一个新的演示文稿，用于职业生涯规划的制作。

（2）演示文稿中的第一张幻灯片版式默认选择"标题幻灯片"版式，分别在标题与副标题中输入文字内容。

（3）在演示文稿中分别插入"标题和内容"版式新幻灯片，用于自我介绍、职业生涯规划目录及主要内容幻灯片的制作，并分别在幻灯片的标题和内容占位符中输入合适的文字内容或插入表格，以完成职业生涯规划的制作。

相关知识

要制作一个有实用价值的演示文稿，一般需要经历以下几个步骤：

（1）确定演示文稿的主题。明确演示文稿要展示哪些方面的内容，表现什么主题，希望达到什么样的效果。

（2）收集材料。准备制作演示文稿所需的各种素材，包括与主题相关的文字、图片、音视频、动画等。

（3）确定演示文稿的提纲。根据主题和收集到的材料确定演示文稿的提纲。通常用结构图的形式描述作品各部分之间的逻辑关系或内容结构。

（4）编写脚本。演示文稿要通过一幅幅图画展示内容，编写脚本就是设计与之对应的一页页脚本。脚本是制作演示文稿的依据，编写脚本的工作内容包括：选取适当的媒体形式来呈现作品内容，设计出通畅的控制机制、内容展示布局和交互方式等。

（5）制作并修饰幻灯片。根据脚本的需要，把各种素材组合成一张幻灯片。

（6）检查调试。演示文稿基本制作完成后，要全面检查一下页面中是否有文字或图片错误、是否有知识性错误、是否体现了自己的意图、各页面之间的切换连接是否正常等，如果发现问题要及时改正。

（7）作品发布。演示文稿制作完成后就可以使用了，可以把它打包传送到别人的计算机或放到网络上，使更多的人看到。

在 PowerPoint 中，演示文稿和幻灯片是两个不同的概念。利用 PowerPoint 制作出来的整个可以放映的文件叫演示文稿，而演示文稿中的每一页叫幻灯片，每页幻灯片都是演示文稿中既相互独立又相互关联的内容。

一、PowerPoint 2010 启动和退出

（一）启动

启动 PowerPoint 2010 可以使用以下方法：

方法一：利用 Windows 7 的"开始"菜单启动。单击 Windows 7 任务栏上的"开始"按钮，打开"开始"菜单，单击"所有程序"打开列表，然后单击"Microsoft Office"，再选择菜单项"Microsoft PowerPoint 2010"，即可启动。

方法二：利用快捷图标启动。如果在桌面设置了 Microsoft PowerPoint 2010 的快捷图标，双击该快捷图标可以启动。

方法三：利用已创建的演示文稿启动。在 Windows 7 的"计算机"窗口中找到已经保存的 PowerPoint 演示文稿或其快捷方式，选中后双击即可启动 PowerPoint，并打开演示文稿。

前 2 种方法启动 PowerPoint 2010 后，系统会自动新建一个空白演示文稿，启动后的窗口如图 5-2 所示。PowerPoint 窗口中的标题栏、功能区的外观、使用方法与 Word 相同，这里就不具体介绍了。

✏ **探究与实践**

试一试

请同学们认真准备职业生涯规划材料，做好前期的策划准备工作，并在纸上做好草稿。

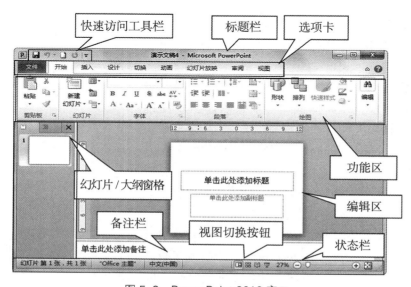

图 5-2　PowerPoint 2010 窗口

（二）退出

当结束了演示文稿的编辑操作后，如果需要退出 PowerPoint 2010，可采用以下几种退出方法：

方法一：选择 PowerPoint 2010 窗口"文件"菜单选项卡中"退出"命令。

方法二：单击 PowerPoint 2010 窗口标题栏右上角的"关闭"按钮 。

方法三：双击 PowerPoint 2010 标题栏左上角"控制菜单"按钮 ⓟ。

方法四：按快捷键 Alt ＋ F4。

退出 PowerPoint 2010 程序后，如果文档中的内容有改变并且没有保存或者是新建的演示文稿，系统会弹出一个"另存为"对话框，询问是否要进行保存。单击"保存"，弹出"另存为"对话框，选择保存位置、文件名称及文件类型保存文件并退出应用程序；如果单击"不保存"，文件则不被保存而直接退出 PowerPoint 2010 程序。

探究与实践

做一做
快捷键 Alt ＋ F4 与快捷键 Ctrl ＋ F4 的区别是什么？

二、演示文稿的创建

（一）使用样本模板新建演示文稿

PowerPoint 的样本模板提供了一些已经制作好的演示文稿样板供参考，可以根据需要从中选择一个适当的模板，在此基础上修改或添加内容，快速制作自己的演示文稿。

打开"文件"选项卡，单击新建命令，如图 5-3 所示。

图 5-3　"可用的模板和主题"界面

（1）在"可用的模板和主题"窗格中单击"样本模板"命令，在打开的"样本模板"列表中列出了 PowerPoint 所提供的演示文稿样本模板，选择一种需要的模板。这里选择"项目状态报告"，如图 5-4 所示。

图 5-4　选择演示文稿的类型

（2）单击"创建"按钮，屏幕上出现演示文稿的第一张幻灯片，如图 5-5 所示。

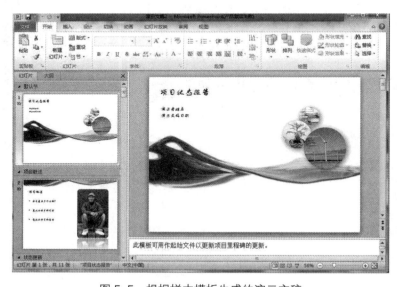

图 5-5　根据样本模板生成的演示文稿

拖动幻灯片窗格右侧的滚动条可以看出，这个演示文稿共有 11 张幻灯片，可以在此基础上删除、修改或增加幻灯片，从而生成符合要求的演示文稿。如果演示文稿类型选择得比较恰当，利用这种方法可以迅速制作出自己的演示文稿。

PowerPoint 预设的模板有限，要想找到更多的模板，可以在 office.com 网站下载。

（二）使用主题新建演示文稿

主题就是 PowerPoint 系统预先设计好的待用模板文档，其中的背景图案、色彩搭配、文本格式、标题层次都是预先设计好的，可以根据个人喜好选择相应模板，其中的格式将会自动应用到演示文稿上。用户选择一种主题后再输入文本、插入图片等即可创建演示文稿。具体操作方法如下：

启动 PowerPoint 后，单击"文件"选项卡中的新建按钮，在"可用的模板和主题"窗格中单击"主题"命令，在打开的"主题"列表框中可以浏览 PowerPoint 提供的各种主题模板，如图 5-6 所示。

探究与实践

试一试
　　请同学们尝试使用样本模板制作演示文稿。

图 5-6　"主题"模板列表

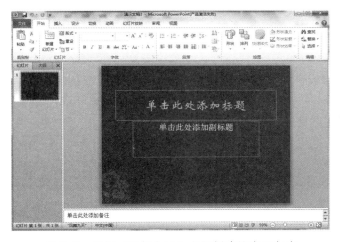

图 5-7　根据"凤舞九天"主题创建的演示文稿

试一试
　　请同学们尝试使用主题制作演示文稿。

单击某个主题模板示意图，再单击"创建"按钮，屏幕上就会出现根据这个主题创建的演示文稿。图 5-7 是根据"凤舞九天"主题创建的演示文稿。然后根据需要在幻灯片中输入文字、插入图片，即可逐步完成演示文稿的创建工作。

（三）创建空白演示文稿

PowerPoint 启动后会自动创建一个空白演示文稿，可以在该演示文稿中的空白幻灯片中插入对象，设置动画和切换效果。具体操作方法将在后面的任务中陆续学到。

新建空白演示文稿还可以采取以下操作方法：

方法一：在打开的程序窗口中单击"文件"选项卡，选择"新建"命令，单击"创建"按钮，即可生成一个新的空白演示文稿。

方法二：单击快捷工具栏上的"新建"按钮，即可建立一个新的空白演示文稿。

方法三：使用快捷键 Ctrl + N。

另外，还可在文件夹内单击鼠标右键，在弹出的快捷菜单中选择"新建 Microsoft PowerPoint 演示文稿"。

三、PowerPoint 2010 的视图

视图是观看演示文稿的一种方式。为了便于设计者可以通过不同的方式观看和设计幻灯片，PowerPoint 提供了多种视图显示方式，可以帮助我们方便地编辑和加工演示文稿。

PowerPoint 2010 提供了"普通视图""幻灯片浏览视图""阅读版式视图"和"幻灯片放映视图"。可以通过"视图"选项卡下的"演示文稿视图"功能区来查看各种视图，还可以点击状态栏右侧的视图按钮来切换各种视图。

（一）普通视图

普通视图是 PowerPoint 中最重要的编辑视图，也是 PowerPoint 默认的视图。

单击"普通视图"按钮 ▣，进入该视图的显示方式。该视图有 3 个工作区域：左侧为"幻灯片 / 大纲"窗格，即"幻灯片"文本大纲和幻灯片缩略图之间切换的选项卡，单击"幻灯片"选项卡时该窗格显示幻灯片的缩图，单击"大纲"选项卡时该窗格显示的是幻灯片的文本大纲；右侧为"幻灯片编辑"窗格；底部为"备注"窗格，在"备注"窗格中可以对该幻灯片的内容加以注释。

利用普通视图不但可以处理文本和图形，还可以处理声音、动画及其他特殊效果。

（二）幻灯片浏览视图

单击幻灯片浏览视图按钮 ▦，进入该视图的显示方式。该视图可以把幻灯片缩小排放在屏幕上，方便对幻灯片进行复制、移动和删除，以及重排整个幻灯片的显示顺序，查看整个演示文稿的整体效果。

（三）阅读版式视图

单击阅读版式视图按钮 ▦，进入该视图的显示方式。阅读视图只显示标题栏、阅读区和状态栏，一般用于演示文稿制作完成后对幻灯片进行简单的预览，而不是放映的演示文稿。

（四）幻灯片放映视图

单击幻灯片放映视图按钮 ▦，则以全屏幕方式显示当前幻灯片，在放映过程中可以单击鼠标左键或按向下方向键播放下一张幻灯片，按 ESC 键退出幻灯片放映视图。

四、创建和编辑幻灯片

（一）新建新幻灯片

方法一：单击"开始"选项卡，单击"幻灯片"功能区中的"新建幻灯片"，单击所需版式，即可实现插入一张新幻灯片的操作，如图 5-8 所示。

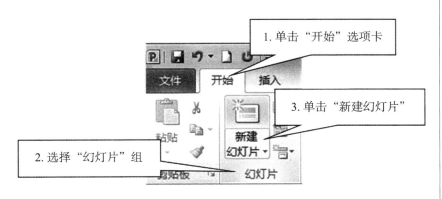

图 5-8　新建幻灯片

方法二：在"幻灯片 / 大纲"窗格要插入幻灯片的空白位置处单击鼠标右键，在弹出的快捷菜单中，选择"新建幻灯片"命令，如图 5-9 所示。

◢ 探究与实践

试一试
请同学们分别快速切换到这四种视图状态下，查看一下窗口发生了什么变化？

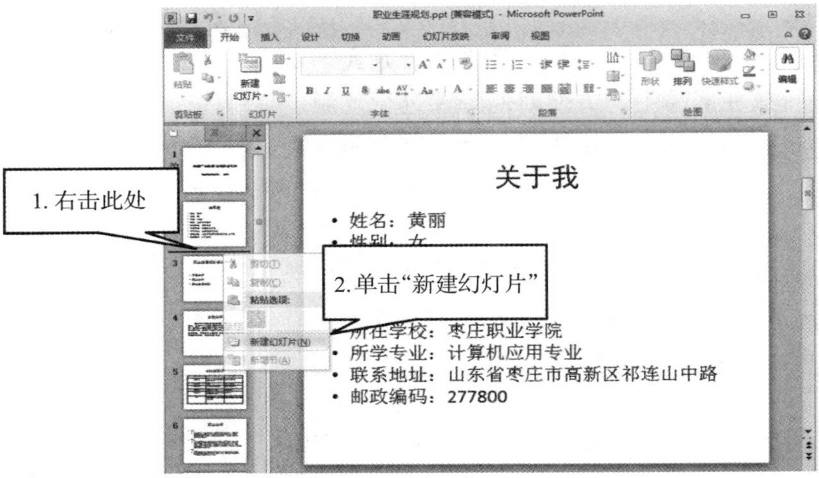

图 5-9 用快捷菜单新建幻灯片

（二）幻灯片的复制

可以采用下面两种方法完成幻灯片的复制操作：

方法一：在"幻灯片/大纲"窗格中，选中要复制的幻灯片，按住 Ctrl 键，将幻灯片用鼠标拖动到目的位置即可实现复制。

方法二：在"幻灯片/大纲"窗格中，选中要复制的幻灯片，按下 Ctrl + C 组合键，找到目标位置，按下 Ctrl + V 组合键。

（三）幻灯片的移动

在"幻灯片/大纲"窗格或幻灯片浏览视图状态下，把鼠标指针移到要改变位置的幻灯片上，按住左键拖动，在拖动的过程中会出现一条竖直虚线指示幻灯片当前的位置，当这条竖直虚线移到目标位置时松开鼠标左键，幻灯片的位置就改变了。

另外，也可以通过"剪切""粘贴"命令完成移动幻灯片操作。

（四）幻灯片的删除

在"幻灯片/大纲"窗格中或在幻灯片浏览视图状态下，单击选定欲删除的幻灯片，然后单击键盘上的 Delete 键，或者在幻灯片上右键单击，在弹出的快捷菜单中单击"删除幻灯片"命令，即可删除该幻灯片。

（五）幻灯片的隐藏

如果不希望演示文稿中某张幻灯片被播放出来，又不想删掉该幻灯片，可将其进行隐藏，方法：首先选中要隐藏的幻灯片，单击鼠标右键，从弹出的菜单中选择"隐藏幻灯片"命令。

（六）更改幻灯片的版式

如果要更改幻灯片的版式，首先要在"幻灯片"窗格中显示该幻灯片，然后单击"开始"选项卡"幻灯片"命令组中 版式 的

小贴士

除了通过右键快捷菜单外，还可以在幻灯片放映选项卡下，单击隐藏幻灯片按钮，完成幻灯片的隐藏操作。

按钮，在打开的版式下拉列表中单击一种版式图标即可。

五、幻灯片中文本的输入及编辑

在幻灯片中输入文本常用的方法有两种，一种是直接在占位符中输入文本，二是使用文本框输入文本。

（一）在占位符中输入文本

在普通视图的"幻灯片"窗格中，空白幻灯片中用虚线围成的区域称为"占位符"。占位符中常有"单击此处添加标题""单击此处添加文本"等提示语，这就是文本占位符，它是插入文本对象的一个特定区域。用鼠标在占位符中单击后提示语消失，出现插入点光标，在光标处即可输入文本。

（二）使用文本框输入文本

除了可以直接在占位符中输入文本外，还可以使用文本框插入文字。方法：单击"插入"选项卡"文本"命令组中的"文本框"按钮下方的 ▼ ，在打开的下拉列表中选择 横排文本框(H) 或 垂直文本框(V) 命令，将鼠标指针移动到幻灯片中，按住左键拖出一个适当大小的框，松开左键就插入了一个文本框。文本框中有一个闪烁的插入点光标，在光标处可以输入文字。

幻灯片中的占位符和文本框都可以调整大小和位置，方法：将鼠标指针指向文本框或占位符的边框，当指针变成十字箭头状时按住鼠标左键拖动，可以改变文本框或占位符的位置；鼠标指针移到文本框或占位符边框上的任意一个尺寸控制点上，当指针变成双线箭头时按住左键拖动，可以改变文本框或占位符的大小。选中占位符或文本框后，切换到"绘图工具/格式"选项卡，通过"大小"命令组也可以调整大小。

（三）移动或复制幻灯片中的文本

移动或复制幻灯片中文本的方法，与在 Word 中的操作基本相同，只是需要区分移动或复制的是整个文本框还是其中的部分文字。如果移动或复制整个文本框，在选择时需要单击文本框的边框，选中整个文本框；否则，只需选中文本框中的文字即可。

（四）修改幻灯片中项目符号和编号的样式

在幻灯片中，可以使用项目符号和编号来突出各级标题并显示各级标题的顺序，以使文本具有清晰的层次结构。默认的项目符号是一个圆点，套用主题样式后项目符号的样子就会发生改变。可以添加或改变项目符号的样式，操作方法如下：

选定要改变项目符号的段落，单击"开始"选项卡"段落"命令组中的"项目符号" ⠿ ▼ 右侧的按钮，在打开的下拉列表中

📝 **探究与实践**

做一做
使用占位符输入文本与使用文本框输入文本后效果有什么区别？

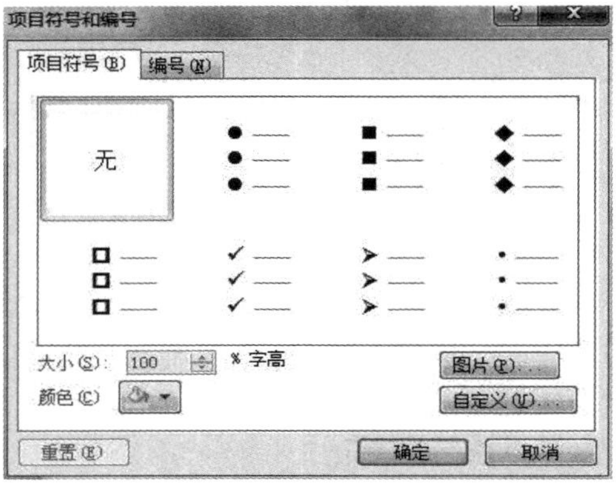

图 5-10　"项目符号和编号"对话框

可以选择需要的项目符号，单击"无"可以取消段落中的项目符号。单击下拉列表中的 ⋮ 项目符号和编号(N)…，打开"项目符号和编号"对话框，如图 5-10 所示，可以进一步设置项目符号的样式。在"项目符号"选项卡中提供了 7 种项目符号，选择了一个项目符号后，还可以在"大小"框中调整项目符号的大小，在"颜色"下拉列表中更改项目符号的颜色。设置好后单击确定，幻灯片上的项目符号会发生变化。

如果想设置更好看的项目符号，可在"项目符号和编号"对话框中单击 图片(P)…，打开"图片项目符号"对话框。这个对话框中提供了很多可以用作项目符号的图片，单击其中的一个后，再单击确定即可。

六、演示文稿的保存

（一）新文件的保存

单击"文件"选项卡中的"保存"或"另存为"命令。如果是对演示文稿进行第一次保存，都会打开"另存为"对话框。在"另存为"对话框中选择好保存位置，输入文件名称，选择文件类型，单击"保存"按钮即可。

（二）已保存过的文件的保存

对已经保存过的文件进行保存时，如果直接单击"保存"命令，将不再出现"另存为"对话框而直接将文件保存；如果选择"另存为"命令，则弹出"另存为"对话框，可重新选择保存位置，并可重新输入文件名，另存一份演示文稿。

提示：在保存演示文稿时，PowerPoint 2010 提供了多种文件格式，最常用的是 .pptx、.ppt、.pps 这 3 种。其中 .pptx 是一般的 PowerPoint 2010 演示文稿类型，也是 PowerPoint 2010 默认的保存文件类型；.ppt 是 PowerPoint 97-2003 的文件保存类型；.ppsx 文件格式一般用于需要自动放映的情况，可在"资源管理器"窗口中双击该类型的文件进行播放。

任务实施

一、演示文稿的创建

步骤1：启动 PowerPoint 2010。单击"开始"—"所有程序"—"Microsoft Office"—"Microsoft PowerPoint 2010"命令，启动 PowerPoint 2010，创建一个新的演示文稿，如图 5-11 所示。

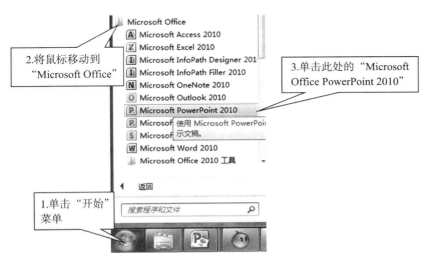

图 5-11　从"开始"菜单启动 PowerPoint 2010

步骤2：输入标题文字。在第一张幻灯片的标题部分输入文字"创造一片天空　让我自由飞翔"，在副标题部分输入"经济与信息技术系　黄丽"，如图 5-12 所示。

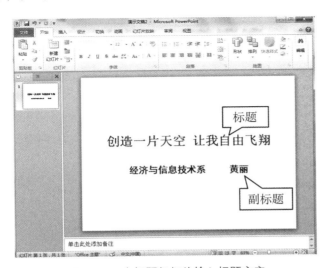

图 5-12　在标题幻灯片输入标题文字

257

二、插入新幻灯片

步骤 1：单击“开始”选项卡，单击“新建幻灯片”，选择“标题和内容”版式，如图 5–13 所示。

1. 单击“新建幻灯片”
2. 选择“标题和内容”
天空 让我自由飞翔
黄丽

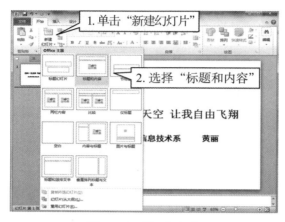

图 5–13　插入幻灯片

步骤 2：单击幻灯片上的内容文本框，在标题文本框中输入“关于我”文字，在内容文本框中依次输入“姓名、性别、年龄”等相关信息，如图 5–14 所示。

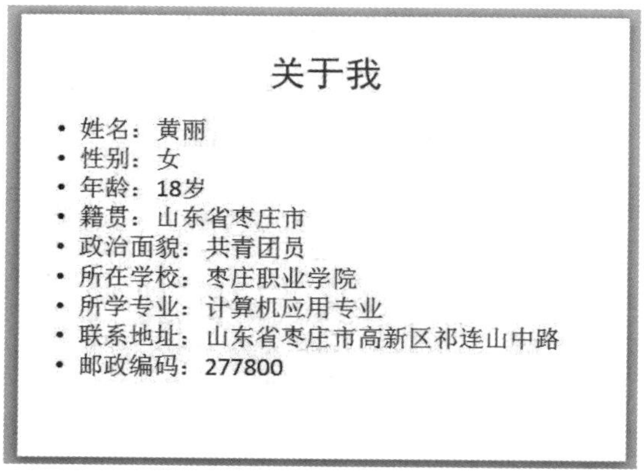

关于我
• 姓名：黄丽
• 性别：女
• 年龄：18岁
• 籍贯：山东省枣庄市
• 政治面貌：共青团员
• 所在学校：枣庄职业学院
• 所学专业：计算机应用专业
• 联系地址：山东省枣庄市高新区祁连山中路
• 邮政编码：277800

图 5–14　文字内容录入

步骤 3：相同的方法，插入新幻灯片，设置标题和内容版式并输入内容，并在每张幻灯片内输入文字或插入表格，文字内容在“E:\ 项目五 \ 素材 \ 职业生涯规划 .docx”文件中。

三、保存演示文稿

单击“文件”选项卡，选择“保存”命令，打开“另存为”对

探究与实践

小贴士

由于每个同学的幻灯片的设计思路及效果不同，所以每一张幻灯片的版式也是因人而异，日后一旦应用幻灯片设计模板后，幻灯片的整体效果更是独具特色。

话框。在"另存为"对话框中选择保存位置为"E：\项目五"，输入文件名"职业生涯规划 .pptx"，点击"保存"，如图 5-15 所示。

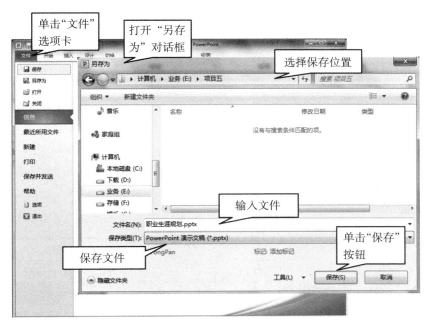

图 5-15　保存演示文稿

拓展训练与测评

一、训练任务要求

"爱嘉途旅游网"是北京地区知名度非常高的一家旅游互联网公司，是由欧洲著名企业家与国际著名 IT 业、旅游业的精英在中国大陆投资的高科技公司。近期它推出了价格实惠的出境游、国内游和周边游等旅游产品。现要求同学们利用所学的 PowerPoint 技术制作一个旅游产品宣传册演示文稿，最终将制作好的演示文稿保存在"E:\项目五\能力训练任务"文件夹下，文件名为"爱嘉途旅游 .pptx"。素材在"E:\项目五\能力训练任务\素材"文件夹下。

演示文稿制作的基本要求如下：

（1）第 1 张幻灯片为标题幻灯片，标题文字为"爱嘉途旅游"，副标题为"别宅在家里，来这里吧"。

（2）第 2 张幻灯片展示爱嘉途旅游产品项目。

（3）第 3、4、5 三张幻灯片分别展示出境游、国内游和周边游三种旅游产品的具体内容。

（4）第 6 张幻灯片作为结束幻灯片。

探究与实践

比一比
　　使用快捷方式完成 PowerPoint 2010 软件的启动、文档的新建及保存（默认文件名保存），耗时最短的小组为优胜小组。

赛一赛
　　根据任务要求，分析每一张幻灯片的组成，看哪个同学做得又快又好？

二、训练任务成果

学生按照上述要求完成本训练任务，其完成效果如图 5-16 所示。

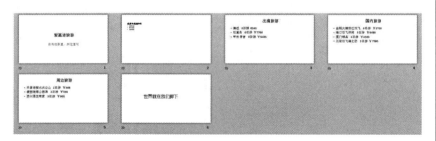

图 5-16　爱嘉途旅游宣传册幻灯片

三、训练成果测评表

职业能力	评价内容		评价等级		
	学习目标	评价内容	优	良	差
专业能力	1. 熟练掌握 PowerPoint 2010 的启动与退出操作	选择一种快捷方式启动 PowerPoint 2010			
		演示文稿文件保存的位置、名称、类型合理			
	2. 掌握幻灯片的新建、复制、移动等操作	每张幻灯片的先后顺序合理			
		幻灯片的版式设置合理			
	3. 熟练掌握幻灯片中文本的添加	幻灯片中文本内容的选择与主题相符			
方法能力	4. 独立思考、分析问题与解决问题的能力				
	5. 自主学习能力				
社会能力	6. 沟通交流、语言表达的能力				
	7. 与伙伴交往合作的能力				
	8. 工作态度、工作习惯				
综合评价					

任务二　职业生涯规划演示文稿的美化

任务情境

我们在任务一中已经完成了一个简单的演示文稿的制作，但是整体效果过于单调、不美观，本任务是对任务一中建立的"职业生涯规划.pptx"进一步美化，可以设置文本、段落格式，添加漂亮的背景、图片，添加艺术字、图示等元素（用图替代文字，简单明了，个性、形象），整体色调也要更加活泼、漂亮，以便更好地展示自己的个性与制作水平。任务样文如图5-17所示。

图5-17　任务二美化后的效果图

任务分析

在接到美化幻灯片的任务后，通过查阅资料、分析、设计，打开在任务一中保存的文件"职业生涯规划.pptx"，完成相关修改任务，将文件重新保存。具体进行下面的工作：

（1）选择主题。

要求：选择典雅的绿色背景主题，在此选择"凤舞九天"主题。

（2）修改幻灯片的背景。

要求：更改所有幻灯片的背景设置，由深绿色改为浅绿色背景。

（3）修改标题幻灯片母版。

要求：修改标题幻灯片母版，将标题幻灯片中左下角的图片删除。

（4）插入图片。

要求：在标题幻灯片中插入1张图片，并调整好大小、位置，设置图片格式为柔化边缘矩形；在第2张幻灯片中，插入大头照卡通图片，设置图片格式为金属圆角矩形。

（5）插入艺术字。

要求：在最后一张幻灯片中添加"谢谢大家"文字，做成艺术字效果，绿色调，符合整个演示文稿的风格。

（6）插入自选图形与组织结构图。

要求：在第2~9张幻灯片中的标题位置添加自选图形作为标题背景，将标题与内容区分；将第3和第6张幻灯片内容制作成组织结构图，选择层次结构。

（7）美化表格。

要求：将第5和第7张幻灯片内容使用表格进行组织，设置表格样式。

（8）设置文字格式。

要求：将标题幻灯片上的标题文字设置为"黑体""40磅"，标题拼音字体设置为"Arial""18磅"，副标题文字设置为"黑体""20磅"，其他幻灯片依据内容多少自行调整。

（9）设置段落格式。

要求：行与行之间行距要适中，第4、8、9张幻灯片内容文字居左对齐，设置行距为1.5倍行距，首行缩进为1.27cm。

 相关知识

一、应用主题样式

演示文稿的主题包含了预定义的幻灯片背景图案、颜色、字体、字号等，除了前面学习的通过主题创建演示文稿的方法外，还可以根据已经制作好的演示文稿应用主题样式，很轻松地使自己的演示文稿变得美丽大方。具体操作方法如下：

打开演示文稿，打开"设计"选项卡，在"主题"命令组的

图 5-18　主题样式列表

列表框中通过单击 ▲ 或 ▼ 按钮向上或向下滚动查找需要的主题样式，或者单击下拉按钮 ▼ ，在弹出的下拉列表中显示出的 PowerPoint 提供的各种主题样式中选择，如图 5-18 所示。将鼠标指针指向某个主题样式，可显示出这个主题样式的名字。单击某个主题样式，就可以为演示文稿中的所有幻灯片应用这种主题样式。

如果只想为选定的幻灯片应用主题样式，可以用鼠标右键单击某个主题，从快捷菜单中选择"应用于选定幻灯片"命令，则只为选定的幻灯片应用该主题样式。

如果内置的主题不符合要求，我们可以自定义主题。通过"主题"功能区下的"颜色""字体"等命令去新建所需的"颜色"和"字体"，还可以通过"效果"命令来设置它的线条和填充效果，设置好后就可以在"主题"列表中看到新设置的主题了。

二、改变幻灯片的背景

应用主题样式后，一个演示文稿中的所有幻灯片都是一样的外观。如果觉得这样太单调，可以灵活地改变幻灯片的背景。PowerPoint 提供了几款内置背景样式，可以根据需要进行选择。如果对内置样式不满意，可以自定义其他背景样式，如纯色、渐变色或图片等。具体操作方法如下：

打开演示文稿，选定要改变背景的幻灯片，单击"设计"选项卡"背景"命令组中的"背景样式"按钮，在打开的下拉列表框（图 5-19）中单击"设置背景格式"，弹出如图 5-20 所示的"设置背景格式"对话框，在对话框中根据需要完成相应设置，在幻灯片窗格中会随时显示所设置的效果。如果对效果满意了，单击对话框中的"关闭"按钮，则设置的背景效果只应用到当前幻灯片中；若单击"全部应用"按钮，所设置的背景效果应用到演示文稿中的所有幻灯片中；单击"重设背景"按钮，可取消当前设置的背景效果。

探究与实践

小贴士
　PowerPoint 提供的内置主题样式毕竟有限，如果想应用效果更好的主题，可以通过专门的模板下载网站中下载使用。

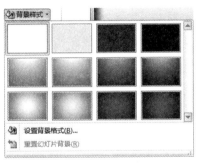

图 5-19　"背景样式"下拉列表

图 5-20　"设置背景格式"对话框

在图 5-20 所示的"设置背景格式"对话框的"填充"选项卡中有"纯色填充""渐变填充""图片或纹理填充""图案填充"4 个单选项，通过它们可以使幻灯片的背景变得五彩缤纷。

注意：幻灯片所设置的背景有时会被主题背景图形所覆盖，这时可以在"设置背景格式"对话框中选中"隐藏背景图形"复选框，取消幻灯片所应用的主题样式中的背景图片。

设置幻灯片背景后，有时插入的图片会有白色背景，把幻灯片中的背景给遮住了。可以通过选中"图片"，单击"图片工具栏/格式"选项卡中的"删除背景"按钮，图片四周出现尺寸控制点，拖动尺寸控制点框选要取消背景的图片范围，然后单击"保留更改"按钮，图片的背景就变成透明的了。

三、使用幻灯片母版

母版是一种特殊的幻灯片格式，它不仅可以统一设置幻灯片的背景、文本样式等，还可以让同一对象同时出现在所有的幻灯片上，如公司或学校的徽标和名称等。

母版有 3 种类型：幻灯片母版、讲义母版、备注母版。

通常可以使用幻灯片母版进行下列操作：更改字体或项目符号，插入要显示在多个幻灯片上的艺术图片（如徽标），更改占位符的位置、大小和格式等。

（1）打开母版视图。

单击"视图"选项卡，单击"母版视图"组中的"幻灯片母版"按钮，进入幻灯片母版视图，在左侧的幻灯片窗格中显示的是当前所用的幻灯片母版及其版式。一个母版可有多个版式，如果默认的版式不能满足要求可以自定义版式。幻灯片母版视图如图 5-21 所示。

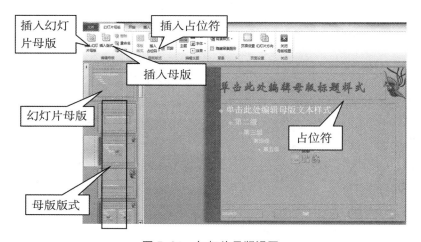

图 5-21 幻灯片母版视图

（2）插入幻灯片母版。

切换到幻灯片母版视图，单击"幻灯片母版"选项卡，单击"编辑母版"组里的"插入幻灯片母版"按钮，可以给演示文稿新插入一个母版。一个演示文稿可以有多个母版。

（3）插入母版版式。

如果默认母版版式不满足要求，可以插入自定义版式。单击"编辑母版"组里的"插入版式"按钮，插入一个自定义版式。

（4）在母版中插入占位符。

步骤1：绘制占位符。单击"幻灯片母版"选项卡"母版版式"组里的"插入占位符"按钮，选择一种占位符，在母版中按下鼠标左键拖动，绘制出一个合适大小的占位符即可。

步骤2：设置占位符格式。选中占位符，可以在"开始"选项卡中的"字体"组和"段落"组中设置其字体、字号、颜色、段落格式等。在母版中做的修改，会直接反映到应用此版式的幻灯片中。

（5）删除占位符。选中占位符边框虚线，按下 Delete 键即可删除占位符。

（6）在母版中插入图片素材。在幻灯片母版视图下，选择"插入"选项卡，在"图像"组中单击"图片"按钮，可插入图片，如图 5-22 所示。

图 5-22　插入"图片"

（7）关闭母版视图。

单击"幻灯片母版"选项卡中"关闭"组里的"关闭幻灯片母版"按钮，可关闭母版视图并返回到普通视图。

注意：幻灯片母版上的文本只用于设置显示样式，实际的文本内容需在普通视图下的具体幻灯片上输入。添加到母版中的对象，在演示文稿的每一张幻灯片上都会显示，而且只能通过母版视图进行修改。对字体、段落格式的修改也会反映到该演示文稿的所有幻灯片中。

探究与实践

四、在幻灯片中插入图片、表格、艺术字、形状等对象

在幻灯片中适当地插入一些图片、艺术字、形状、表格或图表等对象，可以增加作品的表现力，其方法与在 Word 中的操作类似，这里只做简单介绍。其方法：

选定要插入对象的幻灯片，使其成为当前幻灯片，然后打开"插入"选项卡，单击"图像"命令组中的图片 、剪贴画 ，单击"插图"命令组中的图表 、形状 ，单击"文本"命令组中的"艺术字" ，单击"符号"命令组中的"公式" ，就可以分别插入来自文件的图片、剪贴画、图表、形状、艺术字和公式。单击"插入"选项卡"表格"命令组中的"表格"按钮 ，在弹出的"插入表格"下拉列表中拖动鼠标选择表格的行列数，即可在幻灯片中插入表格。

注意：在幻灯片中插入图片、表格等对象，还可以使用幻灯片中的占位符来实现，当幻灯片采用的是"标题和内容""两栏内容""比较""内容与标题""图片与标题"版式时，占位符中会提供表格、图片等对象的占位符。单击"单击此处添加文本"占位符中的"插入表格"按钮可以插入表格，单击"插入图表"按钮可以插入图表，单击"插入 SmartArt 图形"按钮可以插入 SmartArt 图形，单击"插入来自文件的图片"按钮可以插入图片，单击"剪贴画"按钮可以插入剪贴画，单击"插入媒体剪辑"按钮可以插入视频文件。

五、在幻灯片中插入声音

在幻灯片中可以插入多种格式的声音文件，如 WAV 格式、MIDI 格式、MP3 格式、M4A 格式的声音文件，还可以自己给幻灯片配解说词。

（一）在幻灯片中插入背景音乐

单击"插入"选项卡"媒体"命令组中"音频"按钮 下方的 ，在弹出的下拉列表中单击 剪贴画音频(C)... 命令，可以插入"剪贴画"库中的声音或音乐；单击 文件中的音频(F)... 命令，打开"插入音频"对话框，如图 5-23 所示，可以使用自己收藏的声音文件，单击 录制音频(R)... 命令，可以录制自己的声音。

声音文件插入到幻灯片后，幻灯片中出现一个表示声音的图标 ，声音图标的下方还会出现一个播放控制条，如图 5-24 所示，用于调整声音播放进度及播放音量等。可以按照调整图片大小和位置的方法，调整声音图标的位置和大小。播放幻灯片时，鼠标单击声音图标就可以听到设置的背景音乐了。

图 5-23 "插入音频"对话框

选中声音图标后，
PowerPoint 窗口功能区会
显示"音频工具/格式"
和"音频工具/播放"选
项卡。在"音频工具/格式"
选项卡中，可以对声音图
标的外观进行美化操作；

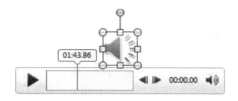

图 5-24 插入到幻灯片中的声音图标

在"音频工具/播放"选项卡中，可以对声音进行播放、剪裁、调
整放映音量、播放方式等操作。

插入到幻灯片中的声音还可以删除，方法：单击幻灯片中的声
音图标，再按 Delete 键。声音图标被删除后，再放映幻灯片时就没
有背景音乐了。

（二）为幻灯片配解说词

单击"插入"选项卡"音频"下拉列表中的 **录制音频(R)...**，打
开图 5-25 所示的"录音"对话框，插好麦克风，单击"录音"按

图 5-25 "录音"对话框

钮 ●，就可以对着麦克风录
音了。录音完毕后，单击"停
止"按钮 ■，停止录音。

在录音过程中，"声音
总长度："后面会随时显示
录音的时间（单位是秒）。

单击"放音"按钮 ▶可以听到刚才录音的效果；如果对录音效果不
满意，可以再单击"录音"按钮 ●重新录音，直到满意为止。单击
"确定"按钮，幻灯片中会出现声音图标 🔊，播放这张幻灯片时，
单击声音图标，就可以听到录制的声音了。

267

六、在幻灯片中插入视频

在播放幻灯片的过程中，如果能插入一段与幻灯片内容相关的动画或视频文件，会增加作品的表现力，也可以用视频文件来示范某些实验、动作或其他用文字不易表达的内容。AVI、MP4、MOV格式的视频文件都可以插入到幻灯片中。与音频文件的插入方法类似，PowerPoint 也可以在幻灯片中嵌入和链接视频文件。

单击"插入"选项卡"媒体"命令组中的"视频"按钮 视频 下方的 ▼ ，在弹出的下拉列表中单击 剪贴画视频(C)… 命令，可以使用"剪贴画"库中的动画文件；单击 文件中的视频(F)… 命令，打开"插入视频文件"对话框，如图 5-26 所示，可以使用自己收藏的视频文件；单击 来自网站的视频(W)… 命令，在打开的"从网站插入视频"对话框中输入网站视频链接，就可以把网站上的视频文件直接链接到幻灯片中。

图 5-26 "插入视频文件"对话框

注意：在"插入视频文件"对话框选择要插入的视频文件，单击插入按钮右侧的 ▼ ，在按钮下拉列表中单击"插入"按钮，可以将视频文件插入到幻灯片中，单击"链接到文件"可完成视频文件的链接操作。与嵌入的文件不同，链接的视频文件并不是演示文稿文件的一部分，它不会增加演示文稿的文件大小，但在移动演示文稿时，不要忘记将链接的视频文件一起拷贝。

视频插入到幻灯片后，幻灯片中会出现一个视频文件框，显示视频的第一帧图像。视频文件框下方还会出现一个播放控制条，用于调整视频的播放进度及播放音量等。视频文件框就是插入影片的播放窗口，可以像调整图片一样调整它的大小和位置。

选中视频文件框，PowerPoint 窗口功能区会显示"视频工具／格式"和"视频工具／播放"选项卡。在"视频工具／格式"选项卡中，可以更改视频文件播放时的亮度和对比度，为视频文件重新着色，改变视频文件框的形状，裁剪视频文件框的大小等。在"视频工具／播放"选项卡中可以对视频进行播放、裁剪、调整放映音量、播放方式等操作。

默认情况下，在幻灯片中插入视频文件后，放映该幻灯片时，需要单击视频文件框才能播放视频。如果希望在幻灯片放映时自动播放视频，单击"视频工具／播放"选项卡"视频选项"命令组中 ⏩ 开始: 单击时(C) 右侧的 ▼，在打开的下拉列表中单击 自动(A) ；如果选择 ☑ 全屏播放 复选框，在放映演示文稿时，视频就会以全屏幕方式播放。

七、在幻灯片中插入 SmartArt 图形

可以在演示文稿的幻灯片中插入 SmartArt 图形对象。SmartArt 图形主要用于表明单位、公司部门之间的关系，以及各种报告、分析之类的文件，并通过图形结构和文字说明有效地展现作者的观点和信息。

（一）在幻灯片中插入 SmartArt 图形

单击"插入"选项卡"插图"命令组中的"SmartArt"按钮 ，打开"选择 SmartArt 图形"对话框，如图 5-27 所示。在左侧的列表框中选择 SmartArt 图形类型，在中间列表框中选择一种 SmartArt 图形子类型。单击"确定"按钮，所选样式的 SmartArt 图形就插入到幻灯片中。同时，在 SmartArt 图形左侧出现文本窗格，

探究与实践

想一想

在 PowerPoint 2010 中嵌入的视频，在 2003 和 2007 版本中并不能正常观看，如果不想将视频嵌入到幻灯片中，为演示文稿减负，可以通过链接视频的方式，将视频文件与 PPT 打包一起发给别人。这需要如何操作呢？

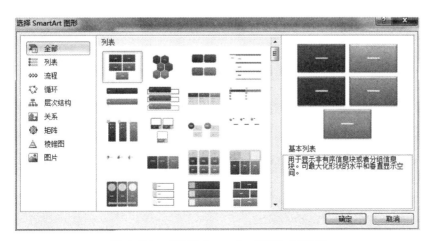

图 5-27　"选择 SmartArt 图形"对话框

可以在"文本"窗格中输入或编辑在 SmartArt 图形中显示的文字。如果文本窗格没有出现，单击 SmartArt 图形选中框左侧的 ⟨ 按钮，可以打开"文本"窗格。

刚插入的 SmartArt 图形周围有选中框，拖动选中框的边框可以改变 SmartArt 图形的位置；拖动选中框四周的控制点，可以调整 SmartArt 图形的大小。在文本框中单击鼠标左键，可以输入项目文字。按键盘上的回车键可以增加项目，按键盘上的删除键可以删除项目。

插入 SmartArt 图形后，功能区中将出现"SmartArt 工具 / 设计""SmartArt 工具 / 格式"选项卡。在"SmartArt 工具 / 设计"选项卡中，可为 SmartArt 图形添加形状、调整形状的级别，以及更改 SmartArt 图形的布局、设置样式等。在"SmartArt 工具 / 格式"选项卡中，可以对 SmartArt 图形进行美化操作。

（二）将幻灯片文本转换为 SmartArt 图形

演示文稿通常包含带项目符号列表的幻灯片，可将项目符号列表中的文本转换为 SmartArt 图形。方法：选定幻灯片中的文本内容，单击"开始"选项卡"段落"命令组中的 📄 转换为 SmartArt ▾ 按钮，在打开的下拉列表中选择所需的 SmartArt 图形布局，也可以单击 📄 其他SmartArt 图形(M)... ，打开图 5-27 所示的"选择 SmartArt 图形"对话框进行选择，幻灯片中的文本将自动放入所选择 SmartArt 图形中。

八、幻灯片中图表的使用

在幻灯片中使用图表，有利于更加直观形象地显示数值数据。

（一）插入图表

步骤 1：选择幻灯片。选择演示文稿中需要插入数据图表的幻灯片。

步骤 2：选择图表类型。选择"插入"选项卡"插图"功能区中的"图表"命令，在弹出的"插入图表"对话框中选择所需的图表类型。

步骤 3：输入数据。在右侧的 Excel 表中用自己要制作图表的数据替换掉原数据表中的数据。

步骤 4：输入完数据后，只要将 Excel 表格窗口关闭，图表便插入到当前的幻灯片中。

（二）编辑图表

1. 修改数据

方法一：在幻灯片的图表上单击鼠标右键，选择"编辑数据"

命令，可打开数据表对数据进行修改。

方法二：单击并激活幻灯片中已插入的图表，单击"图表工具"下的"设计"选项卡，单击"数据"组中的"编辑数据"，即可打开 Excel 表格，修改数据。

2.修改图表类型

方法一：在幻灯片中的图表上单击鼠标右键，选择"更改图表类型"命令，打开"更改图表类型"对话框，可修改图表类型。

方法二：单击"图表工具"的"设计"选项卡，单击"类型"组中的"更改图表类型"按钮，打开"更改图表类型"对话框进行更改。

九、格式化幻灯片中的文本

制作幻灯片时，PowerPoint 会根据你所选择的幻灯片版式或主题样式，自动设置幻灯片中的版面，以及幻灯片中文字的字体、字号和段落的格式。如果不满意这些设置，可以自行调整。

（一）设置文字格式

设置幻灯片中文字格式的方法：在幻灯片占位符中单击，按住鼠标左键拖动选定要改变格式的文字，使用"开始"选项卡"字体"命令组中的命令可以设置文字的格式。

单击"字体"命令组右下角按钮，可以打开"字体"对话框，如图 5-28 所示。在"字体"对话框中可以设置文字的字体、字形、字号、颜色及某些特殊效果。

图 5-28　"字体"对话框

（二）设置段落格式

1.设置段落的缩进格式

单击"视图"选项卡"显示"命令组中的 ☑ 标尺，幻灯片窗格中就会显示标尺，如图 5-29 所示。在幻灯片窗格中选中要设置缩进格式的段落后，水平标尺就会出现缩进标记。可以通过拖

图 5-29　幻灯片窗格中的标尺

动这些缩进标记来设置段落的左缩进、右缩进和首行缩进。

2.设置段落的对齐方式

段落的对齐方式指的是段落在文本占位符中的对齐位置，共有5种对齐方式：左对齐 ▤、居中对齐 ▤、右对齐 ▤、两端对齐 ▤、分散对齐 ▤。段落对齐方式的设置方法：先选中要设置的段落，再单击"开始"选项卡"段落"命令组中的对齐方式按钮，就可以设置该段落的对齐方式。

3.设置段落的行距和段前、段后间距

选中欲设置的段落后，单击"格式"选项卡"段落"命令组右下角 ▤ 按钮，打开"段落"对话框，如图 5-30 所示。在"对齐方式"框中可以设置段落的对齐方式，在"缩进"栏中可以设置段落的缩进格式，在"段前"和"段后"框中可以分别设置段落与段落之间的距离，在"行距"框中可以设置段落中行与行之间的距离，设置完成后单击"确定"即可。

图 5-30　"段落"对话框

十、插入相册

随着数码相机的普及及手机功能的增强，使用计算机制作电子相册的用户越来越多。当你的机器上没有专门制作电子相册的软件时，选择使用 PowerPoint 也能轻松制作出漂亮的电子相册。在一些商务应用中，电子相册同样适用于介绍公司的产品目录，或者分享图像数据及研究成果。如果希望在演示文稿中插入一批图片，又不想单独设置每一张图片，可以使用 PowerPoint 提供的电子相册功能实现批量插入图片。具体步骤如下：

步骤 1：打开"相册"对话框。单击"插入"选项卡，单击"图像"组中的"相册"按钮，打开"相册"对话框。

步骤 2：选择插入图片。单击"文件 / 磁盘"按钮，打开"插入新图片"对话框，从本地磁盘的文件夹中选择要插入的图片文件，单击"插入"按钮。

步骤 3：调整图片顺序。插入的图片可以按 ⬆ ⬇ 键调整图片排列的顺序，也可选中图片后，单击"删除"按钮删除已经添加上的图片。

步骤 4：给图片添加说明文字。单击"新建文本框"可为选中的图片添加一个文本框，以便添加说明文字。

步骤 5：对图片进行编辑。选中图片后可用旋转、亮度、对比度等按钮对图片进行编辑修改，以调整图片的旋转角度与色彩明暗对比的效果，还可以设置图片的版式和相框形状等。

步骤 6：设置幻灯片中显示的图片数量。在"图片版式"下拉列表中，可以设置一张幻灯片中显示的图片数量。

步骤 7：设置黑白图片。在"图片选项"中勾选"所有图片以黑白显示"，可以将所有图片去掉色彩，使之成为黑白图片。

步骤 8：创建相册。单击"创建"按钮，则生成一个相册演示文稿。对于新建立的相册，如果不满意它所呈现的效果，可以单击"插入"选项卡，选择"图像"组，单击"相册"按钮，选择"编辑相册"命令，对相册中的图片顺序、图片版式、相框形状、旋转角度、对比度等相关属性进行修改，修改完成后单击"更新"按钮。设置完成后，PowerPoint 会自动重新生成相册。

📋 任务实施

一、为"职业生涯规划 .pptx"设置应用主题

（1）打开 E 盘，找到"职业生涯规划 .pptx"文件，双击即可打开任务一保存的演示文稿。

（2）单击"设计"选项卡，单击"主题"组中的其他按钮，选择"凤舞九天"主题，如图 5-31 所示。

探究与实践

比一比
　　请同学们将自己的照片使用PowerPoint制作独具特色的个人写真相册，看谁做得最漂亮？

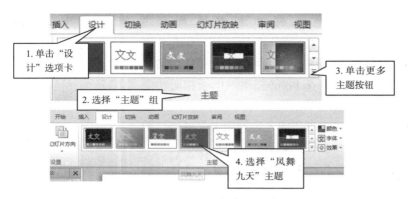

图 5-31　运用"凤舞九天"主题

二、修改幻灯片的背景

运用"凤舞九天"主题后效果如图 5-32 所示，选中其中的第 1 张幻灯片，单击"设计"选项卡，单击"背景"组中"背景样式"按钮，选择"设置背景格式"，打开"设置背景格式"对话框，将原有背景色修改为深绿淡色 60%。

图 5-32　修改幻灯片的背景

三、删除标题幻灯片母版中的装饰图形

打开幻灯片母版视图，单击"视图"选项卡，单击"幻灯片母版"按钮，打开幻灯片母版视图，选中右下角图片，点击 delete 键删除图片，关闭母版视图，如图 5-33 所示。

四、插入图片

（一）插入封皮图片

步骤 1：选择标题幻灯片，单击"插入"选项卡，在"图像"组中单击"图片"按钮，打开"插入图片"对话框，在"E:\项目五\素材"文件夹下的"飞翔.png"图片，单击"插入"按钮，则在标题幻灯片顶部位置插入一张封皮图片。

小贴士

　　每个同学的性格特点不同，所选择演示文稿的主题及色彩风格也不同，适合自己的主题就是最好的主题。

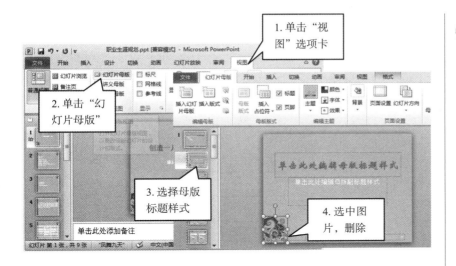

图 5-33 打开母版视图

步骤 2：设置图片格式。首先选中图片，移动图片，调整图片在幻灯片中的位置。双击插入的图片，在"图片工具格式"选项卡中的图片样式一栏中，选中"柔化边缘矩形"效果即可应用到图片上，如图 5-34 所示。

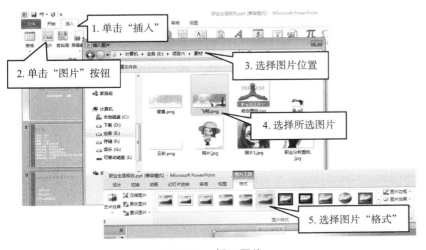

图 5-34 插入图片

（二）插入修饰图片

相同的方法，在第 2 张幻灯片中插入大头卡通图片，丰富幻灯片"关于我"的内容，同时设置图片样式为"金属圆角矩形"。

五、插入艺术字

打开第 9 张幻灯片，单击"插入"选项卡，单击"文本"组中的"艺术字"按钮，单击选择"塑料棱台映像"艺术字样式，输入文字，完成艺术字的插入，并设置艺术字的字体为"方正综艺简体"、54号。操作步骤如图5-35所示。

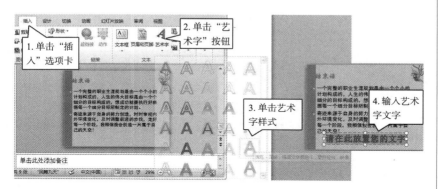

图5-35　插入艺术字

六、插入自选图形与组织结构图

（一）插入自选图形

步骤：选择演示文稿中第1张幻灯片，在标题和拼音标题之间插入一条黑色直线作为分割线，单击"插入"选项卡，选择"插图"组中的"形状"按钮，选中线条中的直线，在幻灯片中按住Shift键拖动鼠标绘制水平直线。同样的方法，选择演示文稿中的第2张幻灯片，选择"星与旗帜"中的前凸带形，在幻灯片的顶部绘制图形，调整图形的位置和层次，将"关于我"文字显示出来。相同的方法，在其他幻灯片中的顶部位置插入"箭头总汇"中的五边形图形，作为标题的背景。操作步骤如图5-36所示。

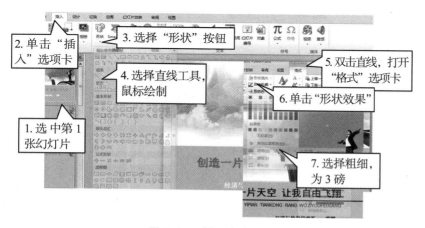

图5-36　插入自选图形

（二）插入组织结构图

步骤 1：选中第 3 张幻灯片，先单击"插入"选项卡，再单击"插图"组中的"SmartArt"按钮，然后在弹出的"选择 SmartArt 图形"对话框中选择"列表"中的"垂直图片列表"，最后插入标题图片，并输入标题文字。操作步骤和作品效果如图 5-37 所示。

探究与实践

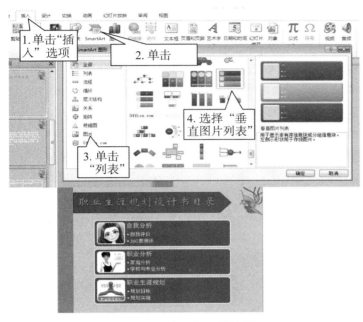

图 5-37　插入组织结构图

步骤 2：相同的方法，在第 6 张幻灯片中，插入"垂直 V 形列表"结构图，输入文本，如图 5-38 所示。

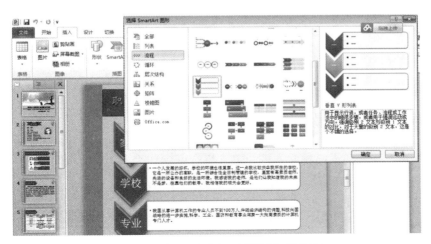

图 5-38　插入"垂直 V 形列表"结构图

步骤 3：美化组织结构图。选中组织结构图，在"设计"选项卡中的"SmartArt样式"，单击"SmartArt样式"中的"卡通"样式，如图 5-39 所示。

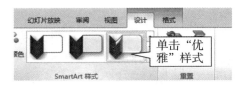

图 5-39 修改组织结构图颜色及样式

七、美化表格

步骤：选中第 5 张幻灯片中的表格，双击表格边框，打开"图片工具格式"选项卡，在"表格样式"一栏中的"中度样式 2- 强调 2"样式，同时在"绘图边框"一栏中选择线形为实线，粗细为 1 磅，颜色为深绿，深色 25%，选择外侧框线应用到表格的外边框。设置表格的内侧框线为虚线，粗细为 1 磅，颜色为深绿，淡色 60%，如图 5-40 所示。

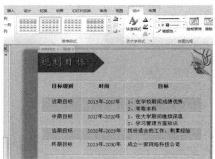

想一想

表格在整张幻灯片中的对齐以及表格中的内容在表格中的相对位置如何进行设置？

图 5-40 美化表格

相同的方法，选中第 7 张幻灯片中的表格，将表格样式设置为"浅色样式 1- 强调 3"。

八、设置文字格式

步骤 1：设置标题文字格式。在演示文稿的第 1 张幻灯片中选中标题文本，或单击标题占位符边线选中标题文本占位符，单击"开始"选项卡，在"字体"组中将字体设置为"黑体"、字号"40"、字形"加粗"、颜色"黑色"等。插入横排文本框，输入拼音标题，相同的方法，将拼音标题设置为 Arial、18 磅，副标题设置为黑体、20 磅、加粗、黑色，如图 5-41 所示。

步骤 2：设置内容文字格式。选中幻灯片中的标题文本，或单击标题占位符边线选中标题占位符，设置字体为黑体、44 磅，添加文字阴影。用同样的方法设置正文字体的字体类型、大小、颜色

小贴士

每一张幻灯片中尽量避免大面积文字的出现，可以通过关键词或图示将成段的文字简要表达出来，让观众一目了然。

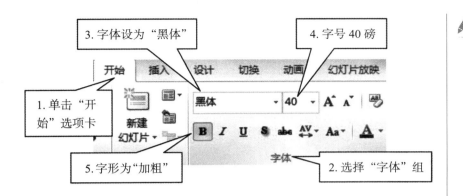

图 5-41 标题字体设置

图 5-42 设置文字格式效果

等效果，如图 5-42 所示。

九、设置段落格式

步骤 1：设置标题对齐方式。选择演示文稿中的第 1 张幻灯片，选中标题文字或标题占位符，单击"段落"组中的"居中"按钮，将标题文字设置为"居中对齐"。

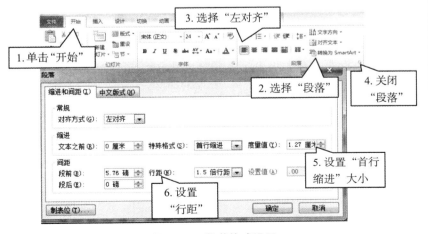

图 5-43 段落格式设置

步骤2：设置内容段落格式。依次选择第4、8、9张幻灯片，选中幻灯片中的内容文字或占位符，单击段落组中的按钮，打开"段落"对话框，设置内容文本的段落格式，对齐方式为"左对齐"，特殊格式为首行缩进1.27cm，行距为1.5倍行距。

步骤3：设置其他幻灯片段落格式。用同样的方法设置演示文稿中其他所有幻灯片的段落格式，步骤如图5-43所示。

拓展训练与测评

一、训练任务要求

经过一段时间的学习之后，你会发现原先制作的《爱嘉途旅游宣传册》演示文稿不是很美观，请你利用所学到的新技术对其做进一步美化。打开原先保存的"练习一.pptx"演示文稿，发现原演示文稿中只是简单完成了内容的输入，整体效果不够规范且不太美观，需要在演示文稿中进一步修改幻灯片的主题、背景等；同时，需要在幻灯片中插入图片、剪贴画、图形、艺术字等元素使其更加美观；此外，也要对幻灯片中的文字、段落格式等进行设置，使幻灯片更加规范。美化完成后需要将文件改名为"练习二.pptx"，保存在"E:\项目五\能力训练任务"文件夹下。

具体任务要求如下：

（1）将所有幻灯片应用"图钉"模板。

（2）标题幻灯片设置：标题幻灯片上的标题文字设置成艺术字，黑体，72磅，红色，暖色粗糙棱台；将副标题字号设置得比标题字号小一些，黑体，32磅，黄色，具体设置以整体观看效果是否美观为准；插入一张图片，设置简单框架，白色，应用预设10效果；插入"爱嘉途邀你一起游世界"艺术字，添加文本效果。

（3）第2张幻灯片设置：调整标题与内容文字的字体大小及行间距，设置项目符号样式，插入图片，设置图片样式。

（4）第3～5张幻灯片设置：标题文字大小44磅，黑体，黑色；调整正文文字格式及位置，具体为黑体、24磅、黑色，行距为单倍行距；插入图片，设置图片样式及使用形状进行裁剪。

（5）最后一张幻灯片设置：设置标题为"爱嘉途旅行社"及其字体格式，插入直线作为分割线，设置直线样式；插入图片作为背景，设置图片的叠放次序为"底层"。

二、训练任务成果

按照上述基本要求完成本训练任务，其完成效果如图5-44所示。

图 5-44　美化后的效果

三、训练成果测评表

职业能力	评价内容		评价等级		
	学习目标	评价内容	优	良	差
专业能力	1. 熟练掌握演示文稿主题的应用方法	主题的选择是否合理			
		主题的应用是否正确			
	2. 熟练掌握幻灯片中文本、表格、图片、艺术字等对象的插入及格式设置操作	幻灯片中对象的插入编排是否合理			
		幻灯片中文本大小颜色等格式的设置合理美观，考虑到首行缩进及行间距等问题			
		幻灯片中图片、表格、图示、艺术字等对象的格式设置是否正确			
方法能力	3. 独立思考、分析问题与解决问题的能力				
	4. 自主学习能力				
社会能力	5. 沟通交流、语言表达的能力				
	6. 与伙伴交往合作的能力				
	7. 工作态度、工作习惯				
综合评价					

任务三　为职业生涯规划演示文稿添加交互效果

任务情境

　　经过美化后的职业生涯规划演示文稿在视觉效果上提升了很多。但在展示的过程中，发现仍有很多需要改进的问题。例如，如果想快速定位到某一张幻灯片或在浏览完其中一部分内容后想返回到目录页时，操作不够便捷。综合很多测试人员的反馈，我们需要对演示文稿作进一步的优化。应为演示文稿中的幻灯片添加超链接和动作按钮，在浏览、观看该演示文稿时，可以通过点击幻灯片上的文本、图形、图片等对象或动作按钮，快速定位到所要查看的幻灯片或直接返回到目录幻灯片，以实现在各幻灯片之间灵活的导航，增强演示文稿的交互性。

完成后的效果如图 5-45 所示。

图 5-45　任务三样文

任务分析

同学们接到任务后，对所要完成的任务进行认真设计、分析，确定需要进一步完成的任务。

打开美化后的"职业生涯规划.pptx"，执行下面的要求：

（1）在第 3 张幻灯片的目录中，分别选择"自我评价""360度测评""家庭分析""学校与专业分析""规划目标与规划实施"等目录名称制作超链接，方便浏览者在观看放映时，通过点击具体目录名称即可跳转到相应内容的幻灯片上。

（2）为了使观众在浏览完内容后能够快速返回到首页、尾页或目录幻灯片，需要在各张幻灯片上添加动作按钮，使得观众通过点击动作按钮能够跳转到目录、第 1 张、上一张、下一张、尾页幻灯片。

（3）为了使幻灯片中的超链接比较明显，要让即使是不太常用计算机的用户也能很快注意到其和普通文本的不同，这需要修改幻灯片中超链接文字颜色。

注：在幻灯片中添加超链接或者添加动作按钮都可以实现在

各幻灯片之间跳转，可以根据不同的情况，使用不同的方法来实现本任务。

 相关知识

一、为幻灯片设置超链接

超链接是指向特定位置或文件的一种链接方式，可以利用它制定程序跳转的位置。在 PowerPoint 2010 中，超链接只有在幻灯片放映时才有效，将鼠标移至幻灯片上的超链接文本时会变为手形指针。当为幻灯片中的文本、图形、图片等对象添加了超链接后，放映时单击该对象可以跳转到当前演示文稿中的特定幻灯片、其他演示文稿中特定的幻灯片、指定的网页或其他文件，或者启动特定的程序等，从而增强演示文稿的交互性，强化演示效果。创建超链接的方法如下：

选中幻灯片中要添加超链接的文字或对象，单击"插入"选项卡"链接"命令组中的超链接按钮 ，弹出如图 5-46 所示的超链接对话框，对话框左侧的"链接到"区域提供了 4 个选项：

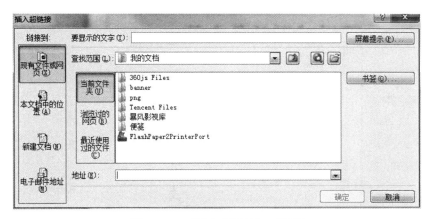

图 5-46　"插入超链接"对话框

（1）如果选定"现有文件或网页"，对话框中间窗格中会列出 3 个选项（当前文件夹、浏览过的网页、最近使用过的文件），选取其中一项后，就会在列表框中显示符合条件的文件名或网址，可以从中选择要链接的文件或网页。

（2）如果选定"本文档中的位置"，就可以在对话框的中间窗格中，选择并预览要链接到的当前演示文稿中的幻灯片。

（3）如果选定"新建文档"，可以将选定的对象链接到一个新建的文档中，文档可以是空的，以后有时间再进行编辑。

（4）如果选定"电子邮件地址"，就可以从列表中选取最近使用过的邮件地址，或输入新地址。

如果要编辑和删除已经建立好的超链接，用鼠标在添加了超链接的文本或对象上单击右键，选择"编辑超链接"，可对超链接进行编辑，单击"确定"按钮完成编辑；用鼠标在设置了超链接的文字或对象上单击右键，选择"取消超链接"，则设置的超链接被删除。

二、为幻灯片进行动作设置

放映演示文稿时，由操控者通过控制幻灯片中的某个对象去完成下一步的既定工作，这项既定工作称为该对象的动作。对象动作的设置为幻灯片放映中人机交互提供了一个途径，使演讲者可以根据自己的需要选择幻灯片的演示顺序和演示内容，可以在众多的幻灯片中实现快速跳转。动作与超链接类似，在给对象添加动作后可以实现类似超链接的功能。为对象设置动作的方法和过程如下：选择幻灯片中需要设置动作的对象（如图形），单击"插入"选项卡"链接"命令组中的"动作"按钮 ，打开"动作设置"对话框，如图5-47所示。

探究与实践

小贴士

如果在插入超链接对话框中单击屏幕提示按钮，在设置超链接屏幕提示对话框中输入提示文本，可以为超链接对象添加备注，比如链接路径信息等。

图5-47　"动作设置"对话框

在"单击鼠标"选项卡中，选中"超链接到"单选项，单击 按钮，打开"超链接到"下拉列表，从中选择超链接的对象，其操作方法和超链接的内容一致。如选择"幻灯片"选项，打开"超链接到幻灯片对话框"，可以从列表中选择要链接的目标幻灯片，单击"确定"按钮即可完成通过单击该对象跳转到指定幻灯片的设定。若选中"运行程序"单选项，则表示放映时完成通过单击该对象会自动运行所选的应用程序，用户可在文本框中输入所要运行的程序及其路径，也可单击浏览按钮选择所要运行的应用程序，最后单击"确定"按钮，完成对象动作的设置。

"鼠标移过"选项卡是表示放映时鼠标指针移过对象时发生的动作，其动作设置内容与"单击鼠标"选项卡完全相同。

PowerPoint自身也提供了一些常用的动作按钮，例如左箭头、右箭头等。具体使用方法：打开幻灯片，单击"插入"选项卡"插图"命令组中的"形状"按钮 ，在弹出的下拉列表的"动作按钮"组中列出了各种动作按钮，将鼠标指针移到某个动作上稍停片刻，会看到该按钮的功能提示，单击其中一个动作按钮，在幻灯片窗格中的合适位置按住左键拖动鼠标，绘制出合适大小的按钮后松开左键，会打开图5-47所示的"动作设置"对话框，在对话框中进行超链接设置即可。

若要编辑或删除使用动作设置命令创建的超链接，要先选定已设置了动作超链接的对象，然后单击鼠标右键，在快捷菜单中单击 编辑超链接(H)... 或 取消超链接(M) 命令即可。

注意：创建超级链接既可以使用"动作设置"命令，也可以使用"超链接"命令。如果是链接到幻灯片、Word文档等，这两个命令没什么差别；若是链接到网页、电子邮件地址，用"超链接"命令就方便多了，还可以设置屏幕提示文字。不过"动作设置"命令可以方便地进行设置对象的声音响应，还可以在鼠标经过该对象时就引起链接反应，可以根据需要进行选择。

任务实施

一、为目录条目内容添加超链接

步骤1：打开"插入超链接"对话框，打开任务二美化后的演示文稿，切换到第3张幻灯片，选中文本"自我评价"，单击"插入"选项卡，单击"链接"组里的"插入超链接"按钮，打开"插入超链接"对话框，如图5-48所示。

步骤2：设置超链接。在"链接到"选项中选择"本文档中的位置"，在"请选择文档中的位置"选区中选择第4张幻灯片"4.自我评价"，单击"确定"按钮完成超链接的制作，如图5-49所示。

步骤3：插入其他条目超链接。使用同样的方法，将其他5个条目建立对应的超链接，其中家庭、学校与专业分析链接到同一张幻灯片。

步骤4：修改超链接的颜色。单击"设计"选项卡，单击"颜色"按钮，在下拉列表中选择"新建主题颜色"，将"超链接"颜色由默认的黄色修改为白色，如图5-50所示。

探究与实践

想一想
如何取消超链接文本的下划线？

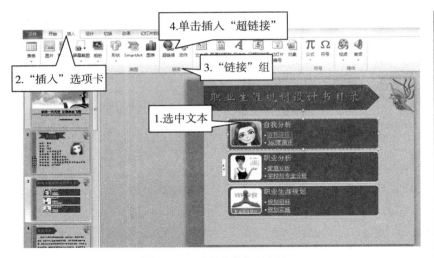

图 5-48 "超链接"的插入

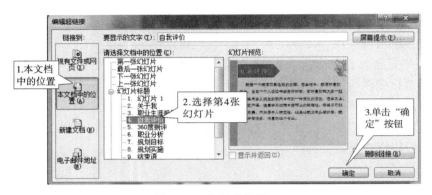

图 5-49 超链接的设置

图 5-50 修改超链接的颜色

二、为演示文稿添加动作按钮

除了用添加超链接的方式实现在幻灯片间跳转外，还可以用动作按钮实现跳转。为了能实现在每一张幻灯片中快速打开第一张、最后一张、目录幻灯片及进行快速翻页，需要在每一张幻灯片上添加动作按钮，使动作按钮设置为指向演示文稿中的第一张幻灯片、最后一张幻灯片、目录幻灯片、上一张幻灯片、下一张幻灯片，当用户在观看放映时，单击动作按钮即可完成快速跳转功能。

探究与实践

　　步骤1：绘制动作按钮。打开第2张幻灯片，单击"插入"选项卡，单击"插图"组中的"形状"按钮，选择动作按钮中的最后一个按钮，"自定义"动作按钮，在页面左下角，按下鼠标拖动绘制出适当大小的按钮。

　　步骤2：设置超链接到指定幻灯片。在"单击鼠标"选项卡中的"动作设置"对话框中点击"超链接到"单选按钮，在"幻灯片"下拉列表框中选择第3张幻灯片，单击"确定"按钮。用鼠标在动作按钮上单击右键，选择"编辑文字"命令，输入"目录"文字，如图5-51所示。

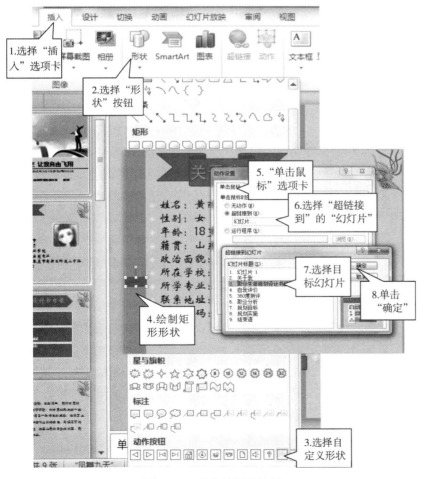

图5-51　动作按钮的使用

步骤3：用同样的方法为该幻灯片中添加其他四个动作按钮，并进行相应的动作设置。

步骤4：保存演示文稿。

 知识拓展

如果在幻灯片的母版中添加动作按钮，会在演示文稿的所有幻灯片中反映出来。以下操作实现在幻灯片母版中添加动作按钮，分别超链接到"上一张""下一张""第一张""最后一张"，以实现演示文稿中各幻灯片之间的跳转。

探究与实践

想一想
在演示文稿中使用超链接与设置动作的区别？

图 5-52　在母版上添加动作按钮

（1）在幻灯片母版中添加动作按钮。打开幻灯片母版视图，单击"插入"选项卡，在"图形"组中单击"形状"按钮，在幻灯片母版底部插入前5个动作按钮，分别选择超链接到"目录""第一张幻灯片""上一张幻灯片""下一张幻灯片""最后一张幻灯片"，如图5-52所示。

（2）按钮的对齐与分布。按下 Ctrl 键逐一单击4个动作按钮，同时选中这4个按钮，单击"绘图工具格式"选项卡，单击"排列"组中的"对齐"按钮，选择垂直对齐中的"底端对齐"和分布中的"横向分布"，则4个动作按钮将沿底部对齐、水平等距离分布，如图5-53所示。

图 5-53　在母版中添加动作按钮

拓展训练与测评

探究与实践

一、训练任务要求

同学们将美化后的《爱嘉途旅游宣传册》演示文稿进行了放映，发现要想观看演示文稿中的某一内容，需要逐页翻动才能找到，如果幻灯片较多会很不方便。我们可以为目录幻灯片中的文本创建链接，单击不同目录文字时可以分别跳转到指定的幻灯片，并在对应的幻灯片中添加能够返回目录幻灯片的动作按钮，以实现放映时能够从各幻灯片中返回到目录幻灯片。

二、训练任务成果

请按照上述要求完成本次训练任务，其完成效果如图5-54所示。

图 5-54 训练任务完成效果图

三、训练成果测评表

职业能力	评价内容		评价等级		
	学习目标	评价内容	优	良	差
专业能力	1. 能够给对象添加超链接，编辑超链接	给文字添加超链接			
		修改超链接的颜色			
		修改及删除超链接			
	2. 能够添加动作	给对象添加动作			
		动作按钮的使用			
方法能力	3. 独立思考、分析问题与解决问题的能力				
	4. 自主学习能力				
社会能力	5. 沟通交流、语言表达的能力				
	6. 与伙伴交往合作的能力				
	7. 工作态度、工作习惯				
综合评价					

任务四　让演示文稿中的元素动起来

任务情境

在任务三中,同学们为职业生涯规划演示文稿添加了交互功能,实现了幻灯片间的轻松跳转。然而,整体来看,幻灯片在放映时还是不够生动、不够吸引人,重点不突出。为了改变这一点,我们可以为幻灯片中的各个元素分别添加动画效果,比如动态的文字、图形或声音效果。此外,还可以为幻灯片设置切换效果、添加背景音乐等,使演示文稿的播放更加生动,更加吸引人。

任务样文如图 5-55 所示。

图 5-55　添加动画、切换及背景音乐后的整体效果

任务分析

接到给幻灯片添加动态效果的任务后,同学们经过仔细分析,设计了幻灯片中各元素的动画方案及幻灯片之间切换时的效果,选定了"海阔天空 .mp3"作为该演示文稿的背景音乐,具体要求如下:

一、文件操作

打开"职业生涯规划(交互).pptx",另存为"职业生涯规划(动画).pptx",并完成相关任务,包括设置动画效果、幻灯片切换、插入声音等,并保存文件。

二、设置动态效果及音乐

(1)打开演示文稿"职业生涯规划(动画).pptx",给标题幻灯片上的文字、图片添加动画效果,并设置参数。

（2）给第 2 ~ 9 张幻灯片上的标题及内容分别添加动画并设置参数。

（3）给每张幻灯片添加切换效果并设置换片方式。

（4）在标题幻灯片上添加背景音乐，并设置为自动播放，使幻灯片播放期间背景音乐一直播放，直至播放结束。

 探究与实践

相关知识

一、设置幻灯片的动画效果

对于 PowerPoint 2010 演示文稿中的文本、图片、形状、表格、SmartArt 图形及其他对象，赋予它们进入、退出、大小或颜色变化甚至移动等视觉效果，即为动画。

PowerPoint 2010 有以下 4 种不同类型的动画效果："进入"效果，这些效果可以使对象逐渐淡入、从边缘飞入幻灯片或者跳入视图中；"退出"效果，这些效果包括使对象飞出幻灯片、从视图中消失或者从幻灯片旋出；"强调"效果，这些效果包括使对象缩小或放大、更改颜色或沿着其中心旋转；动作路径，使用这些效果可以使对象上下移动、左右移动或者沿着星形或圆形图案移动（与其他效果一起）。

（一）设置动画效果

设置动画效果的前提是必须选择幻灯片中需要设置动画效果的对象，对象可以是文本，也可以是图片。操作步骤如下：

选中幻灯片中的某个对象，单击"动画"选项卡"动画"命令组中的"其他"按钮，或单击"高级动画"命令组中的"添加动画"按钮 ，在弹出的动画效果下拉列表中列出了多种动画效果，如图 5-56 所示。将鼠标指针指向某动画效果，在幻

图 5-56 动画效果下拉列表

灯片窗格中会立即显示这种动画的效果。单击某种动画效果，就可将其应用到选定的对象上。

如果对预设的动画列表中的动画效果不满意，可以通过单击 ★ 更多进入效果(E)… 命令，在打开的"更改进入效果"对话框中（如图5-57所示），选择指定的动画效果，单击"确定"按钮，即可将该动画效果应用到选定的对象上。设置"强调""退出""动作路径"动画效果时，也都有这种功能。

图 5-57　"更改进入效果"对话框

探究与实践

小贴士
幻灯片中的一个对象可以同时添加进入、强调、退出动画效果。

（二）动画属性设置

（1）动画方向的设置：选择设置了动画效果的对象，单击"动画"命令组右端的"效果选项"按钮 ，在打开的下拉列表中可以设置动画效果出现的方向，如图5-58所示。

（2）动画开始方式的设置：单击"计时"命令组中 ▶ 开始: 单击时 右端的 ，在弹出的下拉列表中可以设置动画开始的方式，如图5-59所示。方式有3种："单击时"是指单击鼠标才开始播放当前动画；"与上一动画同时"是指该动画与上一动画对象同时出现；"上一动画之后"是指不需要单击鼠标，当上一动画播放结束时此动画自动出现。

图 5-58　"效果选项"列表

图 5-59　"开始"下拉列表

（3）动画持续时间和延时的设置：在"计时"命令组中的 持续时间: 00.50 框中可以设置动画播放的长度，在

● 延迟：　00.00　框中可设置经过几秒后播放动画。

（4）单击"高级动画"命令组中的 动画窗格 命令，窗口右侧显示"动画窗格"，如图 5-60 所示。在"动画窗格"中依次列出了幻灯片中已设置了动画效果的对象。在"动画窗格"中选中某一动画对象，再单击其右侧的 按钮，可以对该动画进行高级设置。单击"效果选项"，打开动画效果参数设置对话框，图 5-61 是"缩放"动画效果的参数设置对话框。在"效果"选项卡中可以设置动画消失点、动画播放时的声音和动画播放后的效果等。在"计时"选项卡中，可以设置动画播放时的触发方式、速度和重复次数等参数。

探究与实践

想一想
　　如果单击某个对象而不是页面，另一个对象才会出现，如何设置？（提示：使用触发器）

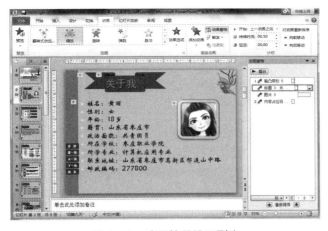

图 5-60　动画效果设置列表

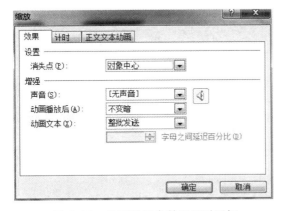

图 5-61　动画效果参数设置对话框

（三）动画重新排序

对象设置了动画效果后，在该对象左上角会出现一个数字，如 1，0，1，2，3，4……代表放映幻灯片时动画效果出现的先后顺序。标记为"0"的对象会随之幻灯片的播放同时出现，其他标记的对象则需要单击鼠标后才能依次出现。播放时，第 1 次单击出现标记为"1"的对象,第2次单击出现标记为"2"的对象,……

如果需要对播放顺序进行调整,可以单击"动画窗格"下方的"重新排序"按钮 ⬆ 或 ⬇,重新排列动画的呈现顺序。

(四)修改和取消动画效果

如果对已设置好的动画效果不满意,可以通过选定要修改动画效果的对象,在"动画"选项卡的"动画命令组中重新选择动画效果。

已经设置的动画效果还可以取消。具体操作:选定要取消动画效果的对象,在"动画"选项卡的"动画"命令组中单击"无";还可以在"动画窗格"中选定要取消动画效果的对象,单击其右侧的 ⬇ 按钮,在打开的下拉列表中单击"删除"。

(五)动画效果的复制

步骤1:选中添加了动画效果的对象,单击"动画"选项卡,单击"高级动画"组里的"动画刷"按钮。

步骤2:用鼠标单击要添加动画的元素,则可将原动画效果应用到本对象上,如图5-62所示。

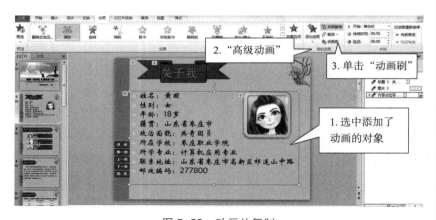

图 5-62　动画的复制

二、设置幻灯片切换效果

幻灯片切换是向幻灯片添加视觉效果的另一种方式。幻灯片切换效果是指在演示文稿播放演示期间,一张幻灯片如何从屏幕上消失及另一张幻灯片如何显示在屏幕上的方式。我们可以预先设置幻灯片切换的效果、幻灯片切换的速度,并且可以添加切换时发出的声音,甚至还可以对切换效果的其他属性进行自定义。既可以为一组幻灯片设置同一种切换方式,也可以为每张幻灯片设置不同的切换方式。设置切换效果的操作方法如下:

(1)选择要设置切换效果的幻灯片,在"切换"选项卡"切换到此幻灯片"命令组的列表框中有多种切换效果可以选择,如图5-63所示。通过单击 ▲ 或 ▼ 按钮查看需要的切换方式(单击 ▼ 按钮,在打开的下拉列表中可以看到全部切换效果)。单击一种切换方式,幻灯片窗格中会显示这种切换方式的效果。

探究与实践

图 5-63 "切换"选项卡

(2)单击"效果选项"按钮 ，在打开的下拉列表中选择切换效果的方向，"效果选项"列表中会根据所选切换效果的不同而显示不同的选项。

(3)在"计时"命令组中，单击 声音:[无声音] ▼ 框右侧的 ▼ ，在弹出的下拉列表中选择某种声音效果，在幻灯片切换时就可以听到这种声音。

(4)单击 持续时间:01.00 框右侧的微调按钮 ，可以设置幻灯片切换效果的持续时间(单位为秒)，也就是幻灯片的切换速度。

(5)在"换片方式"栏中，默认选中 单击鼠标时 ，表示在放映幻灯片时必须单击鼠标才能放映下一张幻灯片。除此之外，可以设置自动换片时间，当放映该幻灯片时，经过设定的秒数后就会自动放映下一张幻灯片，在幻灯片浏览视图中该幻灯片的左下角会显示这个换片时间。

(6)单击"预览"命令组的"预览"按钮，在幻灯片窗格中可以预览所设置的切换效果，如果不满意可以重新调整。如果要取消为幻灯片设置的换片效果，可先选定要取消切换效果的幻灯片，在"切换到此幻灯片"命令组的列表框中单击"无"即可。如果想更换一种切换效果，可在"切换到此幻灯片"命令组的列表框中重新选择。如果单击"计时"命令组中的"全部应用"按钮，会将选定的切换效果应用到演示文稿的全部幻灯片上。

任务实施

一、打开演示文稿

启动 PowerPoint 2010，选择"文件"选项卡中的"打开"命令，选中"职业生涯规划（交互）.pptx"，单击"打开"按钮，打开文件，同时保存为"职业生涯规划（动画）.pptx"。

二、添加动画效果

步骤1：给标题添加动画效果。打开任务三保存的职业生涯规划演示文稿文件，切换到第1张幻灯片，选中标题文字，打开"动画"选项卡，在"动画"组里选择"切入"动画类型，在"动画"组里单击"效果选项"，选择擦除方向为"自左侧"，如图5-64所示。

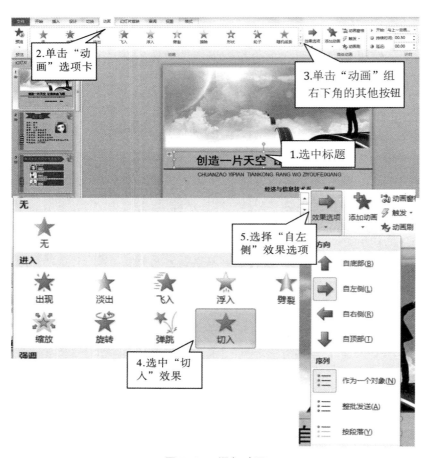

图5-64　添加动画

步骤2：设置标题动画计时。单击"计时"组里"开始"右侧的下拉箭头，选择"与上一动画同时"，将"持续时间"修改为"0.50

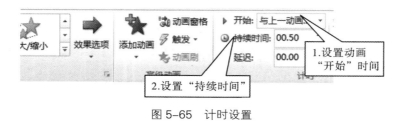

图5-65　计时设置

秒"，如图 5-65 所示。

步骤 3：用相同的方法设置横线、拼音标题与副标题的动画效果。选中对象，在"动画"组里选择动画类型为"切入"，在"动画"组单击"效果选项"里的"自左侧"，在"计时"组里与步骤 2 中做同样设置。

步骤 4：给云彩图片添加动画效果。选中标题幻灯片中的云彩图片，在"动画"组里选择"飞入"动画，在"动画"组单击"效果选项"里的"自左侧"，持续时间设置为 3 秒，延迟设置为 0.2 秒。

探究与实践

步骤 5：调整动画播放顺序。单击"动画窗格"按钮，打开"动画窗格"对话框，在动画窗格中可用箭头 ⬆⬇ 调整动画的播放顺序，如图 5-66 所示。

图 5-66　调整播放动画的顺序

步骤 6：给第 2 张幻灯片添加动画效果。选中第 2 张幻灯片中的自选图形，在"动画"窗格中选择"缩放"，设置"效果选项"为"对象中心"，在"计时"组中做如下设置："单击"开始，持续时间为 0.50 秒；选中"关于我"标题，设置缩放动画，上一动画之后开始，延迟为 0.50 秒；选中头像图片，设置弹跳动画，上一动画之后开始，延迟为 2 秒；选中内容占位符，设置缩放动画，设置"效果选项"为"对象中心"，作为一个对象显示，单击开始播放。

步骤 7：给第 3 ~ 8 张幻灯片添加动画效果。将自选图形和标题设置为"自左侧飞入"，在"计时"组中做如步骤 6 中的设置；选中内容文本，设置为"缩放"动画效果，设置"效果选项"为"对象中心"，在"计时"组中"单击"开始，持续时间 0.50 秒。

步骤 8：给封底幻灯片设置动画效果。选择最后一张幻灯片，标题与内容的动画效果与步骤 7 相同。为"谢谢大家"艺术字添加动画效果：选中"谢谢大家"艺术字，单击"高级动画"组里的"添加动画"，选择"飞入"，在"效果选项"中设置为"自左侧"，在"计时"选项组中设置"单击时"开始，持续时间为 3.0 秒。

步骤 9：为艺术字添加退出效果。仍旧选中步骤 8 中选择的艺术字，单击"添加动画"按钮，选择"更多退出效果"，选择"飞出"选项，选择效果选项为"到右侧"，将"计时"组里的开始设置为"上一动画之后"，持续时间为 3.0 秒，延迟为 3.0 秒，如图 5-67 所示。

试一试
　尝试为幻灯片中的对象添加路径动画？

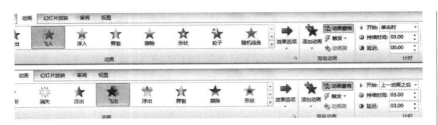

图 5-67　为同一对象添加多个动画

三、给幻灯片添加切换效果

步骤 1：给所有幻灯片设置切换方式。切换到第 2 张幻灯片，单击"切换"选项卡，在"切换到此幻灯片"组中选择"推进"切换方式，在"效果选项"中设置"自底部"，在"计时"组中设置"持续时间"为 1 秒，换片方式勾选"单击鼠标时"，并单击全部应用按钮，将切换效果应用到所有幻灯片，如图 5-68 所示。

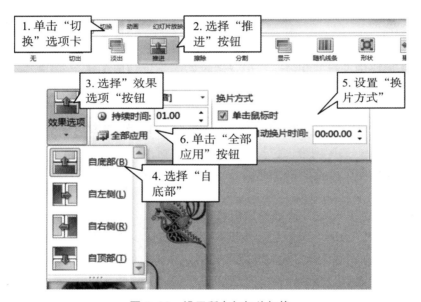

图 5-68　设置所有幻灯片切换

步骤 2：给标题幻灯片单独设置切换方式。切换到第 1 张幻灯片，单击"切换"选项卡，在"切换到此幻灯片"组中选择"涡流"切换方式，在"计时"组中设置"持续时间"为 4 秒，换片方式勾选"单击鼠标时"，如图 5-69 所示。

步骤 3：保存演示文稿。

比一比

看谁能为演示文稿中的对象添加的动画效果及幻灯片的换片效果最快最好？

图 5-69　幻灯片切换

四、添加背景音乐

步骤 1：打开"插入音频对话框"。切换到第 1 张幻灯片，单击"插入"选项卡，在"媒体"组里单击"音频"，选择"文件中的音频"命令，打开"插入音频"对话框。

步骤 2：插入音频文件。在"插入音频"对话框中，选择"E：\ 项目五 \ 素材 \ 海阔天空 .mp3"，单击"插入"按钮，完成插入音频的操作，如图 5-70 所示。

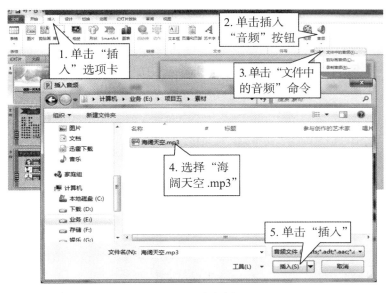

图 5-70　音频插入

299

步骤 3：隐藏小喇叭图标。单击小喇叭图标，单击"音频工具"的"播放"选项卡，在"音频选项"组里面勾选"放映时隐藏"复选框，可在放映时隐藏小喇叭图标，如图 5-71 所示。

图 5-71　隐藏小喇叭

步骤 4：设置音频停止播放的时间。在动画窗格中单击音频动画条目右侧的下拉箭头，选择"效果选项"命令，在打开的"播放音频"对话框中设置"停止播放"为"在 200 张幻灯片后"，如果希望在更长的时间一直播放可将此值设置得更大一些，如图 5-72 所示。

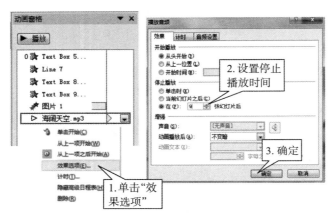

图 5-72　修改播放时间长度

步骤 5：调整音频的播放时间。在动画窗格中将音频动画用调整到顶部，则一开始放映演示文稿时就播放音乐，如图 5-73 所示。

步骤 6：预览整体效果，将文件保存。

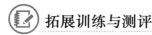 拓展训练与测评

图 5-73　音频开始播放时间调整

想一想

　　如果在播放声音对话框中设置停止播放在 999 张幻灯片后，会出现什么效果？

一、训练任务要求

同学们给爱嘉途旅游宣传册幻灯片添加了交互效果后，可以非常方便地查看幻灯片中指定的内容，也可方便地从所在幻灯片返回

到目录幻灯片，但在放映时还是感觉不够吸引人。同学们经过商议，决定给每张幻灯片中的各种对象添加上动画效果，以及添加幻灯片切换效果，让幻灯片在放映时更加生动活泼。因此，决定继续完成下面的工作：

探究与实践

（1）对标题幻灯片上的标题设置缩放动画效果，计时设置为"与上一动画同时"；副标题文本设置螺旋飞入动画效果，"爱嘉途邀你一起游世界"文本设置螺旋飞入及陀螺旋动画效果，其中陀螺旋转重复 3 次，延迟 0.3 秒，计时设置为"上一动画之后"。

（2）给第 2 张幻灯片上的对象添加动画效果：标题文字设置自左上角飞入效果，目录文本设置缩放效果，延迟 0.75 秒；设置图片反转式由远及近动画效果，持续时间为 2 秒。

（3）给第 3 ~ 5 张幻灯片上的对象添加动画效果：标题文字设置"自左侧擦除"动画效果；文本内容设置"菱形"；图片设置为飞入效果，重复两次，设置持续时间为 2 秒；调整图片与文本内容的播放顺序，保证图片和对应文本同时显示。

（4）给第 6 张幻灯片上的对象添加动画效果：为对象组合添加随机线条效果。

另外为所有幻灯片设置蜂巢切换效果，持续时间 5 秒，单击鼠标换页和自动换片时间为 4 秒；为演示文稿添加背景音乐，播放时间持续到最后一张幻灯片。

二、训练任务成果

同学们按照上述要求完成本训练任务，其完成效果如图 5-74 所示。

图 5-74　添加动画与切换后效果

三、训练成果测评表

职业能力	评价内容		评价等级		
	学习目标	评价内容	优	良	差
专业能力	1. 能够给对象添加动画效果	动画效果的添加及参数设置			
		动画效果的删除			
	2. 能够为幻灯片添加切换	幻灯片切换效果的添加			
		幻灯片切换效果的设置			
	3. 能够为演示文稿添加背景音乐	背景音乐效果的添加及参数设置			
方法能力	4. 独立思考、分析问题与解决问题的能力				
	5. 自主学习能力				
社会能力	6. 沟通交流、语言表达的能力				
	7. 与伙伴交往合作的能力				
	8. 工作态度、工作习惯				
综合评价					

任务五 放映职业生涯规划演示文稿

任务情境

通过完成前四个任务，同学们已经基本制作完成了职业生涯规划演示文稿。演示文稿的最终目的是要进行展示汇报和打印分享。所以，我们下一步的任务是需要打开"职业生涯规划（动画）.pptx"文件，进一步设置演示文稿的放映方式、观看放映及打包演示文稿等操作。

任务分析

在前面的四个任务中已对整个演示文稿进行了比较完善的设置，为了能够正常放映幻灯片，还需完成以下工作：

（1）打开"职业生涯规划（动画）.pptx"，对幻灯片放映方式等按任务要求进行设置，并将修改后的文件进行保存。

（2）设置幻灯片放映方式，设置播放的幻灯片范围。

（3）幻灯片放映有"从开始放映"和"从当前幻灯片放映"两种方式。

（4）将制作好的"职业生涯规划 .pptx"演示文稿进行打包，以便在没有安装 PowerPoint 2010 的机器上也能够顺利播放。

探究与实践

相关知识

一、设置放映方式

演示文稿不仅可以在计算机上播放，而且可以通过投影仪展示在大屏幕上给更多的人看。根据播放地点、观看对象和播放设备的不同，可以采用不同的放映方式，主要有演讲者放映、观众自行浏览、在展台浏览等三种方式。

（1）单击"幻灯片放映"选项卡"设置"命令组中的"设置幻灯片放映"按钮，打开"设置放映方式"对话框。

①演讲者放映（全屏幕）：演讲者可以一边讲解，一边放映幻灯片，是最常用的放映方式。在这种方式下，演讲者可以完全控制幻灯片的放映过程，一般用于专题讲座、会议发言等。选择这种方式时，可以全屏幕播放演示文稿。

②观众自行浏览（窗口）：选择这种方式播放演示文稿时，幻灯片是在 PowerPoint 窗口中播放，而不是全屏幕播放的，观众可以使用窗口中的命令进行操作。比如单击窗口状态栏上的"菜单"按钮 ，在打开的下拉列表中选择响应的命令实现相关操作，也可以用 PageUp、PageDown 键自行翻看幻灯片。

③在展台浏览（全屏幕）：选择此选项可让演示文稿自动播放，不需要演讲者在旁边讲解。多用于不需要专门播放的展览会场或在无人值守的会议上放映。

试一试
这三种放映方式有什么区别？

（2）选择放映类型后，还可以在"设置放映方式"对话框中对放映选项进行设置。

①在"放映选项"栏，若选择 循环放映，按 ESC 键终止(L)，则播放完最后一张幻灯片后，自动返回第一张幻灯片继续播放，直到按 ESC 键结束；若选择 放映时不加旁白(N)，则放映时不播放在幻灯片中设置的声音；若选择 放映时不加动画(S)，则放映时不播放在幻灯片中设置的动画效果，但可以播放插入的动画或视频片段。

②在"放映幻灯片"栏中，可以选择播放全部幻灯片、播放指定范围的幻灯片和播放自定义放映的幻灯片。

③在"换片方式"栏中，若选择"手动"选项，则在放映过程中必须单击鼠标才能切换幻灯片；若选择"如果存在排练计时，则使用它"选项，且设置了幻灯片的自动换页时间，在放映时会自动切换幻灯片。

④ "幻灯片的排练计时"指的是播放幻灯片时，该幻灯片在屏幕上的停留时间。在幻灯片浏览视图中，幻灯片左下角会显示这个时间。单击"幻灯片放映"选项卡下"设置"命令组中的"排练计时"按钮，幻灯片将以排练模式打开并开始幻灯片计时。

二、放映演示文稿

将演示文稿的放映方式设置好后，就可以放映演示文稿了。方法主要有4种：从头开始、从当前幻灯片开始、广播幻灯片和自定义幻灯片放映。

（一）"从头开始"放映

如果希望从第1张幻灯片开始依次放映演示文稿中的幻灯片，可以单击"幻灯片放映"选项卡"开始放映幻灯片"命令组中的"从头开始"按钮或键盘上的F5键。

（二）"从当前幻灯片开始"放映

如果希望从当前选定的幻灯片开始放映演示文稿，可以单击"幻灯片放映"选项卡"开始放映幻灯片"命令组中的"从当前幻灯片开始"按钮。

（三）"广播幻灯片"放映

PowerPoint 2010新增了广播放映幻灯片的功能，通过该功能，演示者可以在任意位置通过Web与任何人共享幻灯片放映。在放映过程中，演示者可以随时暂停幻灯片放映、向访问群体重新发送观看网站或者在不中断广播及不向访问群体显示桌面的情况下切换到另一应用程序。

（四）"自定义幻灯片放映"

针对不同场合或观众群，演示文稿的放映顺序或内容也可能随之变化，因此放映者可以自定义放映顺序。方法：单击"幻灯片放映"选项卡"开始放映幻灯片"命令组中的"自定义幻灯片放映"按钮，在打开的下拉列表中单击"定义自定义放映"对话框，在"幻灯片放映名称"文本框中输入该自定义放映的名称，"在演示文稿中的幻灯片"列表中选择需要放映的幻灯片，然后单击 添加(A) >> 按钮将其添加到右侧的"在自定义放映中的幻灯片"列表框中，设置好后单击"确定"按钮。返回"自定义放映"对话框，单击"关闭"按钮，返回演示文稿。单击"自定义幻灯片放映"按钮，在打开的下拉列表中选择自定义放映的演示文稿，即可启动幻灯片放映，并按照所设置的自定义放映中的幻灯片进行放映。

探究与实践

想一想
　　如何取消排练计时？

三、播放演示文稿的常用操作

在演示文稿播放过程中，可以使用系统提供的快捷菜单非常方便地控制幻灯片的播放进程，并能在幻灯片上书写或绘画。

（一）幻灯片翻页方式

（1）用鼠标单击进行换页。

（2）按 PageUp、PageDown 键进行前后翻页。

（3）右击鼠标，从快捷菜单中选择"上一张""下一张"进行换页。

（4）右击鼠标，从快捷菜单中选择"定位到幻灯片"命令，直接切换到指定的幻灯片，如图 5-75 所示。

（二）笔指针的应用

在幻灯片放映时，可以使用鼠标作为笔在幻灯片上进行书写，进一步配合讲解。使用笔的方法：通过单击鼠标右键，在弹出的快捷菜单中选择"指针选项→笔"命令，如图 5-76 所示。

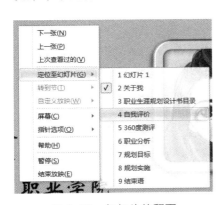

图 5-75 幻灯片的翻页　　　　图 5-76 选择手写笔

（三）结束放映

单击鼠标右键，在弹出的快捷菜单中选择"结束放映"命令，可以结束幻灯片的放映，返回到编辑状态下，如图 5-77 所示。

四、打印演示文稿

可以将演示文稿打印到纸上或透明胶片上，可以选择黑白方式或彩色方式打印幻灯片、大纲、演讲者备注及讲义。

（1）打开演示文稿，单击"文件"菜单中的"打印"命令，打开"打印"窗口，右侧窗格中可以预览打印效

图 5-77 结束放映

小贴士

中途停止幻灯片的放映除了通过右键结束放映外，可以按 ESC 键取消放映。

305

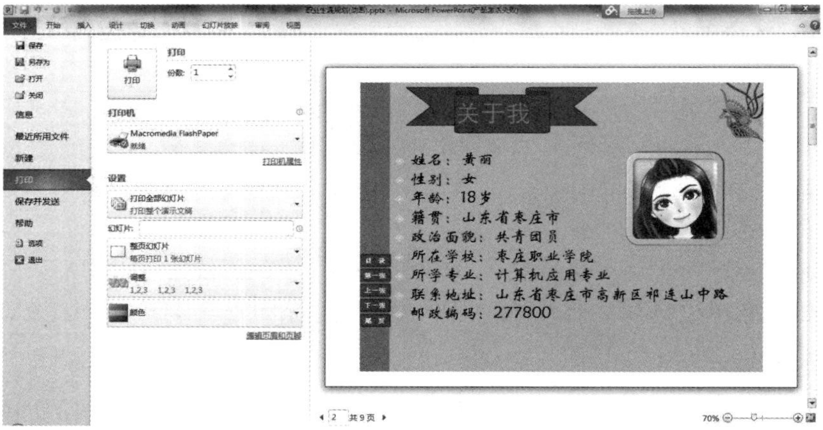

图 5-78 “打印”窗口

果，如图 5-78 所示。

（2）单击“设置”栏中的 [打印全部幻灯片 打印整个演示文稿]，在打开的下拉列表中指定演示文稿的打印范围，如图 5-79 所示。各选项的含义如下：

①打印全部幻灯片：打印当前演示文稿中的所有幻灯片。

②打印所选幻灯片：打印选定的所要幻灯片。

③打印当前幻灯片：只打印当前幻灯片。

④自定义范围：用幻灯片编号来指定打印范围，如“1，3–5”表示打印第 1 张、第 3 ～ 5 张幻灯片。

（3）单击 [整页幻灯片 每页打印 1 张幻灯片]，在打开的下拉列表中可以设置打印内容，如图 5-80 所示。各选项的含义如下：

①整页幻灯片：一页纸上打印一张幻灯片。

②备注页：打印幻灯片的备注。

③大纲：按幻灯片 / 大纲窗格中“大纲”选项卡的格式打印大纲。

④讲义：每页打印多张幻灯片的缩略图。在“讲义”列表框中

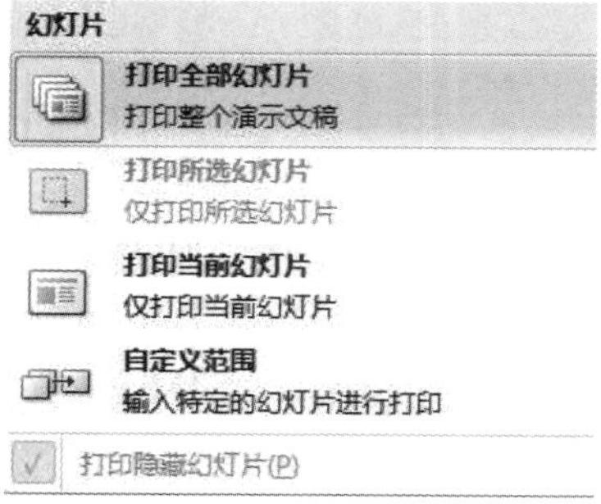

图 5-79 选择打印范围

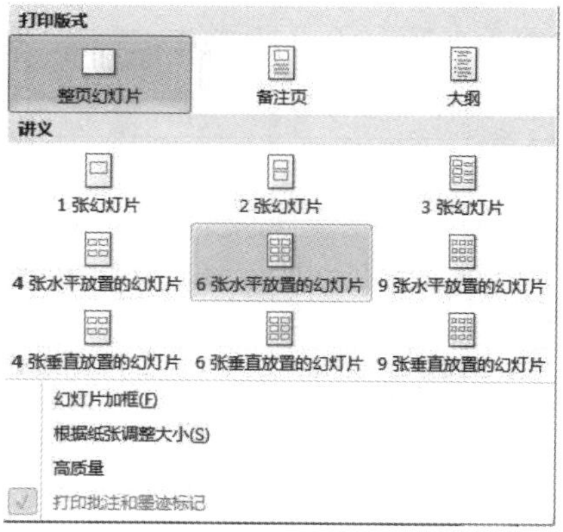

图 5-80 选择打印内容

可以设置在每页纸上分别打印 1 张、2 张、3 张、4 张、6 张或 9 张幻灯片，并可选择幻灯片在页面上的水平或垂直排列顺序。

（4）在"打印"栏的"份数"框中，设置打印份数。

（5）单击"打印"按钮，将演示文稿打印出来。

如果配置的是黑白打印机，为了保证彩色幻灯片以黑白方式打印时仍然很漂亮，在打印前可以单击 █ 颜色 ████████████████████▼，在下拉列表中选择"灰度"或"纯黑白"，在"打印"窗格中以灰度或纯黑白方式预览将要打印的幻灯片，如有不合适的地方再进行调整。

五、打包演示文稿

为了使你制作的演示文稿在别的计算机上也能正常播放，可以使用 PowerPoint 的"将演示文稿打包成 CD"功能将演示文稿打包。将演示文稿、链接文件及必要的系统文件压缩后存放到一个文件中称为"打包"。打包后的演示文稿在任何一台安装了 Windows 操作系统的计算机中都可以正常放映。如果没有 CD 刻录机，还可以将演示文稿打包到 U 盘或指定文件夹中。

（一）打包演示文稿

（1）打开要打包的演示文稿，单击"文件"菜单的"保存并发送"命令，在中间窗格中双击 🔵 将演示文稿打包成 CD，弹出"打包成 CD"对话框，对话框中提示了当前要打包的演示文稿。若希望将其他演示文稿一起打包，则单击"添加"按钮，打开"添加文件"对话框，可以选择多个演示文稿一起打包。如果你的计算机上装有 CD 刻录机，单击复制到 CD，可以将演示文稿打包刻录到 CD 上，制作成演示文稿光盘。

（2）单击"选项"按钮，弹出"选项"对话框，默认选中链接的文件，可以将演示文稿中所有链接的文件一起打包。如果演示文稿中使用了特殊的字体，在另外一台计算机上播放时，可能会因为没有安装这种字体而影响播放效果，为了避免这种情况，可以选中"嵌入的 TrueType 字体"，将用到的字体同时打包，单击"确定"按钮返回"打包成 CD"对话框。

（3）单击"复制文件夹"按钮，弹出"复制到文件夹"对话框，选择把打包后生成的打包文件存在哪里，在"文件夹名称"框中输入存放打包文件的文件夹名称，单击"浏览"按钮，打开"选择位置"对话框，选择打包文件的保存位置。单击选择按钮，返回"复制到文件夹"对话框。单击"确定"按钮，PowerPoint 开始将演示文稿打包，并弹出一系列提示框显示打包的过程。

（4）打包结束后，单击"关闭"按钮，关闭"打包成 CD"对话框。

探究与实践

小贴士

　　打印前在页面设置中调节好页边距、方向、纸张大小等，然后进行打印预览，看看设置是否符合要求，最后打印。

（二）播放打包的演示文稿

打开"资源管理器"窗口，查看存放打包文件的文件夹。

打包文件夹中有一个 PresentationPackage 文件夹，打开这个文件夹，在计算机互联网状态下，双击该文件夹中的 PresentationPackage.html 文件，在打开的网页上单击"Download Viewer"按钮，下载 PowerPoint Viewer.exe 并安装。安装完成后，启动 PowerPoint Viewer 播放器，打开"Microsoft PowerPoint Viewer"对话框，在对话框的文件名列表中双击要播放的演示文稿文件名，可以立即播放该演示文稿。

（三）将演示文稿转换为直接放映方式

可以将演示文稿保存为自动播放的文件，只要双击这个自动播放文件，就可以进入幻灯片放映视图，直接播放演示文稿。

方法一：打开演示文稿，切换到"文件"选项卡，在左侧窗格中单击"另存为"，在弹出的"另存为"对话框中设置保存路径和文件名，在"保存类型"下拉列表中选择"PowerPoint 放映（*.ppsx）"，单击保存。

方法二：打开演示文稿，切换到"文件"选项卡，在左侧窗格中单击"保存并发送"，在中间窗格中单击"更改文件类型"，右侧窗格中显示出可以更改的文件类型列表，单击 PowerPoint 放映(*.ppsx) 自动以幻灯片放映形式打开，再单击"另存为"，弹出"另存为"对话框，设置保存路径和文件名，"保存类型"下拉列表中默认选中了"PowerPoint 放映（*.ppsx）"，单击保存。

此后，只要双击这个放映文件，就可以直接进入播放状态。

任务实施

一、设置放映方式

步骤 1：打开职业生涯规划演示文稿，单击"幻灯片放映"–"设置"–"设置幻灯片放映"命令，打开"设置幻灯片放映"对话框，单击"幻灯片放映"选项卡，在"设置"组中单击"设置幻灯片放映"按钮，打开"设置幻灯片放映"对话框。

步骤 2：设置放映方式。在"放映类型"中选择"演讲者放映（全屏幕）"，在"放映幻灯片"项中选择"全部"，如图 5–81 所示。

步骤 3：在"换片方式"栏中选择"如果存在排练时间，则使用它"选项。

步骤 4：单击"确定"按钮完成设置。

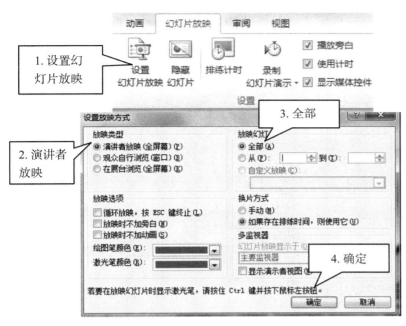

图 5-81　设置放映方式

二、幻灯片放映

方法一：单击"幻灯片放映"选项卡，单击"开始放映幻灯片"组中的"从头开始"（快捷键为 F5）。

方法二：单击"从当前幻灯片开始"，或单击右下角的按钮 ，则从当前幻灯片开始播放（快捷方式为 Shift + F5），如图 5-82 所示。

图 5-82　放映幻灯片

三、打包演示文稿

具体打包步骤如下：

步骤 1：打开要打包的"职业生涯规划 .pptx"文件。

步骤 2：打开"打包成 CD"对话框，选择"文件"选项卡中的"保存并发送"，在级联菜单中选择"文件类型"中的"将演示文稿打包成 CD"命令，单击"打包成 CD"命令，打开"打包成 CD"对话框。

步骤 3：设置链接文件与 TrueType 字体保存。单击"选项"按钮，在弹出的对话框中勾选"链接的文件""嵌入的 TrueType 字体"，单击"确定"按钮，以嵌入外部链接的文件和所用的字体。

步骤 4：打包到文件夹。单击"复制到文件夹"按钮，在弹出的"复制到文件夹"对话框中指定文件夹名称"E：\项目五，指定文件名为"职业生涯规划"，单击"确定"按钮，根据提示完成打包操作，如图 5-83 所示。

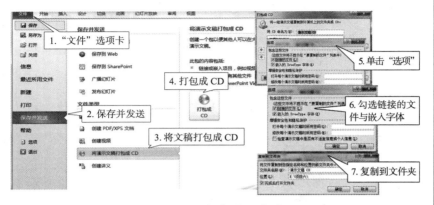

图 5-83　打包演示文稿

四、打印演示文稿

步骤 1：打开"文件"选项卡，单击打印。

步骤 2：单击 整页幻灯片 / 每页打印 1 张幻灯片，在打开的下拉列表选择"讲义"列表框中的"3 张幻灯片"选项。

步骤 3：单击 🖨 按钮，将演示文稿打印出来，效果如图 5-84 所示。

图 5-84　讲义打印效果

探究与实践

做一做
　　请同学们将制作好的职业生涯规划演示文稿保存为放映格式，然后进行放映，谈谈制作思路及感想。

做一做
　　请同学们将职业生涯规划演示文稿打印上交留存。

拓展训练与测评

一、训练任务要求

在任务四中保存的"练习四.pptx"中，同学们对演示文稿动态效果进行了设计制作，下面需要对放映方式进行设置并观看放映效果，最后将演示文稿打包，带到演讲地点放映。

打开"练习四.pptx"文件，对要完成的任务分析如下：

（1）设置幻灯片的放映方式为"在展台浏览"。

（2）设置放映内容为"全部幻灯片"。

（3）打包并放映演示文稿。

二、训练成果测评表

职业能力	评价内容		评价等级		
	学习目标	评价内容	优	良	差
专业能力	1. 能够设置幻灯片放映方式	设置幻灯片放映			
		自定义放映			
	2. 打包演示文稿	打包演示文稿的参数设置			
	3. 打印演示文稿	打印演示文稿的参数设置			
方法能力	4. 独立思考、分析问题与解决问题的能力				
	5. 自主学习能力				
社会能力	6. 沟通交流、语言表达的能力				
	7. 与伙伴交往合作的能力				
	8. 工作态度、工作习惯				
综合评价					

项目六
网络组建与信息检索

 项目概述

　　山东创新科技有限公司是一家运营网络营销策划产品发布的科技有限公司，公司设有多个营业部门。为了更好地开展公司内部业务和对外业务，公司需要组建局域网并连接到互联网，利用局域网进行公司内部员工沟通和公司内部资源共享，利用互联网搜索新闻、下载可用资料，或通过电子邮件与其他公司进行业务往来和交流，利用网盘存储公司信息资源。随着公司业务的不断发展，需要发布一些新的产品，公司准备借助互联网宣传产品、获取资讯，与客户进行沟通。

 学习目标

● **能力目标：**

能够组建小型局域网。

能够通过局域网连接到互联网。

能够熟练使用浏览器上网浏览所需信息。

能够使用常用的百度、360 等搜索引擎，并熟练掌握搜索引擎的使用技巧。

能够申请免费的电子邮箱，能够利用电子邮箱发送、查收并管理电子邮件。

● **知识目标：**

掌握通过局域网连接到互联网的方法和步骤。

掌握 IE 浏览器的使用方法。

掌握搜索引擎的使用方法。

掌握电子邮箱的配置和操作。

● **素质目标：**

遵守信息处理岗位规定，养成按工作标准和工作流程执行任务的意识。

培养良好的计算机使用和操作规范。

培养良好的计算机使用安全意识和习惯。

培养团队精神和自主学习能力。

探究与实践

任务一　搭建办公局域网

 任务情境

公司总部现有七台计算机，其中一台配备了打印机，大家都需要用这台打印机打印资料。怎样才能让所有计算机都可以通过一台打印机打印资料呢？公司准备搭建一个小型的局域网，实现打印机等硬件的共享。

 任务分析

局域网通常采用星形网络拓扑结构来组建，这需要一台交换机将所有的计算机通过网线连接起来，设置好计算机在局域网内的 IP 地址，然后共享打印机。

任务实施

步骤 1：根据室内计算机的物理分布，选择合适的拓扑结构——星形拓扑结构。

步骤 2：将计算机通过网线和交换机连接起来。

步骤 3：分别设置计算机的 IP 地址，操作步骤如下：

①进入"网络和共享中心"（图 6-1），点击左侧"更改适配器设置"，如图 6-2 所示。

图 6-1　网络和共享中心

查一查

什么是网络拓扑？怎么划分？

313

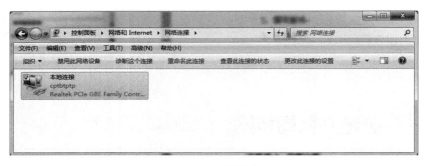

图 6-2　网络连接

②随后出现的窗口中列出了本机建立的所有网络连接。双击用于连接路由器的本地连接图标，随后可以打开"本地连接状态"对话框，如图 6-3 所示。

③单击"属性"按钮，弹出"本地连接属性"对话框，如图 6-4所示。

图 6-3　本地连接　状态

图 6-4　本地连接　属性

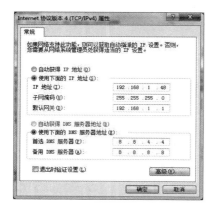

图 6-5　Internet 协议版本 4（TCP/IPv4）属性

探究与实践

④双击"Internet 协议版本 4（TCP/IPv4）"，弹出"Internet 协议版本 4（TCP/IPv4）属性"对话框，如图 6-5所示。选择"使用下面的 IP 地址"，将本机的 IP 地址、子网掩码、默认网关、DNS 等信息输入到相

查一查
IPV4 和 IPV6 有什么区别？

314

应的文本框中。单击"确定",保存设置。

步骤4:共享打印机,操作步骤如下:

①选择"开始"菜单,选择"设备和打印机",如图6-6所示。

探究与实践

图6-6 设备和打印机

②打开"设备和打印机"选项,选择需要共享的打印机,单击右键选择"打印机属性",如图6-7所示。

图6-7 选择打印机

想一想
共享扫描仪和共享打印机步骤一样吗?

315

③在打开面板中选择第二个标签"共享"，选中"共享这台打印机"，如图6-8所示。

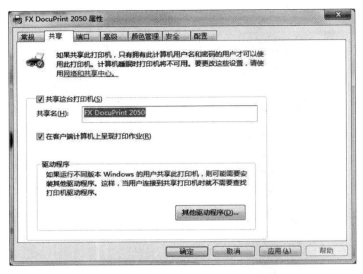

图 6-8　共享打印机

 相关知识

一、局域网

局域网（Local Area Network，LAN）是在一个较小的地理范围内（如一个学校、工厂和机关内，一般是方圆几百米以内），将各种计算机、外部设备和数据库等互相连接起来组成的计算机通信网络。

二、网络拓扑结构

计算机网络拓扑结构是引用拓扑学中研究与大小、形状无关的点、线关系的方法，把网络中的计算机和通信设备抽象为点，把传输介质抽象为线，由点和线组成的几何图形就是计算机网络的拓扑结构。

任务二　办公局域网连接 Internet

任务情境

公司规模不断扩大，业务量也在激增，业务人员需要实时与客户保持联系，必须要将办公局域网与 Internet 连接起来，访问互联网信息。

任务分析

通常情况下，计算机连接 Internet 分为两种情况：一种是通过网络服务供应商（ISP）提供的账户密码进行拨号连接，另外一种是通过局域网与 Internet 连接。

探究与实践

任务实施

一、有线连接 Internet

（一）通过拨号进行 Internet 连接

大部分家庭都是通过电信、联通、移动（铁通）等运营商提供的宽带上网服务连接 Internet 的，在运营商办理手续后运营商会提供给客户账户和密码等信息。通过这种方式连接 Internet 的设置方式如下：

步骤 1：单击"开始→控制面板→网络和 Internet →网络和共享中心"，单击"设置连接或网络"出现对话框，如图 6-1 所示。

步骤 2：进入设置连接或网络窗口，选择第一项"连接到 Internet"，如图 6-9 所示。

步骤 3：点击"下一步"，转到"连接 Internet"对话框，然后选择"宽带（PPPoE）"，如图 6-10 所示。

图 6-9 设置连接或网络

图 6-10 连接到 Internet

步骤 4：在接下来界面，输入服务商提供的用户名和密码，勾选"记住此密码"，设置宽带名称，点击连接，如图 6-11 所示。经过连接验证提示成功，那么宽带连接就创建成功了。

注：以后如果想进入宽带连接界面，开机之后，右下角找到网络标识，然后点击宽带连接（或者自定义的连接名称），就能正常上网了，如图 6-12 所示。

查一查
常用的网络服务商有哪些？

图 6-11　输入服务商提供的信息

图 6-12　宽带连接

（二）通过局域网连接 Internet

局域网连接 Internet 的情况多出现在已经设置好路由的网络中，连接方法非常简单，只用网线将路由器和计算机的网卡连接在一起即可。绝大多数情况下路由器提供了 DHCP 服务，计算机就可以通过该服务自动获得 IP 地址、子网掩码、默认网关及 DNS 服务器等配置信息，在应用这些信息后，网络就连接到了 Internet。

查一查
DNS 服务器有什么作用？本地服务商的 DNS 都是多少呢？

相关知识

一、Internet

Internet，中文正式译名为因特网，又叫作国际互联网。它是由那些使用公用语言互相通信的计算机连接而成的全球网络。一旦你的计算机连接到它的任何一个节点上，就意味着你的计算机已经连入 Internet 网上了。Internet 目前的用户已经遍及全球，有超过几亿人在使用 Internet，并且以等比级数上升。

二、DHCP

DHCP（Dynamic Host Configuration Protocol，动态主机配置协议）通常被应用在大型的局域网络环境中，主要作用是集中地管理、分配 IP 地址，使网络环境中的主机动态地获得 IP 地址、Gateway 地址、DNS 服务器地址等信息，并能够提升地址的使用率。

DHCP 协议采用客户端 / 服务器模型，主机地址的动态分配任务由网络主机驱动。DHCP 服务器接收到来自网络主机申请地址的信息时，才会向网络主机发送相关的地址配置等信息，以实现网络主机地址信息的动态配置。

任务三　用云盘技术轻松实现数据管理

任务情境

随着公司业务量的不断扩大，数据量也在随之增加，存在电脑硬盘上的数据也越来越多，数据传输也越来越频繁。云存储技术可以让我们极大地扩展存储空间，方便数据的传输，还可以避免 U 盘丢失或者移动硬盘兼容问题引起的麻烦。

任务分析

（1）申请 360 云盘存储。

（2）使用 360 云盘存储技术，使用上传、下载等文件管理功能。

任务实施

360 云盘是奇虎 360 科技的分享式云存储服务产品。为广大普通网民提供了存储容量大、免费、安全、便携、稳定的跨平台文件

查一查

目前都有哪些公司提供云盘服务呢？

存储、备份、传递和共享服务。360 云盘为每个用户提供 36G 的免费初始容量空间，360 云盘最高上限是没有限制的。

360 云盘是奇虎 360 公司推出的在线云储存软件。无须 U 盘，360 云盘可以让照片、文档、音乐、视频、软件、应用等各种内容，随时随地触手可得，永不丢失。

一、网盘申请

如果担心本地电脑的硬盘空间不足，担心文件误删或破坏，那么可以将文件上传至 360 云盘上，避免了使用 U 盘或者移动硬盘来回拷贝的麻烦，并且上传的文件自动归档，方便查找。步骤如下：

步骤 1：搜索"360 云盘"或直接进入网盘网址 http://yun-pan.360.cn/，如图 6-13 所示。

图 6-13　360 云盘登录或注册界面

图 6-14　注册 360 云盘账号界面

步骤 2：单击图 6-13 中的"注册新账号"按钮，打开如图 6-14 所示的注册界面。

根据向导提示选择手机注册。输入信息后，单击"马上注册"按钮，就注册了一个新的 360 云盘账号。

申请成功后，可以下载并安装电脑客户端、手机客户端，然后使用账号、密码进行登录，如图 6-15 所示。

登录后，如图 6-16 所示。

想一想

怎样增加云盘的容量？云盘操作起来有什么优缺点？

图 6-15　360 云盘登录界面

探究与实践

图 6-16　360 云盘使用界面

二、网盘使用

步骤 1：单击图 6-16 中的"上传文件"按钮，进入如图 6-17 所示界面，选择文件。支持批量上传，每次可选择多个文件。

做一做
　　自己申请一个网盘，并上传一个文件。

图 6-17　选择要上传的文件

步骤 2：开始上传，如图 6-18 所示。

图 6-18　文件正在上传

上传到 360 云里的文件，会被自动进行智能分类，分成图片、文档、音频、视频，方便查找，如图 6-19 所示。

图 6-19　文件自动分类

电脑里存的很多音频视频文件既占空间又只能在本地欣赏，如果上传到 360 云盘，不但能节省本地硬盘空间，并且保证电脑、电视、手机、平板上都可以随时打开 360 云盘欣赏这些音视频文件。

 相关知识

一、云存储

云存储是在云计算（Cloud Computing）概念上延伸和衍生发展出来的一个新概念。云计算是分布式处理（Distributed Computing）、并行处理（Parallel Computing）和网格计算（Grid Computing）的发展，是通过网络将庞大的计算处理程序自动分拆成无数个较小的子程序，再交由多部服务器所组成的庞大系统经计算分析之后将处理结果回传给用户。通过云计算技术，网络服务提供者可以在数秒之内，处理数以千万计甚至亿计的信息，达到和"超级计

探究与实践

互　动
　　将本课程的平时作业电子版上传到云盘自己姓名的文件夹中，以备教师检查和批改。

算机"同样强大的网络服务。云存储的概念与云计算类似，它指通过集群应用、网格技术或分布式文件系统等功能，网络中大量各种不同类型的存储设备通过应用软件集合起来协同工作，共同对外提供数据存储和业务访问功能的一个系统，保证数据的安全性，并节约存储空间。简单来说，云存储就是将储存资源放到云上供人存取的一种新兴方案。使用者可以在任何时间、任何地方，通过任何可联网的装置连接到云上方便地存取数据。如果这样解释还是难以理解，还可以借用广域网和互联网的结构来解释云存储。

探究与实践

二、网盘

网盘，又称为网络 U 盘、网络硬盘，是由互联网公司推出的在线存储服务，向用户提供文件的存储、访问、备份等文件管理功能。用户可以把网盘看成一个放在网络上的硬盘或 U 盘，不管你是在家中、单位或其他任何地方，只要连接到因特网，就可以管理、编辑网盘里的文件，不需要随身携带，更不怕丢失。

任务四　让 Internet 变得方便

任务情境

为了公司更好地发展，了解同行业其他公司的情况是非常重要的。这主要可以通过浏览其网页来获取信息。有时，我们还需要将这些信息保存下来，以便进行进一步的研究。因此，利用浏览器浏览和保存网页信息是一项必备技能。那么怎样才能让这些工作变得更方便快捷呢？

任务分析

本任务主要完成以下操作：
（1）了解浏览器的功能。
（2）浏览器的常规使用。
（3）使用收藏夹，设置自己喜欢的主页等相关操作。
（4）保存网页信息。

任务实施

一、启动 Internet Explorer

双击桌面上的"Internet Explorer"图标，或单击任务栏上的

"Internet Explorer"图标,将启动 Internet Explorer。打开浏览器后,在地址栏中输入所要浏览的网站的地址,如 http://www.baidu.com,按回车键或单击转到按钮,如图 6-20 所示。

探究与实践

图 6-20　启动 Internet Explorer 打开百度

查一查
　　常用的搜索引擎有哪些?

二、常规浏览

(一)设置多个主页

启动 IE,选择"工具"—"Internet 选项"命令,如图 6-21 所示。

试一试
　　设置主页有什么用处呢?

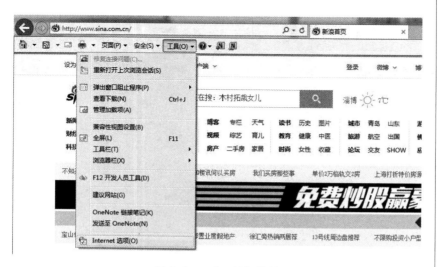

图 6-21　"工具"菜单

弹出"Internet 选项"对话框，在"常规"标签下的"主页"
文本框中输入要启动时打开的网址，然后单击"确定"按钮，如图
6-22 所示。

探究与实践

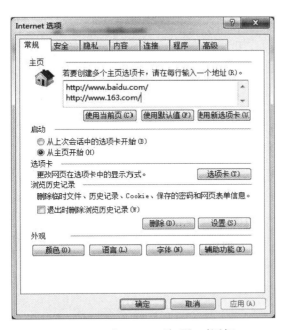

图 6-22　"Internet 选项"对话框

下次启动 IE 时，即可同时打开多个网页。

（二）自定义工具栏

启动 IE，右击 IE 工具栏，在弹出的快捷菜单中选择"自定义"—
"添加或删除命令"命令，如图 6-23 所示。

想一想

怎样设置浏览历
史记录呢？

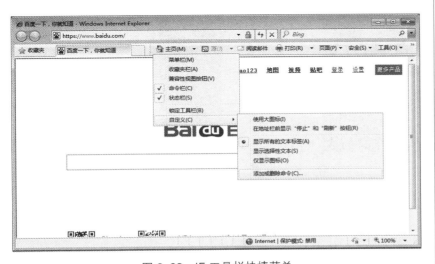

图 6-23　IE 工具栏快捷菜单

弹出"自定义工具栏"对话框，如图 6-24 所示，在"当前工具栏按钮"列表框中选择需要删除的选项，如选择"打印"工具栏按钮，然后单击"删除"按钮将其删除，最后单击"关闭"按钮即可。

图 6-24　"自定义工具栏"对话框

（三）快速输入网址

启动 IE，在 IE 地址栏中输入需要访问的网站地址的中间项，例如输入 126，如图 6-25 所示。

图 6-25　快速输入网址

按 Ctrl ＋ Enter 组合键，IE 便会自动为所输入内容加上前缀"www."和后缀".com"并打开该网页，如图 6-26 所示。

动手做
　怎样快速打开百度呢？

图 6-26　快速打开网页

三、将网页添加到收藏夹

（一）将网页添加到收藏夹
打开相应的网站。

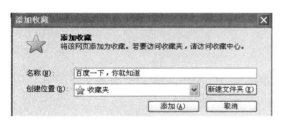

图 6-27 "添加收藏"对话框

右击网页空白地区，选择"添加到收藏夹"命令，出现如图 6-27 所示的对话框。在此对话框中，可以给该网址另外取一个名称，也可以用

探究与实践

它默认的名称。单击"确定"按钮，即可把该网址添加到收藏夹中。

如果以后想再次访问该网址的话，只需单击工具栏上的"收藏"按钮，然后单击要打开的网址即可。

（二）重新访问最近查看过的 Web 页

在工具栏上，单击"历史"按钮，窗口左侧将出现文件夹列表，包含近期访问过的 Web 站点的链接，单击文件夹或网页可以显示原来访问过的 Web 页。再次单击"历史"按钮可以隐藏浏览器栏。

另外，在"历史记录"列表中保留网页的天数是可以更改的，但指定的天数越多，保存该信息所需的磁盘空间就越多。

找一找

存储网页信息的磁盘空间在哪里呢？

（三）设置浏览器主页和"历史记录"的网页数

单击"工具"—"Internet 选项"命令，出现如图 6-28 所示的"Internet Explorer 设置"窗口。在此窗口中，单击"常规"选项，在"主页"区域，更改浏览器主页地址，在"历史记录"区域，更改 Internet Explorer 保存网页的天数即可。

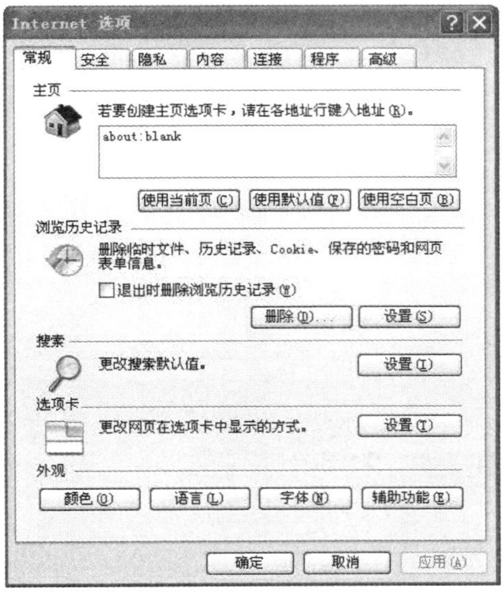

另外，如果要清空"历史记录"文件夹，可以单击"清除历史记录"按钮。该操作可以释放计算机的磁盘空间。

图 6-28 Internet Explorer 设置窗口

分组操作

A组访问浏览器，B组查找A组今日访问的网页，如果找到了，B组得3分，A组减1分，最后，分数多的组获胜，获得"PK高手"称号。

（四）整理收藏夹

启动 IE，单击"收藏夹"按钮，再单击"添加到收藏夹"按钮右侧的下拉按钮，在弹出的下拉菜单中选择"整理收藏夹"命令，如图 6-29 所示。

在弹出的"整理收藏夹"对话框中单击"新建文件夹"按钮，

图 6-29　"添加到收藏夹"下拉菜单　　图 6-30　"整理收藏夹"对话框

如图 6-30 所示，创建用于分类的文件夹，并对其命名。

　　将网站快捷方式按类别拖动到相应文件夹，然后单击"关闭"按钮即可完成。

四、存网页信息

（一）保存网页

　　下载网页是指将某个网页从 Internet 上接收下来，并保存到用户所指定的文件夹中。

　　选择"文件"—"另存为"菜单命令，屏幕显示"保存HTML"对话框，如图 6-31 所示。

试一试
　　保存网页和保存网站有什么区别？

图 6-31　"文件"—"另存为"菜单命令

　　注意：保存网页一般选用 HTML 格式，也可以选用 TXT 格式，但 TXT 格式只能保存文字，不能保存图片等信息。

（二）保存图片

如果网页中有你喜欢的图片，可以按照以下步骤保存下来：1.打开这个网页。2.用鼠标指到需要保存的图片上。3.单击鼠标右键，弹出菜单，选择"图片另存为"选项。4.在"保存图片"对话框中的"文件名"栏里输入新的文件名。5.单击"保存"按钮。如果要将图片复制到剪贴板或文件中，可以选择弹出菜单中的"复制"命令。

（三）保存文字

打开网页，选定需要下载的文字，执行 Internet 浏览器中的菜单"编辑"—"复制"命令，就可以将文字复制到指定的地方。

 相关知识

一、浏览器

浏览器是一种软件，它可以显示网页服务器或者文件系统的 HTML 文件（标准通用标记语言的一个应用）内容，并让用户与这些文件交互。

它用来显示在万维网或局域网等的文字、图像及其他媒体信息。这些内容通常包含指向其他网址的超链接，用户可以点击这些链接来快速且轻松地浏览各种信息。

目前，常用的浏览器有 QQ 浏览器、Internet Explorer、Firefox、Safari、Opera、Google Chrome、百度浏览器、搜狗浏览器、猎豹浏览器、360 浏览器、UC 浏览器、傲游浏览器、世界之窗浏览器等。浏览器是日常上网最常使用到的客户端程序之一。

二、万维网

WWW 是环球信息网的缩写（英文全称为"World Wide Web"），在中文中常被称为"万维网"或"环球网"，并常被简称为 Web。它分为 Web 客户端和 Web 服务器端。在这个系统中，每一项可访问的内容被视为一种"资源"，每个资源都由一个全局"统一资源标识符"（URI）标识。这些资源通过超文本传输协议（Hypertext Transfer Protocol）传送给用户，用户通过点击链接来获得资源。

三、域名

域名（Domain Name）由一系列用点分隔的名字组成，它作为互联网上某一台或一组计算机的标识符，主要用于在数据

探究与实践

查一查
　HTTP、FTP 都代表什么意思？

交换过程中标识计算机的电子地址（虽然有时也可能间接关联到地理位置）。域名是一个 IP 地址上有"面具"。一个域名的目的是便于记住和分享的一组服务器的地址，如网站、电子邮件、FTP 等。

域名前加上传输协议信息及主机类型信息就构成了网址（URL），例如，百度网的 www 主机的 URL 就是"http://www.baidu.com"。

（一）域名解析服务（DNS）

人们习惯于记忆域名，但机器间通信时只识别 IP 地址。域名与 IP 地址之间是一一对应的，它们之间的转换工作称为域名解析。域名解析需要由专门的域名解析服务器来自动完成。

（二）域名的类型

Internet 最初起源于美国，因此最早的域名并无国家标识。人们按用途把它们分为几个大类，并分别以不同的后缀结尾。

.com	用于商业公司	.org	用于组织、协会等
.net	用于网络服务	.edu	用于教育机构
.gov	用于政府部门	.mil	用于军事领域

由于国际域名资源有限，各个国家、地区在域名最后加上了国家或地区标识段，由此形成了各自的域名。

.com.cn	中国的商业	.org.uk	英的组织	.net.fr	法国的网络

探究与实践

挑战环节

在 1 分钟内完成以下任务：（1）将主页改为 www.126.com，（2）打开修改后的主页并将网页中所有图片保存到云盘自己姓名的文件夹中。挑战成功，将获得"挑战高手"称号。

任务五 利用网络搜索资讯

 任务情境

在公司的日常工作中，大家经常需要向客户宣传公司产品，制作统计分析报告和项目总结演示文稿。这些都需要大量的文字、图片以及视频素材。充分利用网络的搜索引擎就显得尤为重要。

任务分析

搜索引擎给网上的用户带来了大量的信息，使用非常方便。通过本任务，了解搜索引擎的基本含义，熟练运用搜索引擎的技巧，准确快速地获取所需信息。

任务实施

对于搜索引擎的使用，简单的方法就是直接在搜索引擎的文本框中输入想要搜索的关键词，提交后即可获得想要搜索的结果。例如，使用百度搜索"山东省计算机文化基础等级考试"，我们可以直接在浏览器中打开百度网站，在搜索栏中直接输入"山东省计算

图 6-32　百度搜索"山东省计算机文化基础等级考试"

机文化基础等级考试"，提交后就可以得到搜索结果，如图 6-32 所示。

大多数情况下，如果想要更快、更准确地得到想要的搜索结果，直接使用一个关键词未必是最好的方式，使用特殊的查询方法能够实现更精确的查询。

（1）搜索指定格式的文档，可以输入"filetype: 后缀名文件名"。例如，需要搜索与智能机器人相关 pdf 文档，可以查询"filetype:pdf 智能机器人"，如图 6-33 所示。

图 6-33　查询"filetype:pdf 智能机器人"

（2）搜索指定站点的指定内容，可以用"site:网址搜索内容"。比如需要搜索腾讯上关于元旦的内容，可以在搜索框内输入"site:qq.com 元旦"，如图6-34所示。

探究与实践

动手做
　尝试搜索你感兴趣的话题。

图6-34　搜索"site:qq.com 元旦"

（3）给关键词组加上英文半角双引号，可以实现精确查找。比如我们要搜索"电话号码"这个词组而不想得到类似"手机号码"或者"联系电话"一类相似结果，就可以搜索"电话号码"，如图6-35所示。

图6-35　搜索词组时加上英文半角双引号

（4）如果在搜索结果中想要避开某些关键字，我们可以使用"－"。例如想要搜索"路由"而不想得到"无线路由"相关的信息，我们就可以在搜索框中输入"路由－（无线）"，如图6-36所示。

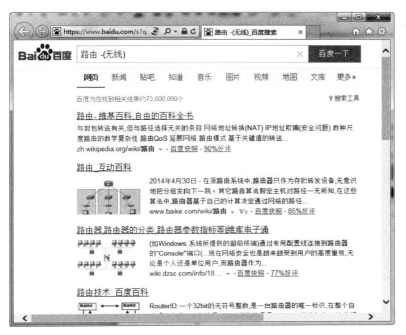

图 6-36　搜索时使用"－"避开某些关键字

任务六　使用电子邮件与客户沟通

任务情境

公司业务不断拓展，已经在几个不同的地市开设了分公司。为了及时了解各分公司的运作动态和销售情况，同时与不同地市的客户进行实时交流沟通，熟练使用电子邮件就变得十分重要了。

任务分析

本任务的重点是认识电子邮件，申请免费电子邮箱，并能够利用电子邮箱给客户发送电子邮件，并掌握电子邮件的阅读、回复、删除、移动、打印和下载操作。

任务实施

一、认识电子邮件

电子邮件（E-mail）是一种利用电子手段进行信息交换的通信方式，也是互联网上应用最广的服务之一。通过网络的电子邮件系统，用户可以快速地与世界上任何一个角落的网络用户联系。电子邮件内容可以是文字、图像、声音等多种形式。

想一想

电子邮件有什么优点呢？

二、申请免费邮箱

电子邮箱是通过网络电子邮局为网络客户提供的网络交流电子信息空间。一个完整的电子邮件地址由两个部分组成，格式：登录名 @ 主机名 . 域名。

中间的符号"@"表示"在"（at）。

符号的左边是收件人的登录名。

符号右边是完整的主机名，它由主机名与域名组成。

域名由多个部分组成，每一部分称为一个子域（Subdomain），各子域之间用圆点"."隔开，每个子域都会告诉用户一些有关这台邮件服务器的信息。

下面我们以网易邮箱为例，申请一个新的电子邮件账户：

（1）启动 IE 浏览器，打开网址 www.163.com，如图 6-37 所示，单击页面上方的"注册免费邮箱"按钮。

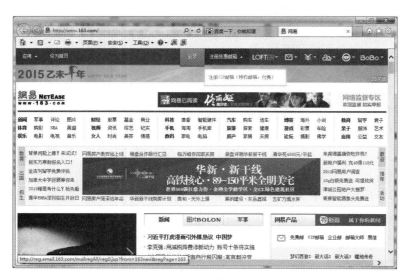

图 6-37 网易页面

（2）163 提供三种注册方法，即注册手机号码邮箱、注册字母邮箱及注册付费的 VIP 邮箱，如图 6-38 所示。点击注册字母邮箱，填写你的用户名，然后选择主机名和域名，填写剩下的相关信息，填写完毕后，点击"立即注册"。如果用户名被占用，请尝试换另一个，用户名的编写原则是简单好记。

图 6-38　网易邮箱注册页面

（3）这时会显示注册成功的画面，如图 6-39 所示，至此就完成了邮件的注册，可以登录邮箱发送和接收邮件了。

图 6-39　网易邮箱

三、使用免费邮箱给客户发送电子邮件

（1）登录邮箱之后点击通讯录，点击新建联系人。创建联系人的目的是方便邮件的发送，不必每次发送的时候都输入对方的邮箱账号，如图 6-40 所示。

（2）输入新建联系人的姓名和电子邮箱并保存后，联系人列表里就有了新建的联系人。然后点击写信，转到写信界面，如图 6-41

图 6-40　网易邮箱通讯录

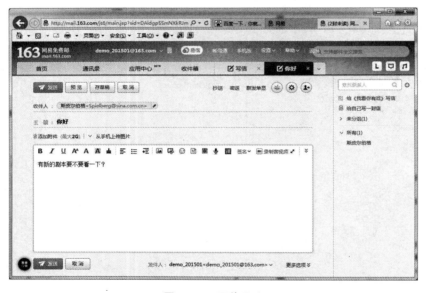

图 6-41　写信界面

所示，其中发件人就是刚刚注册的邮箱，收件人就是刚刚选中的联系人。如果需要自己添加其他收件人，可以点击收件人文本框添加新的电子邮件地址。

（3）写好主题和内容后就可以发送了。

如果需要在发送邮件的时候传送一些文本，我们就可以利用电子邮件的附件功能，点击"添加附件"按钮，打开如图 6-42 所示的对话框，选中要添加的文件，点击"打开"，就可以在邮件中添加附件了。

动手做

　　在你新注册的电子邮箱中将教师的电子邮件地址保存为联系人。

动手做

　　用你新注册的电子邮箱给教师发一封邮件。

图 6-42　添加附件对话框

四、阅读、回复电子邮件

（一）阅读信件

单击"收件箱"按钮可查看所有收到的邮件。有时收件箱后面有一个数字，代表未读邮件的个数。点击邮件主题，可查看邮件的具体内容。

（二）查看文件附件

若邮件内有附件内容，在邮件中点击附件的文件名，即可查看邮件附件内容。如果要保存附件，单击附件文件名后面的"下载附件"，然后在本地电脑中选择文件保存路径。

（三）回复电子邮件

打开或选择要转发的邮件后，单击"回复"按钮，然后输入要回复的内容，即可给发件者回复电子邮件。

五、转发电子邮件

打开或选择要转发的邮件后，单击"转发"按钮，然后输入另一个收件人的电子邮件名称，即可转发电子邮件。可以转发给多个收件人，不同电子邮件的名称之间要用逗号或分号隔开。输入邮件内容，然后单击工具栏上的"发送"按钮。

六、移动邮件

通过移动邮件可以把收到的邮件进行分类管理，方便以后查找。在收件箱的邮件列表中，找到需要进行移动的邮件，在主题最左端点击"选中"，然后单击列表上方的"移动到"按钮，选择目标文件夹即可，如图 6-43 所示。

探究与实践

动手做
　用你新注册的电子邮箱给同学发一封邮件，并附上你的职业生涯规划幻灯片。

图 6-43　移动邮件

七、删除邮件

做一做
　　删除一些不重要的邮件，然后尝试恢复。

　　要删除邮件，可以打开或选择要转发的邮件，单击"删除"按钮，便从收件夹中删除邮件，邮件内容自动移入"已删除"文件夹。

　　如果要彻底删除邮件，打开"已删除"文件夹，选中或打开要彻底删除的邮件，再点击"删除"按钮，即可彻底删除。也可以通过点击"已删除"文件夹右侧的清除按钮，删除"已删除"文件夹中的所有邮件，此时会跳出对话框，询问是否要删除，点击"是"则完成删除操作。

 相关知识

一、电子邮件

互动环节
　　将你对这门课程的看法和建议以电子邮件的形式发到教师电子邮箱中。

　　电子邮件（Electronic Mail，简称 E-mail）是 Internet 上使用最多、应用范围最广的服务之一。它利用 Internet 传递和存储电子信函、文件、数字传真、图像和数字化语音等各种类型的信息。

　　电子邮件最大的特点是打破了传统邮件时空的限制，让人们可以在任何地方、任意时间收发邮件，并且速度快，大大提高了工作效率，为工作和生活提供了很大便利。

二、电子名片（vCard）

　　电子名片（vCard）是互联网中一种规范的文件传播格式，它主要是将传统纸质商业名片上的信息以一种标准格式在互联网上传播。在邮箱里，用户可以将它作为签名档或者附件使用，为邮箱用户的人际交往提供便利。

 拓展训练与测评

一、训练任务要求

公司最近接到一个制作企业网站的客户订单，客户希望对公司进行前期考察，查看公司自行设计网站搭建的完成情况和效果。公司需要将计算机连接到 Internet，利用搜索引擎打开公司之前自主完成的网站——枣庄职业学院网站，并下载网站保存到计算机，然后将保存的网站发送到客户邮箱，最后将保存的网站存储在公司的云盘中，以便留存资料。

二、训练成果测评表

职业能力	评价内容		评价等级		
	学习目标	评价内容	优	良	差
专业能力	1. 利用搜索引擎打开需求网站并保存	完成 Internet 连接			
		正确使用搜索引擎			
		正确保存网站			
	2. 将保存的网站发送到客户邮箱和公司云盘中	申请正确的邮箱			
		将保存的网站发送到客户邮箱			
		申请正确的云盘			
		将保存的网站保存在公司云盘			
方法能力	3. 独立思考、分析问题与解决问题的能力				
	4. 自主学习能力				
社会能力	5. 沟通交流、语言表达的能力				
	6. 与伙伴交往合作的能力				
	7. 工作态度、工作习惯				
综合评价					

项目七
新一代信息技术

 任务情境

　　新一代信息技术是新质生产力的重要组成部分，对社会、经济和人类生活产生了深远的影响。从云计算到大数据，从物联网到区块链，这些新技术的应用和创新正在改变我们的生活方式、工作环境和交流方式。大学生需要了解一下云计算、大数据、人工智能、物联网等新一代信息技术，为将来的工作、生活做好准备。

学习目标

● **能力目标：**

掌握新一代信息技术在各行业的应用情况。

能够在学习中使用新一代信息技术。

● **知识目标：**

了解云计算及其主要技术特点。

了解大数据及其主要技术特点。

了解人工智能及其主要技术特点。

了解物联网及其主要技术特点。

● **素质目标：**

培养信息技术素养，运用新一代信息技术解决实际问题。

积极探索新一代信息技术的应用，用技术驱动创新。

任务一 云计算

探究与实践

任务描述

王婷是系学生会秘书部部长。她经常需要把系学生会的工作资料上传到 360 云盘上，以便其他学生会成员共享使用。尽管 360 云盘是云计算技术的产物，但是，对云计算的特点及其应用范围，王婷同学还不是很熟悉。本任务来了解一下云计算的相关知识。

小组讨论

新一代信息技术除云计算、大数据、人工智能、物联网外，还有哪些。

任务分析

王婷同学通过查阅资料了解到，常用的云存储、云办公、云课堂、云音乐、企业云等，都是云计算技术的产物。了解云计算，需要了解其定义、发展、特点，以及其在云安全、云存储云游戏等领域的应用。

任务实现

一、什么是云计算

云计算是一种分布式计算模式，也是一种 IT 服务模式。它解决任务分发和计算结果的合并问题，提供了一种无须直接投资在硬件或软件即可增加计算能力的新方式。云计算是与信息技术、软件、互联网相关的一种服务，通过互联网计算资源进行共享，这种共享的互联网计算资源就是"云"。云计算是一种提供资源的网络，"云"就像电网一样，我们可以随时用电，并且不限量，各个发电厂向电网提供电力。

云计算通常通过互联网来提供动态、易扩展且虚拟化的资源，它是传统计算机技术和网络技术融合的产物。它基于互联网服务的增加、使用和交付模式，用户通过网络可以获取无限的资源，同时获取的资源不受时间和空间的限制。未来，只需要一台笔记本或者一个手机，就可以通过网络服务来实现所需要的一切，甚至包括超级计算这样的任务。云计算的价值在于其高灵活性、可扩展性和高性价比等。

我国云计算发展非常迅速，全球云计算公司的排名中，中国和美国处在领先地位。国内的云计算企业包括：阿里云、腾讯云、华为云、天翼云、移动云、联通云、百度云等。

图 7-1　云计算机应用

二、云计算的特点

云计算是将计算任务分布在由大量计算机构成的资源池中，使用户能够按需获取计算能力、存储空间和信息服务。与传统的资源提供方式相比，云计算主要具有以下特点：

（一）技术虚拟化

云计算的虚拟化特点突破了时间、空间的界限，用户只需要一台笔记本或者一部智能手机，就可以通互联网上的云计算服务完成数据备份、迁移和扩展等工作，甚至完成超级计算这样大型的任务，而用户并不需要知道这些应用服务运行的具体位置。

（二）按需服务

云计算系统最大的优势是可以满足用户对资源不断变化的需求，即云计算系统按需向用户提供资源，用户只需为自己实际使用的资源进行付费，而不必自行购买和维护大量固定的硬件资源。这不仅为用户节约了成本，还可以鼓励应用软件的开发者开发出更多有趣和实用的应用。同时，按需服务让用户在服务方面具有更大的选择空间，可以按照不同层次的服务缴纳不同的费用，就像自来水、电、燃气那样的计费方式。

（三）扩展性

云计算可将低效的资源分散使用转变为高效的资源集约化使用。分散在不同计算机上的资源，利用率非常低，通常会造成资源的浪费，而将资源集中起来后，资源的利用率会大大提升。随着资源需求的不断增长，人们对资源池的可扩展性提出了要求，因此云计算系统必须具备高可扩展性，以方便新资源的加入。

（四）可靠性

在云计算技术中，用户数据存储在服务器端，应用程序在服务器端运行，计算任务由服务器端处理，并且数据被复制到多个服务器结点上。这样，当某一个结点发生故障时，可在该结点终止任务，再启动另一个程序或结点，以保证应用和计算的正常进行。

（五）低成本

"云"的自动化集中式管理使大量企业无须负担高昂的数据管理成本。"云"的通用性使资源的利用率与传统系统相比有大幅提升，因此用户可以充分享受"云"的低成本优势。

（六）潜在的危险性

云计算服务除提供计算服务外，还能提供存储服务。对于选择云计算服务的政府机构、商业机构而言，就存在数据（信息）泄露的危险。因此，这些政府机构、商业机构（特别是持有敏感数据的商业机构，如银行）在选择云计算服务时一定要保持足够的警惕。

三、云计算的应用

云计算技术的应用领域也越来越广泛，渗透到行业的各个方面，包括云制造、教育云、环保云、物流云、云安全、云存储、云游戏、移动云计算等众多领域。在线办公、云存储、云安全、云游戏是几种常用的云计算应用。

（一）在线办公

随着社会的发展，在家里办公成为很多人的选择，这成为云计算技术一个现实的应用场景。只要有互联网连接，人们可以在任何地方同步访问所需的办公文件。团队之间的协作也可以通过基于云计算技术的服务来实现，而不用像传统的那样必须在同一办公室里才能够完成合作。未来，随着移动设备的发展及云计算技术在移动设备上的应用拓展，传统办公室的概念将会逐渐消失。

（二）云存储

云存储是一种新的网络存储技术，是云计算概念的延伸和发展。它通过集群应用、网格技术或分布式文件系统等功能，将网络中大量不同类型的存储设备，通过应用软件集成起来，共同对外提供数据存储和业务访问服务。当云计算的核心任务是大量数据的存储和处理时，那么云计算系统就转变一个以数据存储和管理为核心的云存储系统。通过云计算服务提供商提供的云存储技术，用户只需要一个账户和密码，就能以远远低于移动硬盘的成本，在任何有互联

探究与实践

小组讨论

　　生活与学习中，我们已经使用哪些云计算服务。

做一做

　　申请一个百度云盘，备份电脑上的重要数据。

网的地方享受到比移动硬盘更加快捷方便的服务。随着云存储技术的发展，传统移动硬盘可能逐渐退出市场。常见的云盘有：百度网盘、360 云盘、阿里云、华为云等。

（三）云安全

云安全是我国企业提出的概念，在国际云计算领域独树一帜，代表了网络信息安全的最新进展。它融合了并行处理、网格计算及未知病毒行为判断等新兴技术，通过网络中的大量客户端对网络中软件行为的异常进行监测，获取互联网中木马、恶意程序的最新信息，并在服务器端进行自动分析和处理，最后把病毒和木马的解决方案分发到每个客户端。

（四）云游戏

云游戏是基于云计算的游戏模式。云游戏模式中的所有游戏都在服务器中运行，并通过网络将渲染、压缩后的游戏画面传送给玩家。玩家游戏终端无须拥有强大的图形运算与数据处理能力，就能获得较高质量的游戏体验。

与传统游戏模式相比，云游戏能在很大程度上降低玩家的设备成本。对于许多需要频繁更新的高品质游戏而言，云游戏也能减少游戏商更新与维护游戏的成本。然而，在保证玩家游戏体验上，云游戏与传统游戏相比具有一定差距，主要包括：（1）游戏交互时延依赖于网络通信质量；（2）游戏场景渲染的多媒体流质量受网络通信带宽的限制。

任务二　大数据

任务描述

最近，王婷同学在拼多多上浏览了一些羽绒服，之后每次浏览时，平台总是推荐羽绒服。这让王婷同学感到很奇怪，询问了其他同学后，发现大家也都有类似经历——平台经常会推荐曾经搜索或关注过的产品。咨询过老师，才知道很多电商平台会记录用户的使用习惯、搜索习惯，并运用独特的算法计算出用户可能感兴趣的内容，进而将这些内容推荐给用户。这是大数据在电商领域的一个典型应用。

本任务旨在深入了解大数据技术，熟悉大数据的应用场景和部分典型应用案例。

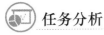 任务分析

在网络时代，随着人们生产数据能力的飞速提升，数据数量急剧增加。为了从海量数据中提取有用的信息，提取大数据应运而生。根据大数据的特点以及其在不同行业的应用程度，本任务选取一些典型应用案例让同学们了解。

 任务实现

一、什么是大数据

数据是指存储在某种介质上的物理符号，它们包含了各种信息。而大数据作为规模巨大、数据类型异常复杂的数据集合，是无法在一定时间范围内用常规软件工具进行捕捉、管理、处理的。为了从这些数据集合中获取有价值的信息，需要采用大数据分析技术来处理数据。

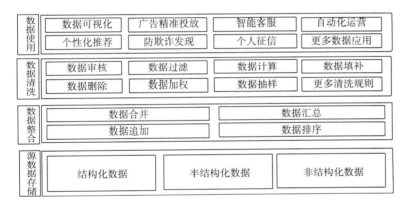

图 7-2　大数据工作架构

二、大数据的特性

大数据的特性从五个维度来体现，即容量性（Voume）、多样性（Vanriety）、高速性（Velocity）、价值性（Value）、真实性（Veracity）。这五个特性指出了大数据的核心问题，那就是如何将数据容量大、数据类型多样、价值密度低的数据进行快速分析、处理，并生成数据集，从而挖掘出更加真实可靠、更有价值的信息。由于五个特性英文的第一个字都是 V，所以大数据的五个特性又称为大数据的 5V 特性。

（一）容量性（Volume）

容量性指数据容量、规模庞大，这是大数据的首要特征。随着数据爆发性的增长，其存储单位由过去的 GB 发展到 TB，乃至现在的 PB、EB 级别。目前我国有大量的网络用户，这些用户的手机里有各种应用，他们的每一次搜索、点击、浏览、收藏和评论，都会产生大量的数据，而对这些海量的数据进行统计和分析离不开大数据技术。

（二）多样性（Variety）

多样性指数据形式多样，主要指大数据的数据来源广泛、数据种类多样。数据多样性的增加主要是由于新的多结构数据以及数据类型，包括网络日志、社交媒体、互联网搜索、手机通话记录和传感器网络的各种结构和类型的数据。数据大体可分为三类：第一类是结构化数据，即关系型数据，其特点是先有结构再有数据；第二类是半结构化数据，其特点是数据包含部分结构信息；第三类是非结构化数据，其特点是先有数据后定义模式。

（三）高速性（Velocity）

高速性指数据处理速度快，还具有一定的时效性。与传统的数据挖掘相比，大数据的高速性体现在数据的创建、传输以及对数据处理的高速度上，能够快速从数据中获得高价值的信息。当前对大数据的处理要求是实时分析、实时响应。这种方式代替了传统的批量、在线的处理方式，对于数据的输入、处理与丢弃都是即时的，几乎无延迟。

（四）价值性（Value）

价值性指合理运用大数据，以低成本创造高价值。大数据最大的价值在于从各种类型的数据中挖掘出对未来趋势与模式预测分析有价值的数据，并通过机器学习方法、人工智能方法或数据挖掘方法进行深度分析，发现新规律和新知识，使其产生更大的商业价值。

（五）真实性（Veracity）

真实性指数据真实可靠。数据是互联网、通信网、物联网等各种类型网络中自然产生的数据，其内容与真实世界发生的事件息息相关，在对大数据进行处理的时候必须保留原始数据的真实特征。同时，数据的真实性还可能受到各种因素的影响，呈现的数据是否真实反映客观事实也是我们需要考虑的。

三、大数据的应用领域

如今，大数据技术已经在人类社会的生产和生活中发挥着巨大的作用，其应用领域和潜在价值也超出了我们的想象。

（一）了解和定位客户

了解和定位客户是大数据目前广为人知的应用领域。很多企业热衷于社交媒体数据、日志、文本挖掘等各类数据集。通过大数据技术创建预测模型，可以更加全面地了解客户的行为、喜好等。例如，按照给定人的特征（如身高、体重、婚姻状况等信息）来预测此人的行为或爱好，比如是否会购买房子等。

（二）了解和优化业务流程

大数据也越来越多地应用于优化业务流程。以交通运输行业为例，运输公司可以通过定位和识别系统来跟踪货物及运输车辆的行车轨迹，并根据实时交通路况数据优化运输路线。

（三）提供个性化服务

大数据不仅服务于企业和政府，也使消费者受益。智能手表或智能手环等可以收集用户的健康数据，比如卡路里消耗、活动量和睡眠质量等。大数据公司可以通过收集长时间跨度内的数据，从中分析出一些有价值的信息反馈给每个用户。网络婚恋平台也普遍使用大数据分析工具和算法为用户匹配最合适的人选。

（四）改善医疗保健和公共卫生

大数据分析技术可以解码人体的整个 DNA 序列，从而帮助我们更好地理解和预测疾病模式，进而提升医疗水平。设想一下，当来自所有智能手表等可穿戴设备的数据都被整合并应用于数百万人及其各种健康护理时，未来的临床试验将不再局限于小样本，而是涵盖更广泛的人群。更重要的是，大数据分析技术有助于我们监测和预测流行性或传染性疾病的暴发，可以将医疗记录的数据与相关的社交媒体数据结合起来分析。

（五）改善城市交通和治安环境

大数据技术常被用来改善城市交通，通过大数据分析可以选出交通拥堵路段，进而采取措施改善交通情况。此外，大数据技术还被应用于公共安全执法中，通过研发的大数据警务平台能够进行犯罪预测、分析，提高警务工作效率，为社会治安作出重要贡献。

任务三　人工智能

 任务描述

　　王婷同学发现，自己越来离不开手机了。出门时，手机有导航，打开导航还有一个虚拟向导为她指路。想查找信息，对着手机导航APP说出问题，手机就能给出答案。实际上，这一切都是人工智能在为我们服务的例子。

　　本任务要求了解人工智能的定义，了解人工智能的发展，并熟悉人工智能在实际工作和生活中的应用。

 任务分析

　　现在的人工智能不再仅限于简单的人机交流层面，有些领域已经可以使用人工智能技术来代替人完成一些高难度或高危险的工作。人工智能是计算机科学的一个分支，它试图通过了解智能的本质，创造出一种能以类似人类的方式做出反应的智能机器。人工智能研究的领域比较广泛，涵盖了机器人、语音识别、图像识别及自然语言处理等。本任务选取一些实用性案例来进一步了解人工智能的发展现状。

 任务实现

一、什么是人工智能

　　人工智能（Artificiallnteligence，AI）也称机器智能，指由人工制造的系统所表现出来的智能。它是研究智能程序的一门科学，旨在用机器来模仿和执行人脑的某些智力活动，如判断、推理、识别、感知、理解、思考、规划、学习等活动，以探究相关理论、研发相应技术。人工智能技术已经渗透到人们日常生活的各个方面，应用广泛，包括游戏、新闻媒体、金融以及诸如量子科学等前沿研究领域。

二、人工智能的特性

（一）感知能力

　　人工智能能够感知外界环境，类似人类通过听觉、视觉、味觉、嗅觉等接收各种信息，对外界做出必要的反应一样。典型应用如手机上的地图应用、智能语音助手、智能音箱等。

（二）思考能力

人工智能是人类设计出来的，它按照人类设定的程序进行工作，能够自我判断、推理和决策，如 AlphaGo 机器人。

（三）行为能力

人工智能具有自动规划和执行任务的能力，典型应用如扫地机器人、无人机、无人车等。

三、人工智能的实际应用

人工智能曾经仅存在于科幻影片中，但随着科学的不断发展，它已经在很多领域得到了广泛应用，如在线客服、自动驾驶、智慧生活、智慧医疗等。

（一）在线客服

在线客服是一种以网站为媒介进行即时沟通的通信技术，主要以聊天机器人的形式自动与消费者沟通，并及时解决消费者的一些问题。聊天机器人必须善于理解自然语言，懂得语言所传达的意义，因此，这项技术高度依赖自然语言处理技术。一旦这些机器人能够理解不同的语言表达方式所包含的实际含义，那么这些机器人很大程度上就可以用于代替人工客服了。

（二）自动驾驶

自动驾驶是正在逐渐发展成熟的一项智能应用。一旦实现，它将会改变人们的生活。自动驾驶的汽车不需要驾驶员和方向盘，其形态设计可能会发生较大的变化。未来道路可能会按照自动驾驶汽车的要求重新进行设计。例如，专门用于自动驾驶的车道可能会变得更窄，交通信号可以更容易被自动驾驶汽车识别。完全意义上的共享汽车将成为现实。大多数的自动驾驶汽车可以通过共享经济的模式，随叫随到。因为不需要司机，所以这些车辆可以保证 24 小

图 7-3　手机中的人工智能

图 7-4　智能音响

时随时待命，可以在任何时间、任何地点提供高质量的服务。

（三）智慧生活

智慧生活是一种新型生活方式，其实质是通过使用便捷的智能家居产品实现更安全、舒适、健康、便利的生活。智慧生活需要依赖人工智能技术与智能家居终端产品来构建智能家居控制系统，从而打造出具备共同智能生活理念的智能社区。

（四）工业机器人

工业机器人被广泛应用于电子、物流、化工等各个工业领域。它们主要依靠多关节械手或多自由度的机照装置，实现各种工业加工制造功能。例如，在智能物流系统中，机器人可以自动分拣、搬运、装载商品等。

任务四　物联网

 任务描述

王婷同学在国庆假期去了一趟姑妈家，当她到达姑妈家门口时，恰巧姑妈有事出门了。于是，她打电话给姑妈，姑妈用手机远程给她开了门。原来，姑妈家安装的是智能门锁，支持远程开门。这就是物联网技术在日常生活中的一个应用实例。

本任务要求了解物联网的定义，了解物联网的特点，并熟悉物联网在实际工作和生活中的应用。

任务分析

随着时代的发展，越来越多的新技术被应用到人们的工作和生活中。物联网就是基于多种新技术应用而发展起来的，不仅可以实现人与人之间的互联，而且可以实现人与物、物与物的互联。物联网的核心和基础是互联网，它在互联网基础上进行延伸和扩展，通过信息传感设备和互联网实现信息的交换和传输。

 任务实现

一、什么是物联网

物联网是将各种信息传感设备与互联网结合起来而形成的一个巨大网络，它允许在任何时间、任何地点实现人、机、物的互联互通，进而实现对物品和过程的智能化感知、识别和管理。简单地说，物联网可以通过传感设备把所有能独立行使功能的物品与互联网连接起来，促进信息交换，实现智能识别和管理。

物联网，即"万物相连的互联网"，是在互联网基础上延伸和扩展的网络，它是 RFID（Radio Frequency Identification，射频识别）技术、传感器技术、云计算技术、无线网络技术、人工智能技术综合应用的结果。在物联网上，可以应用电子标签将真实的物体连接起来。通过物联网可以用中心计算机对设备、人员进行集中管理和控制，也可以对家庭设备、汽车进行遥控，以及搜索设备位置等。通过收集这些小的数据，最后汇集成大数据，实现物和物相连。

二、物联网的特性

（一）全面感知

利用射频识别技术、传感器、二维码、条形码等获取被控或被测物体的信息。这种感知不仅限于对单一的现象或目标进行多方面的观察，从而获得综合的感知数据，还包括对现实世界中各种物理现象的普遍感知。

（二）可靠传输

通过基础网络的发展，能将物体的信息实时、准确地传输出去。对比现有的其他网络，物联网会产生并传输更大的数据量，对数据传输服务质量有更高的要求，需要无障碍、高可靠性、高安全性地传送数据。

（三）智能处理

物联网利用云计算、模糊识别等智能计算技术，对海量数据和信息进行分析和处理，对物体实施智能化控制。

探究与实践

想一想
　物联网与互联网的区别。

想一想
　大数据与云计算、物联网的关系。

三、物联网的实际应用

物联网作为一种信息技术发展的产物，其应用领域涉及方方面面，其在工业、农业、环境、交通流、安保等基础设施领域的应用，有效地推动了这些领域的智能化发展；在家居、医疗健康、教育、金融与服务、旅游等与生活息息相关的领域的应用，大大提高了人们的生活质量。下面介绍几种常见的应用。

（一）智慧城市

智慧城市的建设是我国提升城市管理水平的一个重要方面。智慧城市管理就是利用物联网、移动网络等技术收集各种信息，整合各种专业数据，建设一个包含行政管理、城市规划、应急指挥、决策支持、社交等综合信息的城市服务、运营管理系统。

（二）智慧医疗

智慧医疗利用物联网和传感仪器技术，将患者与医务人员、医疗机构、医疗设备的有效地连接起来，实现整个医疗过程的信息化、智能化。

智慧医疗使从业者能够搜索、分析和引用大量科学证据来支持自己的诊断，并通过网络技术实现远程诊断、远程会诊、远程会诊、临床智能决策功能。

（三）智慧交通

智能交通是先进的信息技术、数据通信传输技术、电子传感技术、控制技术和计算机技术在整个地面交通管理系统中的综合有效应用，旨在实现功能齐全、实时、准确、高效的综合运输管理系统。

智能交通可以有效利用现有交通设施减轻交通负荷和环境污染，保障交通安全，提高运输效率。随着物联网技术的不断发展，智能交通系统越来越完善。

（四）智慧物流

智能物流可以全方位、全过程监管食品的生产、运输、销售流程，大幅度减少了相关的人力成本，同时让这一过程更彻底、更透明。通过智能化布局的仓配物流网络，物流服务商为商家提供仓储配送、客服、售后等一体化供应链解决方案，包括快递、快运、大件、冷链、跨境、客服、售后等全方位的物流产品和服务，以及物流云、物流数据、云仓等物流科技产品。

（五）智慧校园

智慧校园将教学、科研、管理与校园生活充分融合，将学校教学、科研、管理与校园资源、应用系统融为一体。它们提高了应用交互的清晰度、灵活性和响应性，以实施智能服务和管理的园区模式。智慧校园有三大核心特征：一是为师生提供全面的智能感知环境和综合信息服务平台，按角色提供个性化的个性化服务；二是将基于计算机网络的信息服务整合到各学校的应用和服务领域，实现互联协作；三是通过智能感知环境和综合信息服务平台，为学校与外界提供相互沟通、相互感知的接口。

（六）智能家居

智能家居以家居为基础，运用物联网技术、网络通信技术、安全防范、自动控制技术、语音视频技术，高度集成了与家庭生活相关的设施，建成高效的居住设施。

智能家居包括家庭自动化、家庭网络、网络家电和信息家电。在功能方面，包括智能灯光控制、智能家电控制、安防监控系统、智能语音系统、智能视频技术、可视通信系统、家庭影院等。智能家居大大提高了家庭日常生活的便利性，让家庭环境更加舒适宜居。

探究与实践

小组讨论
　　在你所学专业对应的行业领域内，有哪些工作、流程或应用可借助物联网技术加以提升改造？提出大概的改造思路。

拓展训练与测评

一、训练任务要求

新一代信息技术正在越来越多地影响工业生产、生活服务等社会的各个方面，成为驱动行业技术创新和产业变革的重要力量。请同学们思考新一代信息技术还有哪些应用场景或产品，并分析该应用场景和产品都应用了哪些新一代信息技术。

二、训练成果测评表

职业能力	评价内容		评价等级		
	学习目标	评价内容	优	良	差
专业能力	新一代信息技术还有哪些典型应用场景或产品	列出几种云计算应用场景			
		列出几种大数据应用场景			
		列出几种人工智能应用场景			
		列出几种物联网应用场景			
方法能力	1. 独立思考、分析问题与解决问题的能力				
	2. 自主学习能力				
社会能力	1. 沟通交流、语言表达的能力				
	2. 与伙伴交往合作能力				
	3. 工作态度、工作习惯				
综合评价					

主要参考文献

［1］梁广民、王隆杰等:《网络互连技术（第3版）》,北京:高等教育出版社,2023年。

［2］郑付联:《计算机文化基础项目化教程》,济南:山东人民出版社,2016年。

［3］张敏华、史小英:《信息技术基础模块》,北京:人民邮电出版社,2023年。

［4］张金娜、陈思:《信息技术基础项目式教程（微课版）》,北京:人民邮电出版社,2022年。

［5］黄林国、康志辉:《计算机应用基础项目化教程（Windows 7 + Office 2010）》,北京:清华大学出版社,2013年。

［6］傅连仲:《计算机应用基础（Windows 7 + Office 2010）》,北京:电子工业大学出版社,2020年。

［7］王建良:《信息技术基础（第二版）》,青岛:中国石油大学出版社,2021年。